업계가 감추려 하는
컴퓨터 보안의 진실

The myths of security

The myths of security : what the computer security industry
doesn't want you to know
by John Viega

업계가 감추려 하는
컴퓨터 보안의 진실

• 초 판   2010년 11월 10일 1쇄 발행

• 저 자   john viega
• 역 자   김 병 은
• 발 행   와우북스
• 출 판   와우북스
• 본문디자인   김 덕 중
• 표지디자인   포 인

• 등 록   2008년 3월 4일 제313-2008-000043호
• 주 소   서울 마포구 연남동 223-102호 유일빌딩 3층
• 전 화   02)334-3693   팩스 02)334-3694
• e-mail   mumongin@wowbooks.kr
• 홈페이지   www.wowbooks.co.kr
• ISBN   978-89-94405-02-5 13560

• 가 격   16,000원

• 총 판   신한전문서적 031-919-9853 fax 031-919-9852

역자의 글

제가 생애 처음으로 컴퓨터를 배웠던 시절을 돌이켜 보면, 그때는 사람들이 컴퓨터 바이러스와 백신이라는 용어를 주로 사용했던 기억이 있습니다. 그 당시 바이러스의 위험은 어렵게 구한 프로그램 실행 파일을 손상시켜 프로그램이 작동되지 않게 하거나, 기껏 작성해 놓은 문서 파일들과 자료 파일들을 담아 놓았던 하드 디스크나 플로피 디스크를 못 쓰게 만들어 자료를 날리거나 하는 것이었습니다. 그렇게 컴퓨터 바이러스의 공격을 받게 되어 며칠 밤을 새워 작성한 자료나 프로그램들을 잃어버리는 것이 그때는 무척이나 충격적이었고 많은 시간을 들인 노력이 물거품이 되는 것에 통한의 눈물도 흘렸습니다.^^;; 덕분에 백신 프로그램의 중요성도 인식하게 되었지요. 다행스럽게도 백신 프로그램들의 효과는 제법 괜찮았습니다. 지금처럼 자고 나면 새로운 맬웨어가 쏟아지던 시대도 아니었으니 일단 백신 프로그램만 최신 버전으로 유지한다면 큰 위험은 피해갈 수 있었으니까요.

인터넷이 대중화되면서 온라인 뱅킹이나 전자상거래가 활성화되고 상황은 받아들이기 어려울 만큼 복잡해졌습니다. 이제는 컴퓨터 바이러스도 바이러스지만 해킹을 통한 개인 정보들의 유출이, 특히 금전적인 피해와 연결되는 사례 때문에 인터넷을 비롯한 네트워크 환경에 두려움이 생기기 시작했습니다. 기존에 알고 있던 컴퓨터 바이러스라는 용어뿐 아니라 잘 이해되지 않는 많은 위험한 프로그램들의 이름들이 난무하기 시작하자 두려움은 무관심으로 변해 갔습니다. 저의 수준을 넘어버린 환경 변화로 인해 관심을 놓아버린 관망자가 되었다고나 할까요. 한동안 시시각각 변해가는 보안환경의 변화들과는 일정 정도 거리를 두고 지내게 되었습니다.

우연한 기회에 번역하게 된 존 비가(John Viega)의 이 책을 접하게 되면서 그동안 거리를 두고 있었던 컴퓨터 보안업계의 지나간 역사와 현재의 모습을 꼼꼼하게 살피게 되었습니다. 저자인 존 비가는 그 유명한 맥아피(McAfee) 안티바이러스를 만드는 맥아피사에서 CTO까지 하고 있는 사람으로 소위 컴퓨터 보안업계의 주류 인사로 영향력을 행사하는 사람입니다. 이력을 보면 존 비가는 컴퓨터 보안업계의 산 증인으로서 보안 기술과 보안업계의 현재와 미래를 논할 충분한 자격이 있어 보입니다. 존 비가가 이 책을 통해 논파하는 보안 기술과 보안업계의 문제점 및 대안들은 날카롭기 그지없습니다. 왜냐하면 그는 이 분야에서 이미 오랫동안 몸담아 오면서 직접 체험한 경험들을 바탕으로 주장을 폈기 때문이지요. 글을 읽다 보면 저자의 체험적인 경험에서 우러나온 내용이라는 것을 실감하게 될 것입니다.

저자의 주장들은 날카로우면서도 동시에 논쟁을 불러일으킬만한 주제들을 많이 다루고 있습니다. 어쩌면 일부 주장들에 대해서는 다소 과격한 것이 아닐까 느끼실 수도 있을 것입니다. 하지만, 책 전체를 통과하는 그의 일관된 시각을 바탕에 두고 열린 마음으로 그의 주장들을 음미해 본다면 '아! 이렇게 바꿔 생각해 볼 여지도 있겠구나.'라며 충분히 이해하실 수 있을 것입니다. 저는 저자가 지나치게 복잡해져 이해하기 어려운 세상을 뒤집어 바라봄으로써 핵심을 파악하려는 시도를 하고 있다고 생각합니다.

아무쪼록 이 책을 선택한 독자들도 저자의 신선한 시각을 통해 현재 우리가 처한 보안 위협들과 보안업계의 문제점들을 공감하실 수 있길 바랍니다. 또한, 번역자로서 저자의 본래 뜻이 고스란히 독자들에게 전달되었으면 하는 바람입니다.

마지막으로, 일천한 경험에도 불구하고 선뜻 번역의 기회를 주신 와우북스 사장님과 편집을 맡아준 오랜 친우 김덕중군에게 감사드립니다. 번역하는 내내 함께 검토해 주고 격려해 준 아내 덕분에 작업이 끝날 수 있었습니다. 늘 든든한 아내와 가족들에게도 감사드립니다.

2010년 10월
김 병 은

업계가 감추려 하는
컴퓨터 보안의 진실

Contents

추천사

컴퓨터를 사용하는 모든 사람들은 해커가 컴퓨터를 못 쓰게 만들거나 개인 자료를 훔쳐갈까 조금이라도 걱정하게 마련이다. 어찌되었건 소프트웨어는 복잡하고 많은 결함을 갖고 있으며 사람들은 속임수에 넘어가기 쉽다. 사람들은 이 같은 어려운 문제를 풀어보려고 힘들게 노력하고 있으며, 그래서 사용하기 쉽고 잘 동작하며 아울러 기계의 성능에 영향을 주지 않는 좋은 보안제품을 필요로 하고 있다.

보안업계는 이를 해결해야만 하지만, 오히려 많은 사람들을 위험에 빠뜨리고 있다. 저자인 존 비가(John Viega)는 그 이유를 이 책에서 자세히 설명하고 있다. 보안업계는 문제의 원인으로 해커들이나 심지어 컴퓨터 사용자를 지목하는데 저자는 정당하게 보안업계를 지목하고 있다. 여기서의 신랄한 비판이 업계를 스스로 조사하고 긍정적인 변화로 이끈다면 다행이다. 보안업체가 오히려 해커에게 컴퓨터를 깨기 위해 필요한 모든 무기를 공급(McAfee에서는 용납될 수 없는 일이지만)하지 않는 세상, 업계가 일반적으로 더 협력하고 증상을 덮기 위한 것만이 아니라 문제의 근본 원인을 해결하기 위해 노력하는 세상을 본다는 것은 참 멋진 일이다.

이 책은 내가 맥아피에 CTO로 있는 동안 우리가 수행한 일들이 업계의 최전선에서 이루어진 것이라는 것을 보여 주기에 나는 자부심을 느낀다. 존은 안티바이러스 시스템이 갖고 있는 문제에 대해 지적할 때, 다른 업체들은 아직 시작하지 못했지만, 맥아피는 (아르테미스_artemis technology[1]) 와 같이 업계를 선도하는 기술을 가지고) 해결하려고 노력했던 문제에 관해 얘기하곤 했다. 맥아피가 아르테미스 기술을 가지고 업계의 상황을 변화시킨다면, 그것은 존이 이 책에서 설명하는, 안티바이러스 기술의 희망적인 미래로 다가가는데 필요한 훌륭한 기술이 만들어지고 있는 것이라고 볼 수 있을 것이다. 이러한 기술이 우리생활에 다가오고 있는 것을 보면 흥분된다. 그 기술이 내가 일하는 동안에 준비되기 시작했다는 이유뿐만이 아니라 선량한 사람들의 지지를 받으며 근본적으로 판도를 바꾸는 일을 할 수 있기 때문이다.

나는 최근에 맥아피사에서 은퇴했지만, 몇 가지 중요한 이유로 맥아피가 다른 보안업계보다 더 훌륭한 일을 한다고 지금도 믿고 있다. 첫째, 맥아피는 보안에만 전념하는 회사이다. 실제로 스토리지 같은 다른 기술에 회사의 역량을 분산시키지 않는다. 둘째 보호가 필요한 모든 사람들 (개인 고객에서 기업 고객까지)을 걱정하며 고객 가까이서 소리를 들을 수 있는 고객 상담에 많은 시간을 할애하고 있다. 셋째 맥아피는 업계에서 최고로 똑똑한 사람들을 고용하고 있는데, 단지 기술적으로 재능 있는 사람들을 모아 놓기만 한 것이 아니다. 회사에는 우수한 전문가들이 포진되어 있

---

[1] 역자주_아르테미스(McAfee Artemis Technology)는 기업이나 개인소비자를 대상으로 하는 실시간 맬웨어 탐지시스템이다. 맬웨어 정보가 준비되기까지의 시간 공백을 최소화하는 것이 이 기술의 목표 중 하나라고 하며, 맬웨어 분석 정보와 행동 분석을 결합하여 실시간 대응을 한다. http://www.mcafee.com/us/enterprise/products/artemis_technology/index.html 참조.

고, 실제로 전문가에게서 의견을 듣는다. 전문가와 고객들 각각에게 많은 시간을 들여 그들의 말을 듣는 것이 당신을 얼마나 스마트하게 만들며 당신이 할 수 있는 일을 훌륭하게 만드는지 알면 놀라게 될 것이다. 때문에 나는 단지 증상을 해결하는 것이 아닌 실제 문제에 근본적인 해법을 주는 것에 행복을 느끼게 되었다.

맥아피사는 존 비가(John Viega)처럼 재능 있는 인력을 충분히 갖춘 운이 좋은 회사이다. 존은 맥아피에서 웹 보호, 데이터 손실 방지, 서비스로 제공되는 소프트웨어(SaaS, Software-as-a-Service) 같은 많은 신규 영역에서 임무를 지휘하면서 큰일들을 수행했다. 또한 핵심 기술과 실행을 위해 최전방에서 의욕적으로 중요한 역할을 수행하여 맥아피가 존의 입사 전보다 더 좋은 안티바이러스, 더 좋은 보안제품을 내놓을 수 있게 만들었다.

늘 개선하고 항상 고객에게 즐거움을 주려고 노력하는 것이 나의 업무 철학이다. 고객과 가까이서 일하는 것은, 고객들의 고충을 이해할 수 있을 뿐만 아니라 개발 단계 속으로 피드백을 유도하고 촉진할 수 있게 고객과의 친근한 관계를 만들어 간다. 제품이란 세상과 격리된 상태에서 만들어지지 않는다. 다른 많은 보안업체들은 똑똑한 직원들에게만 의존하는 것이 보통이며, 더 많은 문제를 풀 수 있게 해 주는 고객과의 소통을 소홀히 하곤 한다. 어떤 회사들은 의사결정을 할 때 거리낌 없이 매출과 회사의 이익에만 몰두하는데 나와 존은 그렇지 않았다. 존은 회사와 고객을 위해 늘 옳은 일만 하길 원했다.

존과 나 자신, 모두에게 있어 고객은 언제나 최우선이다. 우리는 더 살기 좋은 세상을 만들 수 있도록 항상 노력해왔다. 예를 들면 우리는 맥아피에서 사이트어드바이저(SiteAdvisor)와 스팅거(Stinger) 맬웨어 클린업 툴 같은 소프트웨어를 공짜로 배포하게끔 일을 추진해왔다. 반면에 다른 어떤 업체 중에는 보안 취약점이 있는 소프트웨어를 만들어 사람들을 위험에 빠지게 해놓고 그것을 해결해 준다면서 이익을 취하기도 한다. 하지만 존과 나는 항상 모든 소프트웨어 사용자를 위해 옳은 일을 하도록 밀고 나갔다. 내가 맥아피에 근무하는 동안은 직원이 다른 누군가의 코드에서 버그를 발견하면 곧바로 발표하여 공개하는 대신 먼저 그 업체에게 알려주는 정책을 취했다. (우리는 또한 업체들이 그런 사안을 세상에 알리지 않도록 충고했다. 가끔 그 업체들은 발표하기도 했지만) 그리고 어떤 사안이 공개되면, 사람들이 어떤 위험에 처할 수 있는지 알 수 있도록 무료로 정보를 제공했다.

고객을 위해 올바른 일을 해야 한다는 존의 철학은 주목할만하다. 나는 모든 보안업계가 존과 같은 생각을 하길 바란다. 어쩌면 이 책은 업계의 다른 회사들에게는 따끔한 충고가 될지도 모른다.

존의 리더십은 맥아피 제품들의 모든 측면에서 고객에게 가치 있는 이익을 제공하는 방식으로 자신의 흔적을 남겨왔다. 존은 인기가 떨어지더라도 올바른 것을 행하는데 두려워하지 않았다. 아울러 존은 일반적인 컴퓨터 보안업계에게 "실천 요구(call to action)"를 하는 것을 두려워하지 않았다. 여러분은 그러한 모습을 이 책에서도 보게 될 것이다. 나는 업계의 다른 회사들이 내가 가졌던 것과 같은 시선으로 이 책을 읽고, 모두를 위해 더 나은 보안 세상을 만드는 건설적인 비판으로 사용하길 바랄 뿐이다. 지난 15년 이상 이 업계에서 겪었던 경험에 비추어 보면 이런 주제를 다룬 책은 거의 없었다. 나는 컴퓨터 보안업계에 관해 사람들과 이야기할 때 반드시 이 책을 읽으라고 권할 생각이다.

맥아피의 전임 CTO 겸 부사장
크리스토퍼 볼린(Christopher Bolin)

저자 서문

　'업계가 감추려 하는 컴퓨터 보안의 진실'은 컴퓨터 보안에 관심이 있는 모든 사람들을 위한 책이다. 그 관심이 취미든, 직업적인 것이든 아니면 단지 걱정거리에 불과하든지 간에 상관없다. 이 책을 읽음으로써 여러분은 악의를 품은 해커들과 그에 대응하는 선량한 사람들이 각각 어떤 일을 하는지 이해할 수 있게 된다. 가끔은 선량한 사람들도 모든 사람들을 위험에 빠뜨리는 실수를 하는 것을 발견할 것이다. 아울러 보안업계가 전통적으로 무엇이 잘못되었는지, 변화의 속도가 얼마나 느린지를 알게 될 것이다.

　이 책을 선택한 여러분과 평균적인 사람들과의 차이는 컴퓨터 보안에 얼마나 더 큰 관심을 가졌느냐에 있다. 컴퓨터 보안업계와 상관없는 일반적인 사람들이 내가 무슨 일을 하는지 물을 때 보면, 그 패턴은 대개 다음과 같은 세 가지 중에 하나에 속한다.

- 자신들이 왜 보안에 관심 없는지에 대해 약간의 설명을 하고 무관심해진다. 보통 이렇게 말을 한다. '맥을 사용하거든요' 아니면 '그런 일은 우리 아이들

한테 시키죠'.

- '나 자신을 지키려면 무엇을 해야 하죠?' 같은 질문을 한다. 그러나 내가 답을 주면 그들은 대화 주제를 바꾸는데, 대개는 인터넷 보안에 관해 알고 싶었던 대부분의 정보를 이미 알고 있기 때문이다.

- 컴퓨터 오작동으로 인한 '끔찍한 경험'들을 말하며 내게 도움을 줄 수 있는지 묻는다.

똑똑하고 컴퓨터를 잘 알고 있는 사람들도 직접적으로 문제를 겪어보지 않았다면 보안에 대해서는 무감각할 수밖에 없다. 그들은 컴퓨터에 문제가 생기지 않게 하는 데는 지출을 최소화하려 한다. 그렇다고 그것이 반드시 더 많은 문제들을 일으키는 것도 아니다. 안티바이러스(AV, antivirus)가 컴퓨터를 너무 느리게 만들어 버린다면 사람들은 그냥 사용하는 것을 중단할 것이다.

IT 분야에서는 훨씬 많은 사람들이 보안에 관심 있는 것처럼 보일 것이다. IT 세계에서 보안은 크게 도전해 볼 만한 게임처럼 여겨진다. 악당들은 구축된 방어책들 주위를 맴돌며 약삭빠르게 많은 (때로는 믿을 수 없을 정도로 창조적인) 방법들을 찾아낸다. 우리는 나쁜 녀석(악의를 품은 해커)들이 성공하지 못하도록 더 좋은 방어책들을 세우는데 노력할 필요가 있다.

이 상황에서 우리가 늘 이길 수만은 없다.

최소한 16억 사용자가 있는 전체 인터넷 환경을 보호하려 한다고 상상해 보라. 그 사용자들 모두가 99.9% 효과가 있는 보안 메커니즘들을 실행하고 모든 사람들이 최소한 1년에 한번 공격을 받는다고 가정해 보자. 그것은 1년 동안에 160만 명 이상이 여전히 감염될 수밖에 없다는 것을 의미한다.

다행스러운 점은 사람들이 상시적인 공격하에 있지 않다는 것이다. 안타까운 점은 보안장치가 여러분이 곤경에 빠지지 않도록 그 공격을 모두 막아낼 수 없다는 것이다. 돈이 연관된 경우라면 범죄는 항상 성공할 가능성이 높아진다. IT 시스템에 명백한 보안상의 문제가 없더라도, 악당들은 속이고 기만하면서 자신들의 목적을 달성하기 위해 필요한 것들을 훔칠 것이다. 악당들은 컴퓨터의 모든 옵션들을 조사하고 가장 쉬운 경로를 찾아내어, 컴퓨터에 깊이 침투하지 않고도 목적 달성을 할 수 있다는 것을 기억해야 한다.

여러분 모두가 스스로를 보호하기 위해 할 수 있는 것이 무엇인지 진짜 궁금하다면 17장에서 다루는 내용을 보기 바란다. 그렇지만 17장까지 읽기 싫다면 아래 세 가지 단계를 따르는 것만으로 충분하다.

1. 최신의 안티바이러스 프로그램을 실행할 것.(업데이트 유효기간이 만료된 것을 무시하지 말 것.)
2. 사용하고 있는 운영체제와 프로그램의 업데이트는 언제나 최대한 빨리 설치할 것
3. 온라인 쇼핑을 하든, 이메일에 첨부된 문서를 열든, 인터넷에서 다운로드 받은 프로그램을 실행시키든, 인터넷에서 무언가를 할 때는 반드시 믿을 만한 사람을 상대로 할 것

요즘은 안티바이러스가 '감염을 치료할 수 있습니다'라고 알려주지 않는 한, 감염되었는지 조차 인식하지 못할 것이다. 컴퓨터가 엉망이 된 것처럼 보인다고 해도 (이상하게 다운되든가 느리게 실행되고 너무 많은 팝업 광고가 뜬다든지) 감염되었을 수도 있고 아닐 수도 있다. 어느 쪽에 속하든 문제를 처리할 수 있는 믿을만한 사람을 찾는 것이 올바른 대응책이다. 그 누군가는 아마 여러분의 자녀이거나 베스트바이 긱 스쿼드(Best Buy Geek

Squad)[2]일 수 있다. 최악의 시나리오는 컴퓨터를 재설치 할 필요가 생기는 것이다. 그래서 귀찮더라도 모든 데이터들을 백업해놓는 것이 좋은 습관이다.

여러분의 주요 관심사가 스스로 안전을 유지하는 것이라면 당장 알아야 할 필요가 있는 모든 것을 배웠고 어떤 것도 새로운 것은 없다. 그렇다 하더라도 '조금 더 읽어볼까?', '컴퓨터 보안 산업에 대해 더 알아볼까?' 할 정도로 충분한 호기심이 생기기를 바란다. IT 분야에서 그렇게 많은 사람들이 보안 산업에 흥미를 갖게 되는 데는 이유가 있다. 이 책을 계속 읽다보면 그 이유를 알게 될 것이다.

보안업계는 매년 100억 달러 이상을 쉽게 벌어들일 만큼 충분한 성장을 거듭했다. 수백 개의 회사와 수천 개의 제품들이 있다. 컴퓨터를 사용하는 대부분의 사람들에게는 보안이 필수적이다. 그래서 대다수의 기업들은 보안에 관심을 가지며 IT 보안시장의 막대한 부분은 기업들에게 솔루션을 파는데 초점이 맞춰져 있다. 기업들이 규모가 커질수록 기업에 필요한 보안기술을 선택하기 위해 보안지식을 갖춘 사람들을 고용하려할 것이다. 그러나 이 책에서는 보안시장에서의 기업 고객들을 위해 크게 할애하지 않으려고 한다. 기업고객들은 IT 보안에 관해 (일자리를 유지하기 위한다든지 하는) 관심을 가져야만 하는 당연한 이유가 실제로 있기 때문이다. 기업 분야에 관해 폭로할 믿지 못할 사실들도 많이 알고 있지만, 평범한 사람들이 부딪치게 되는 보다 현실적인 문제에 더 관심을 가질 것이다.

게다가 대부분의 평범한 사람들은 미국기업개혁법준수(Sarbanes-Oxley compliance)[3]나, 다른 보안업체에서 제공된 서로 다른 관리 콘솔 간에 데

---

[2] 역자주_국내의 '하이마트' 같은 전자제품 매장인 베스트바이(Best Buy)의 서비스 전문자회사
http://enc.daum.net/dic100/contents.do?query1=20X1259801

이터를 공유하는 것에는 관심이 없을 것이다.

왜 "컴퓨터 보안의 진실"인가?

컴퓨터 보안처럼 혼란스럽고 불확실한 분야에서 믿을 수 없는 이야기가 급증하는 것은 자연스러운 일이다. 이 책에서는 그러한 이야기들의 진상을 파헤칠 것이다.

대부분의 사람들이 컴퓨터 보안을 둘러싸고 생겨난 뜬소문들을 들어봤거나 믿고 있을 수 있다. 예를 들어 기술직이 아닌 많은 사람들은 이렇게 묻는다. "맥아피가 자기들이 탐지하는 바이러스들을 만들어 낸다는 게 사실이에요?" (물론 아니다.) 많은 사람들이 맥(Mac)이 윈도우 PC보다 더 안전하다는 말을 들어봤을 테지만 이것의 진상은 훨씬 더 복잡한 얘기다. 게다가 사람들은 안티바이러스 소프트웨어가 자신들을 보호해 줄 거라고 당연시 여기고 있지만, 이는 의심해 볼 만한 일이다.

업계에 종사하는 사람들 역시 오해하고 있다. 대부분의 업계 종사자들은 취약성 조사 커뮤니티가 보안 향상을 돕는다고 생각하는 것 같다. 그렇지만 꼭 그렇지는 않은 것이, 오히려 그런 커뮤니티들이 나쁜 녀석들에게 정보를 제공하게 되는 측면이 있다.

나 역시 이러한 문제들에 대한 몇 가지 해법을 논의해 볼 것이다. 우리는 이러한 많은 문제들이 고치기 어려운 것이라고 생각해 왔다. 지금까지 말해왔듯이 나쁜 녀석들은 근본적으로 유리한 입장에 있지만 그렇다고 그것이 해결책이 없다는 것을 의미하지는 않는다.

---

3) 역자주_미국기업개혁법(Sarbanes-Oxley Act) - 엔론(Enron)사 분식회계사건으로 발효된 기업회계개혁조치. http://en.wikipedia.org/wiki/Sarbanes%E2%80%93Oxley_Act를 참조하기 바란다.

감사의 글

　이 책을 완성하게 된 데는 나의 어머니가 (그녀는 똑똑하지만 맥 컴퓨터를 사용하기 때문에 보안은 신경 쓰지 않는다.) 동기가 되었으므로 이 책은 어머니에게 바치고 싶다. 내 인생에서 용기를 북돋아 주고 믿어준 대단한 사람들이 많이 있었다는 것은 행운이지만, 가장 오래도록 그리해준 분은 어머니뿐이다. 자식에 대한 부모의 사랑만큼 강한 것은 없으므로 어머니께서 최선을 다했다는 것을 잘 알고 있다.

　내 딸들, 에밀리와 몰리는 내가 사랑하는 것보다 더 나를 사랑한다고 우기긴 하지만 그것은 불가능하다. 고맙다 얘들아, 너무 멋지게 자라줘서... 너희들로 인해 행복하단다. 너희들도 언젠가는 아이들이 생기면 알게 되겠지... 너희들도 자신과 꼭 닮은 아이들을 나중에 갖길 바란다. 보통 부모들이 이렇게 말할 때는 아이들 때문에 고생하는 것을 알아주길 바래서지만 나는 아니란다. 너희들은 결코 나를 괴롭히지 않았어. 항상 너희 아빠라는 것이 즐거웠단다. 내가 조금이라도 힘들었던 것이 있다면 그건 우리가 함께 더 많은 시간을 보낼 수 없었기 때문이란다.

　모든 것을 해내려 하면 시간은 결코 충분하지 않다. 책 쓰는 것도 예외가 아니다. 글쓰기에 보내는 시간은 어딘가 다른 것을 위해 써야 할 시간을 가져온 것이다. 내게 그것은 일하는 시간을 줄이는 것을 의미한다. 일하면서 게을러질 때 기운을 북돋아 주고, 초기에 내용들을 검토해 주기도 했으며, 이렇게 괜찮은 결과가 나온 것에 대해, 아! 또 훌륭한 직장에서 일하게 된 것에도 블레이크 와츠(Blake Watts)에게 감사하고 싶다.

　마찬가지로 내가 무엇을 하든지 견뎌준 굉장한 여자 친구 데비 모이니한(Debbie Moynihan)에게도 감사하고 싶다. 난 일과 이 책에 너무 빠져 있었기 때문에 확실히 최고의 남자친구는 아니었던 것 같다. 그렇지만 그녀는 결코 불평하지 않았다. 오히려 원고 전체를 검토해 주었으니 난 진짜 행운아인가 보다.

책 전체를 검토해 주었던 친한 친구 레이 칼드웰(Leigh Caldwell)에게도 감사한다. 덧붙여 그가 시간을 아끼지 않고 노력을 쏟았던 경제관련 블로그를 (http://www.knowingandmaking.com/) 읽는 것이 즐거웠다는 말을 고마운 마음으로 전하고 싶다. 그리고 이 책의 일부를 검토해 주었던 다른 지인들도 생각난다. 크리스토퍼 호프(Christopher Hoff), 조지 리스(George Reese), 앤디 재키스(Andy Jaquith), 데이빗 코피(David Coffey), 스티브 맨시니(Steve Mancini) 그리고 subverted.org의 데이브가 그들이다.

이 책을 쓰는 것은 한바탕 돌풍이었다. 내가 썼던 다른 책들은 모두 실제로 기술적이었고 피땀 어린 노력이 필요로 했다. 이 책에서는 단지 (강하고 때로는 논쟁거리가 있는) 나의 의견을 공유하는 것만으로 만족한다. 즐거운 일이었지만 오라일리(O'Reilly) 출판사에서 내가 같이 일한 팀들은 이것을 더욱 즐길 수 있는 일로 만들어 주었다. 편집자인 마이크 루키데스(Mike Loukides)는 항상 영감을 주는 아이디어와 좋은 피드백을 주었다. 내가 뒤쳐지면 의기소침해지지 않을 만큼의 멋진 방식으로 채찍을 휘두를 줄 알았으며, 항상 피자와 맥주 같은 당근을 가져다 주었다. 보조 편집자인 애미 톰슨(Amy Thomson)은 일을 잘할 뿐만 아니라 원고 여백에 재미있는 코멘트를 달아줘 나를 웃게 해 주었다. 그리고 술자리에서 재미있게 놀아준 마이크 핸드릭슨(Mike Hendrickson)에게도 감사해야 할 것 같다. 그는 내가 블로그에 고작 몇 가지 내용을 끼적거려 놨을 때부터, 머릿속에 쌓여 있던 의견들을 모아 책으로 쓰도록 나를 설득했다.

내 최고의 친구들, 맷 매시어(Matt Messier), 데이빗 코피(David Coffey), 레이 칼드웰(Leigh Caldwell) 그리고 자크 기로아드(Zach Girouard) 또한 내 생각에 영향을 주었고 (그들은 모두 소프트웨어 업계에 있다.) 내가 이 책을 쓰고 일을 다시 시작할 무렵에 방황하지 않게 도와주었으므로 이들 역시 자랑할만하다.

이외에 많은 사람들이 이 책에 쓰여진 생각들에 영향을 주었다. 내가 이들 모두를 언급하기에는 너무 많지만 거의 모든 사람들이 링크드인(LinkedIn), 페이스북(Facebook), 트위터(Twitter)에서 만나는 사람들이다. 기술자가 아닌 일반인 친구들도 언급하고 싶은데, 보통 세상의 시각으로 내 생각들을 의견으로 구체화하는 것을 도와주었고 필요할 때 긴장을 풀 수 있게 해 주었다.

내가 보안에 처음 입문할 때는, 개발자들이 소프트웨어를 만들 때 보안 버그들을 막을 수 있도록 돕는 보조적인 방법을 만드는 것에만 주력했었다. 이후, 나만의 몇 가지 방향으로 분야를 넓힐 수 있었던 것은 맥아피의 방대한 보안관련 포트폴리오를 모두 아우르는 중요한 직책을 맡겨주며 나를 충분히 믿어준 크리스토퍼 볼린(Christopher Bolin) 덕분이다. 그와 함께 한층 더 내 책무를 늘려주고 있는 제프 그린(Jeff Green)으로 인해 보안업계와 일반적인 사업 모두를 더 깊이 이해할 수 있는 좋은 위치에 있었다. 내가 맥아피에서 함께 일했던 대부분의 사람들은 매우 똑똑할 뿐 아니라 늘 나눠주는 사람들이었다. 항상 맥아피를 일하기 즐거운 곳으로 만들어가는 모든 사람들에게 감사한다.

비록 많은 사람들이 보안에 대한 내 생각에 기여했지만 나 이외에 아무도 내 견해를 비난하지 않았다. 나는 다른 사람들과 서로를 존중하면서 의견을 달리할 수 있는 것이 행복하다. 논리와 사실만이 내 마음을 변화시킬 수 있다. 여러분이 무엇이든 정중히 논쟁하고 싶다면 최선을 다해 응답할 시간을 만들겠다. 이메일(viega@list.org)을 보내거나 되도록이면 트위터에서 찾아주면 좋겠다.(@viega)

연락 방법

이 책에 대한 의견과 질문은 다음 주소의 출판사로 보내주세요.

O'Reilly Media, Inc.

1005 Gravenstein Highway North

Sebastopol, CA 95472

800-998-9938 (in the United States or Canada)

707-829-0515 (international or local)

707-829-0104 (fax)

이 책을 위한 웹페이지가 있으며, 웹페이지에는 예제 목록과 개정판에 대한 계획이 있습니다. 다음 주소에서 이러한 정보를 이용할 수 있습니다.

http://www.oreilly.com/catalog/9780596523022/

이메일 메시지를 보내실 수 있습니다. 메일링리스트에 등록하시거나 카탈로그를 요청하려면 다음 이메일 주소로 연락주세요.

info@oreilly.com

이 책에 대한 의견은 다음 이메일 주소로 보내주세요.

bookquestions@oreilly.com

오라일리 출판사의 책들과 컨퍼런스, 리소스센터 오 라일리 네트워크에 관한 더 많은 정보는 다음 웹사이트에 있습니다.

http://www.oreilly.com

온라인 사파리 북스

여러분이 마음에 드는 기술서적의 표지에서 온라인 사파리 북스 표시를 찾았다면 그 책이 오라일리 네트워크 사파리 서가를 통해 온라인으로 구매 가능하다는 의미입니다.

사파리는 보다 나은 e-book 솔루션을 제공합니다. 여러분이 수천 권의 최신 기술 서적을 쉽게 검색해 보고 코드 예제를 복사–붙여넣기 할 수 있으며 장별로 다운로드도 할 수 있습니다. 사파리는 가장 정확하고 최신의 정보가 필요로 할 때 빠르게 해답을 찾을 수 있는 가상 도서관입니다. *http://my.safaribooksonline.com*에서 시도해 보세요.

CHAPTER 1

보안산업이 무너졌다

대학 다닐 때, '마지막 강의'[4]로 유명한 랜디 포시(Randy Pausch) 교수가 수행하던 앨리스 프로젝트(the Alice project)에서 일한 적이 있다. 앨리스는 가상현실 3D 그래픽 시스템이었는데 그 프로젝트에서 일하면서 지낸 대학생활 동안 몇 가지 멋진 시각을 갖게 되었다. 그 프로젝트의 주된 목표는 실제로는 가상현실 같은 멋진 일이 주가 아니라 단지 컴퓨터 프로그래밍을 쉽게 만들어 주는 것이 전부였다. 랜디 교수는 고등학생들조차 컴퓨터 프로그래머가 되지 않고도 직접 컴퓨터 게임을 만들 수 있길 원했다. 의식하지 않으면서 프로그래밍을 하게 하는 것이 그의 목표였다.

가상현실 환경에서 (실제로는 손전등을 쥐고 있지만 그 환경 안에서는 광선검처럼 보여지는) 실감나는 광선검을 가지고 싸우는 인조인간의 멋진 요소를 처리한 뒤에, 내게는 컴퓨터 그래픽에 대한 열정이 전부가 아님을 깨달았다. 그렇지만 랜디 교수는 확실히 일반적인 사람들이 무언가를 쉽게 해낼

---

4) 역자주_사용성 공학의 전문가인 랜디포시 카네기 멜론대학 교수가 불치병으로 대학을 떠나기 전 가졌던 '마지막 강의' 동영상은 유튜브 http://www.youtube.com/watch?v=ji5_MqicxSo에서 볼 수 있다.

수 있도록 도와주는 일에 내가 흥미를 갖게끔 영향을 주었다.

랜디 교수와의 첫 만남은 내가 그의 사용성 공학 수업에 참석했을 때였다. 그 과목은 사용하기 쉬운 소프트웨어 제품을 만드는 것에 관한 내용이었다. 나는 꼭 컴퓨터 분야로 진출하고 싶어 고군분투하는 중이었다. 사용성 공학 과목은 잘 했던 것으로 기억한다. 그러나 그 전에 들었던 포트란과 이산 수학 같이 꾸벅꾸벅 졸며 들었던 과목들은 대체로 엉망이었다.

사용성 공학 수업 첫날에 랜디 교수는 우리에게 VCR(비디오카세트 녹화기_Video Cassette Recorder)을 보여 주고 시간 설정 같은 단순한 동작을 수행하는 게 얼마나 어려운지에 관해 얘기하기 시작했다. 버튼들이 모두 함께 모여 있어 어떤 것이 뭘 하는 데 쓰는 건지 구별하기가 아주 어렵다고 했다. 아울러 모두에게 자신들의 VCR이나 그 밖의 일상적인 제품들에서 겪었던 실패담을 나누게 했다. 예를 들어 예상대로 꺼지지 않는 조명 스위치 같은 것들이나 미는 문이라고 생각했지만 실제로는 잡아당겨야 하는 출입문들이 거기에 포함되었다.

그다음에 랜디 교수는 고글을 쓰고 큰 쇠망치를 집어 들더니 VCR을 세게 내려쳤다. 그리고서 겉만 번지르르한 사용자 인터페이스를 갖는 다른 실험대상의 장치들을 부서뜨려 나갔다.

그 수업은 내게 큰 충격이었다. 내게는 전자산업과 컴퓨터 소프트웨어 산업 전체가 기반부터 부서지고 있는 것처럼 느껴졌는데 실제로 업계는 사용자에게 좋은 사용자 경험을 제공하지 못하고 있었기 때문이었다. 내가 바라보는 어디에서나 제품을 만드는 사람들은 실제로 사용자들과 충분히 대화하지도 않으면서 사용자를 이해한다고 여겼다. 거의 15년 뒤인 지금도 변화는 거의 미미하고 일반적인 사용자는 여전히 뒷전이다.

자신이 이미 무엇을 만들지 안다고 생각하는 많은 제품관리자들을 만나 봤지만, 그들 중에 사용자와 함께 의미 있는 시간을 보내는 사람들은 별로 없었다. 나는 어떤 물건에 대해 웅대한 계획을 세운 프로젝트의 (영업 활동을 지원하거나 마케팅 자료를 만드는) 대부분의 일들은 고객의견을 받아들이는 것에 비하면 그리 중요하지 않다고 본다.

나는 대학을 졸업하자마자 바로 보안 분야로 전환하여 지금까지 십여 년을 보냈다. 이 분야에서는 수준 미달인 보안 기술이 세상에 악영향을 주고 있었던 터라 나는 쉽게 열정을 갖게 되었다. 내가 아는 윈도우를 사용하는 거의 모든 사람들은 바이러스가 중요한 파일을 삭제하거나, 컴퓨터를 고장 내거나, 생산성이 떨어지게 만들었다는 공포스런 경험담을 조금씩은 가지고 있었다. 나는 대학 재학 중에 인터넷에 연결된 장비에서 소프트웨어 결함의 영향이 어떤 것인지 (서드파티가 만든 프로그램내의 아주 미묘한 문제들로 인해 해커가 파일들을 삭제하고 장비를 쓸모없게 만드는 것을 보면서) 이미 경험했다.

매우 빠르게 그 분야에 익숙해졌고, 동시에 그 분야에서 영향을 발휘하기 위해 최선을 다하기 시작했다. 게리 맥그로(Gary McGraw)와 함께 소프트웨어에서 보안 버그를 제거하는 방법에 대한 내용으로 내 첫 번째 책('Building Secure Software,[5] Addison-Wesley')을 썼다. 내가 특별히 자랑할 만한 다른 책은 'Secure Programming Cookbook[6] (O'Reilly)'이다. 그 이후에 Secure Software라는 회사를 차렸는데 거기서는 개발자가 작성한 코드를 살펴보면서 프로그램내의 보안문제를 자동으로 찾아주는 도구를 만들었다.(그 회사는 포티파이_Fortify사가 인수하였고 나는 지금 포티파이사의 자문위

5) 역자주_'Building Secure Software' John Viega, Gary McGraw, Addison-Wesley, 2001. 09.01.
6) 저자주_'Secure Programming Cookbook'의 링크는 http://oreilly.com/catalog/97805 96003944/John Viega, OReilly, 2003.07.01.

원회에 있다.) 그리고 세계에서 가장 크고 전문적인 IT 보안 기업으로 알려져 있는 맥아피에서 부사장 겸 수석 보안 아키텍트로서 일했다.(시만텍은 몇 배나 더 크지만 그들은 보안 이외의 일도 가끔 하기 때문에 맥아피가 최고라고 주장해도 괜찮다.) 여러 인수합병이 이루어진 몇 년 뒤에, (안티바이러스 엔진 같은) 핵심 기술 대부분에 대한 공학적 활동 관리가 맥아피 제품들 간에 공유되었다. 난 또 다른 시작을 위해 떠났고 1년이 채 안되어, 이번에는 SaaS (Software-as-a-Service) 사업부 CTO로 맥아피에 돌아왔다.

10년이 지난 동안 보안 세계가 내 노력으로 인해 훨씬 더 좋아졌다고 생각하지는 않는다. 사실, 여러 면에서 더 나빠지기도 했다. 물론, 더 많은 사람들이 인터넷을 사용하게 되었고, 컴퓨터 보안이 제대로 이루어지기가 매우 어려워진 것이 부분적인 이유일 것이다.

여전히 내가 살펴본 보안업계의 어디서나 (내 친구 마크 커피_Mark Curphey 가 말하는 것처럼) '엉터리 보안' 기술을 볼 수 있다. 이 업계는 사용자에게 제품을 통해 좋은 경험을 제공하는데 중점을 두지 않고 있다. 심지어는 더 나은 보안 경험을 제공하기로 은연중에 약속했던 것조차도 실제로는 지키지 않고 있다.

예를 들어 대부분의 사람들이 사용할 필요가 있다고 느끼는 안티바이러스 같은 컴퓨터 보안업계의 기본제품을 보라. 대부분의 평범한 사람들은 안티바이러스 솔루션이 그리 잘 작동하지 않는다고 생각한다. 그리고 대부분의 경우 그것은 맞는 생각이다. (비록 안티바이러스업체들이 지속적으로 제품을 향상시키려 노력하긴 하지만) 이러한 솔루션들은 보통 15년 이상 되었고 지금이 아닌 예전의 문제에 맞춰져 있다. 대부분의 주요 제품들은 오랜 동안 임무를 잘 수행해 왔지만, 늘 사용해오던 습관은 모든 사람들에게 (잠재적인 감염의 채 반도 막지 못하면서 시스템 자원만 낭비하는) 쓰레기웨어(crapware)를 실행하게 만들고 있다.

랜디 포시(Randy Pausch) 교수가 VCR을 날려버렸던 것처럼, 사람들이 업계의 잘못을 인식하는 것을 돕고 싶고, 보안업계의 최소한 몇 사람에게라도 그들이 사업을 추구할 때 고객을 제일 우선으로 놓도록 영감을 주고 싶다.

이 책에서는, 업계를 바라보는 나의 관점을 공유하는데 많은 시간을 할애하려 한다. 할 수 있는 한, 내가 아는 명백한 문제점들을 확인시켜주는 것뿐만 아니라 업계가 변화할 수 있는 길을 보여줄 것이다.

대체로 나의 비판은 대다수의 기업들에게 적용될 것이지만 전부 그런 것은 아니다. 예를 들어 지난 몇 년 동안 맥아피의 기술적 진보에 나는 아주 행복했었다. 그것은 (고객들을 포함해) 다른 많은 현명한 사람들에게 귀 기울였던 때문이었다. 맥아피를 특별히 광고할 생각은 없지만 많은 경우에, 내가 언급하는 문제들은 틀림없이 맥아피에서 고려하고 있는 것이라고 봐도 좋다. 맥아피는 이러한 문제들의 해결을 목표로 했거나 목표로 삼을 계획이다.

난 보안에 대해 '특효약'이 있다고 믿지는 않는다. 그렇지만 (안티바이러스가 컴퓨터를 느리게 만들지 않는) 더 나은 사용자 경험과 (안티바이러스가 '무익함'에서 벗어나게 되는) 더 좋아진 보안을 포함해 최종 사용자가 이익을 얻는 것이 있어야 한다고 생각한다. 여러 가지 문제들이 근본적인 잘못에 기인해 있고 보안업계는 전반적으로 쓰러져가고 있다.

CHAPTER 2

보안 : 아무도 관심 없다!

왜 대중들은 IT (정보기술_information technology) 보안 시장이 과대평가되어 있다고 생각하지 않을까? 거의 모든 주요 뉴스에서 정기적으로 컴퓨터 보안문제에 대해 보도하던 것이 그리 오래 전 일도 아니다. 2001년 전 세계는 코드레드(Code Red), 님다(Nimda), 코드레드2(Code Red II)로 떠들썩했다. 그렇지만 컴퓨터 보안 이슈를 둘러싼 보도의 수준은 이후 7년 동안 꾸준히 떨어지고 있다. 2005년 초 조톱(Zotob)[7] 이래로 스톰 웜(Storm Worm)이 꽤 널리 퍼진 문제점으로 발생하긴 했지만 호들갑스런 보도까지 이르렀던 적은 없었다.

실제로 이 책을 쓰기 시작했을 때까지만 해도 그것은 사실이었지만 책을 끝내갈 무렵 컨피커 웜(Conficker worm)[8]이 지난 6개월 동안 기술 관련 보도매체 지면을 가득 채웠다. 보안 분야에 있는 모든 사람들과 많은 정

---

[7] 역자주_조톱(Zotob) - 윈도우 2000같은 MS 운영체제의 보안 취약점을 악용하는 컴퓨터 웜(worm). http://en.wikipedia.org/wiki/Zotob_(computer_worm) 참조하기 바란다.

[8] 역자주_컨피커 웜(Conficker worm) - 2009년에 창궐한 웜으로 감염PC를 좀비PC로 만들어 원격 서버의 조정으로 스팸 메일이나 악성프로그램을 발송하게 하기도 한다.

보 공학자들이 이 보도를 들어 알고 있다. 난 친구와 가족들을 대상으로 컨피커 웜에 관해 여론조사를 했는데 뉴스에 뒤처지지 않을 만큼 괜찮은 직업을 가진 사람들조차 컨피커 웜에 대해 모르고 있다는 것을 알았다. 이것은 사람들이 컨피커 웜에 대한 기사를 봤을지라도 무심히 건너뛰어 읽었음을 의미한다. 심지어는 기술자 친구들도 그것에 무관심해 보였고 관심 둘 만한 사람들 중 대부분은 이미 맥(Mac)으로 전환한지 오래였다.

오늘날, 업계 안에서나 보안 이슈에 관한 이야기를 들을 수 있지 보통 세상에서는 거의 듣기가 힘들게 되었다. 그것은 보안관련 문제가 줄어서 가 아니다. 오히려, 맬웨어(malware)를 이용해 큰돈을 벌 수 있을 만큼 맬웨어의 숫자는 몇 년 동안 급격한 증가 곡선을 그려 왔다. 이렇게 맬웨어 경제가 늘어나고 있는데도 왜 일반인들에게는 주된 화젯거리가 되지 못하는가? 그것은 아마도, 사람들이 더 이상 관심을 보이지 않자 언론들이 보도하지 않기 때문일 것이다. 그러다 보니 이를 보도하는 언론이 줄고 관심 있는 사람이 줄면서 모두가 무지(無知)로 향하는 악순환이 만들어졌다. 사람들이 그 주제에서 관심을 잃게 된 데는 다음과 같은 이유들이 있다고 본다.

맬웨어는 숨어있기를 좋아한다.

예전에는 일단 감염이 되면 컴퓨터가 끔찍하게 느려지고 여기저기서 수많은 광고들이 튀어 나왔을 것이다. 맬웨어를 만드는 사람들은, 감염사실을 단번에 알아챈 사용자들이 감염을 치료하는 것으로 인해 자신들이 더 많은 돈을 벌어들일 수 없게 됨을 이해하는데 그리 오래 걸리지 않았다. 그러다 보니 요즘의 맬웨어는 일반적으로 분명한 증상이 없이 움직인다. 심지어는 맬웨어가 광고를 표시하더라도 사용자가 당황할 정도로 만들지 않으려고 노력하고 있다. 가끔 팝업이 뜨긴 하지만 팝업으로 홍수가 날 정도는 아니다. 혹은 합법적인 광고를 맬웨어가 의도한 광고로 조용히 대체시키기도 한다. 결과적으로 많은 사람들이 감염사실을 인식하지 못하게 되어 소비자들은 자신들의 보안 소프트웨어가 임무를 잘 수행하고 있거나 큰 문제가 없다고 느낀다.

보안제품은 관심 밖이다

데스크탑 보안 솔루션이 실제로 잘 작동한다고 해 보자. 전통적인 안티바이러스가 잘 작동된다면 해를 끼칠만한 프로그램들이 실행되기 전에 미리 중단시킬 수 있다. 보통의 소비자는 안티바이러스 소프트웨어가 작동하는 것을 절대로 볼 수 없기 때문에 안티바이러스 제품의 중요성을 인식하지 못한다.

발생했던 결과가 그리 나쁘지 않았다

대부분의 소비자들은 아는 사람들의 은행계좌 정보가 유출되고 주민등록번호가 도용되는 인터넷 대참사를 예상했다. 한때 사람들은 인터넷상거래를 두려워했다. 두려움이 큰 사람들은 온라인에서 물건을 사는 것을 무조건 거부하기도 했다. 그 외의 대다수 사람들은 신용카드 회사에서 책임의 대부분을 진다는 이유로 다소 위안을 찾게 되었다. 더군다나 누군가의 정보가 도난당하는 것이 카드 자체를 도난당하는 것처럼 정보가 없어지는 것이 아닐뿐더러 정보가 도난당한다 하더라도, 도난이 컴퓨터상에서 이루어진 것인지 항상 분명한 것은 아니었다.

예를 들어 미국에서 누군가 여러분의 신용카드 번호를 훔쳤다면 그것은 (종업원이 카드를 가져가 신용카드 결재한 다음 다시 가져다주는 과정에서 누군가 자신의 카드 정보를 적어 놓을 수 있는) 식당에서 발생한 신용카드번호 도난 사고일 공산이 더 크다.

지겨운 스토리

보통사람들에게 코드레드, 님다 그 밖의 비슷한 것들은 거의 모두 같은 얘기로 들린다. 컴퓨터 보안 이슈는 지난번 사건과 같은 것으로 들리기 쉽기 때문에 대서특필되지 못한다. 누가 감염되는지, 그 맬웨어가 무엇을 하는지, 얼마나 빨리 퍼져 나가는지 같은 사소한 차이가 있을 수 있는 기사를 (보통사람으로서의) 여러분은 자신이 특별한 위험에 처했다고 생각하지 않기 때문에 읽다가 말 것이다. 그러면 기자는 더 이상 그런 내용의 기사를 쓰지 않게 될 것이다.(기사를 쓰는 것은 사업이다. 사람들이 읽기 원하는 스토리를 쫓아야 돈이 따른다.)

보안업계는 충분히 신뢰받지 못한다

사람들은 누구나 안다고 생각하는 (예를 들어 안티바이러스 솔루션들이 '대부분 잘 작동하지 않는다'는 것과 '컴퓨터를 설설 길 정도로 느리게 만든다'는) 것에는 관심을 두려하지 않는다. (맥아피가 바이러스를 검출하기 위해서 직접 바이러스를 만들고 있는 것은 아닌지에 대해서 솔직히 사람들은 말도 못하게 자주 물어봤다.) 그런 것들이 진실이든 아니든, 보안업계는 충분한 신뢰를 받지 못하고 있다. 벤더는 신뢰를 잃어가고 있다.

현실을 직시해 보자. 보통, 컴퓨터 보안은 세상에서 가장 따분한 일이다. 보안 관련해서 커다란 문제가 있는지 없는지는 사람들에게 중요치 않다. 이것은 일반적인 대중에게 충분한 지식이 없다는 것을 의미하고 업계에도 어느 정도 영향을 미친다.

- 소비자는 보안제품 간의 차이점을 말하지 못한다. 그들은 보통 모든 일을 해 주는 하나의 제품을 기대한다.

- 소비자는 보안제품을 구매하는데 많은 돈을 쓰고 싶어 하지 않는다. 모든 것을 다해 주는 하나의 제품을 사길 바라는데도, 초심자용 기능과 프리미엄 기능간의 진정한 차이를 모른다는 이유로 전체 세트를 구매해야만 한다면 바가지를 쓴다고 느끼게 된다. 사람들은 별 가치도 없는, 사용하지도 않게 될 많은 기능을 사게 된다고 생각하게 된다.

- 보통, 사람들이 안티바이러스를 (특히 윈도우에서) '필수'인 것으로 느끼는 것처럼 보이지만, 안티바이러스 보호 능력에 대해서는 큰 신뢰를 가지고 있지 않다.

어떤 흥미있는 조사 결과를 보면, 대부분의 사람들은 실제 안티바이러스 사용 여부에는 관심이 없다고 한다. 많은 사람들이 안티바이러스를 주요 컴퓨터 제조업자에게서 OEM(주문자 상표부착생산_original equipment manufacturer)으로서 미리 설치된 상태로 (Dell, HP, Gateway 같은 PC생산업체로부터 구매한 PC와 함께 따라오는 것을 의미한다.) 컴퓨터와 함께 구매한다. 사람들은 그것이 평생 공짜일 거라고 생각하지만 이렇게 미리 설치된 제품들 대부분은 사용기간제한이 있고 보통 1년 이상을 사용할 수 없다. 사용자는 무료 사용기간이 끝났다고 해도 거의가 갱신하지 않는다. 이런 데는 많은 이유가 있겠지만 보통 사람들은 태스크바에서 계속해서 보여주는 팝업 풍선을 무시하고는 기능이 기한 만료되었음을 깨닫지 못하거나 아니면 아예 그런 것이 있었는지 조차 잊어버리곤 한다.

대중들의 이해를 높이기 위한 간단하면서도 실효가 있는 해결책은 딱히 없다. 소비자 보호 도구들의 인식가치가, 특히 AVG, Avira, Avast 같은 공짜 안티바이러스 솔루션의 합리적인 매력에 의해 빠르게 떨어지고 있다고 생각한다. 공짜 안티바이러스업체가 별 볼일 없는 브랜드일지라도, 그런 업체들은 충분한 사용자가 있다. 이 사실은 브랜드 기반 의사 결정으로부터 가격기반 의사결정으로 사람들의 의사결정 방식이 변화하기 시작했다는 것을 보여준다. 더 좋은 브랜드가 반드시 더 좋은 제품을 생산한다고 말하고 싶은 것이 아니다. 단지 유명 브랜드를 선택하는 것이 모험을 피할 수 있는 지름길이라는 것을 말하고 싶은 것뿐이다. 일반적인 소비자라면 유명 브랜드가 충분히 요구를 만족시킬 것이라고 생각하거나 그것 외에는 성공적인 선택이 없다고 생각할 것이다.

다뤄야할 내용이 많아져 갈 길이 멀고 험해질 것 같다. 이어지는 다음 장에서는 많은 문제점을 살펴볼 예정이다.

CHAPTER 3

생각보다 쉽게 당한다

난 자만에 빠진 컴퓨터광들을 많이 알고 있다. 그들은 스스로 기술적 이해가 충분하기 때문에 결코 맬웨어(malware)[9]에 당하지 않을 거라 생각하고 위험한 상황에 빠지지 않는다고 자만한다. 그렇지만 그러한 컴퓨터광들은 잘못 생각하고 있는 것이다.

마찬가지로 잘난척하는 컴퓨터 사용자들도 (그들 중에는 컴퓨터광도 있고 아닌 경우도 있다.) 많이 안다. 그런 사람들 중에는 애플사의 OS X 운영체제가 다른 주요 경쟁제품에 비해 환상적으로 더 좋다고 생각하는 애플빠들도 포함된다. 뿐만 아니라 마이크로소프트의 비스타(Vista)가 예전의 어떤 운영체제보다 최상의 보안성을 갖고 있다는 광고를 있는 그대로 받아들이는 사람들도 여기에 포함된다.

그들이 그런 내용을 사실이라 받아들이는 것이 나쁜 녀석들이 원하는

---

[9] 역자주_맬웨어(malware)는 "악의적인 소프트웨어(malicious software)"의 줄임말로 사용자 몰래 컴퓨터에 침입하거나 피해를 입히기 위해 만들어진 소프트웨어이며 컴퓨터 바이러스, 웜, 트로이 목마, 스파이웨어, 애드웨어 등이 포함될 수 있다.

일이다!

몇 가지 경우를 살펴보면서 피해를 입게 되는 일반적인 방식들에 대해 알아보자. 보통 사람들이 생각하는 것보다 매우 간단하다.

여기서 "피해를 입는다"는 것은 여러분의 컴퓨터상에 불순한 소프트웨어(맬웨어)가 설치된 것을 의미하거나, 맬웨어 설치 여부와 관계없이 여러분의 온라인 뱅킹 세부내용들이 외부의 낯선 사람에게 전달되는 것을 의미한다.

먼저, 감염(맬웨어가 설치되는 것)에 대해서 설명하자면 감염이 되는 아주 일반적인 경로는 맬웨어를 직접 설치하는 것이다. 여러분은 의심 없이 이메일 메시지 안에 있는 링크를 합법적인 URL이라 여겨 클릭할 수 있다. 아니면 맬웨어인 줄 모르고 인터넷에서 응용프로그램을 다운로드 할 수도 있다.

사람들을 속여 다운로드하도록 만드는 많은 속임수들이 있다. 특별한 기술 없이 여러분도 다른 사람들에게, 다운로드하려는 것이 실제로 원하는 것이라고 믿게 만들 수 있다. 예를 들어 열여덟 살 정도의 남자들이 유명인사의 섹스 동영상을 웹에서 찾는 것을 상상해 보자. 그들은 구글(Google)에서 검색하여 동영상을 공짜로 구할 수 있다는 어떤 사이트를 찾는다. 하지만 그곳에서는 마침 그들의 컴퓨터에 설치되어 있지 않은 윈도우 미디어 플레이어용 플러그-인을 필요로 한다. 그림 3-1처럼 플러그-인을 얻기 위해 "Click here" 링크를 누르면 맬웨어가 설치가 되어버리는 식이다. 이러한 방식은 그것이 맬웨어든, 정상적인 플러그인이든 다운로드해 설치하기에는 아주 효과적인 방법이다. 설치가 끝났다면 비디오를 플레이해 보시라!

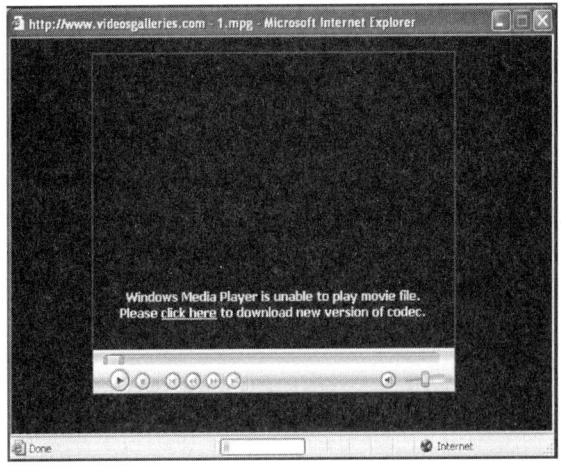

그림 3-1 ▶ 맬웨어는 윈도우 미디어 플레이어에서 보는 것과 같이 정상적인 다운로드를 하는 것처럼 위장할 수 있다.

인기 있는 스크린세이버 프로그램처럼 쉽게 맬웨어를 끼워 넣고 다운로드를 유도할 수 있는 분야는 많다. 웬만큼 큰 스크린세이버 사이트에서는 애드웨어(adware)[10]나 스파이웨어(spyware)[11]가 포함된 스크린세이버들을 찾을 수 있다. 뿐만 아니라 요즘 가장 새로운 대중문화 아이콘을 검색했을 때, (예를 들면 게임 같은) 다운로드 가능한 어떤 실행 프로그램이 검색된다면 바로 의심해봐야 한다.

물론, 자신이 능력 있는 컴퓨터 도사라면 그런 염려를 안 해도 된다고 생각할지도 모른다. 여러분은 평판 좋은 업체가 제공하는 것이 아니면 다운로드하지 않을 것이고 얼마나 많은 다른 사람들이 다운로드했는지 확실하게 살펴볼 것이다. 그 점은 인정하지만 그럼에도 불구하고 임의의

---

10) **역자주_애드웨어(adware)** - 컴퓨터에 일단 설치된 후에 혹은 프로그램 사용 중에 임의로 광고를 보여 주거나 다운로드하는 프로그램들을 말한다.

11) **역자주_스파이웨어(spyware)** - 컴퓨터에 잠입하여 중요한 개인 정보를 빼내는 프로그램으로 보통 광고나 마케팅 목적으로 배포되기 때문에 애드웨어와 혼동되기도 한다. 무료공개소프트웨어와 함께 설치되곤 하지만, 악의적인 용도로 이용될 소지가 있다.

응용프로그램을 다운로드하고 있다고 생각할 때 실제로는 다른 무언가를 다운로드할 수도 있는 다양한 상황이 있을 수 있다. 나쁜 녀석들이 여러분이 이용하는 내부 네트워크에서 맨인더미들 어택(man-in-the middle attack)[12]을 시작하거나 DNS 취약점 공격(DNS cache poisoning attack)[13]을 실행하고 있을 때처럼 말이다. (이러한 용어들을 모른다고 걱정할 필요는 없다. 여기서 용어들은 중요하지 않다.) 다행스럽게도 이러한 공격들은 드물게 일어난다.

감쪽같이 피해를 입는 또 다른 경우는 나쁜 녀석들이 사람들의 시스템에서 보안 약점을 이용하는 경우인데 특히 웹 브라우저처럼 소프트웨어 내부에 인터넷 연결기능이 있을 때 가능한 일이다. 웹 브라우저는 대규모의 코드 조각들로 구성되어 있는데 그러다 보니 발견하기 어려운 보안 약점을 가질 수밖에 없다. (이 책의 뒷부분에 아주 상세히 다룰 주제이다.)

세상에는 브라우저의 보안문제를 이용해서 여러분의 컴퓨터에 침입하려고 시도하는 웹사이트들이 널려 있다. 취약한 브라우저와 운영체제 구성으로 악의적인 웹사이트를 열면 아마 맬웨어 설치가 끝나버릴 것이다. 이를 다운로드에 의한 실행(drive-by download)[14]이라 부른다.

브라우저만이 취약점을 가질 수 있는 프로그램은 아니다. MS 워드 같은 데스크탑 응용프로그램들에서도 문제가 있는데 악의적인 데이터 파일

---

[12] 역자주_맨인더미들어택(man-in-the middle attack) – 통신을 수행하는 두 대의 컴퓨터 사이에서 두 컴퓨터 간의 연결을 가로채 데이터를 중계해 주면서 필요한 데이터를 취득하거나 데이터를 변조할 수 있는 공격방식이다.

[13] 역자주_DNS 취약점 공격(DNS cache poisoning attack) – 도메인 이름을 IP 주소로 변환해 주는 DNS의 기능 중 성능 향상을 위해 저장해 놓은 DNS 캐시에 IP를 위/변조시켜 실제와 다른 조작된 IP 주소를 제공하게 하여 특정 주소로 연결을 유도하는 공격방식이다.

[14] 역자주_다운로드에 의한 실행(drive-by download) – 사용자 모르게 다운로드 되어 설치되고 실행될 수 있는 프로그램들의 동작방식. 예를 들어 액티브액스나 자바애플릿 등의 설치 형태로 사용자 인식 없이 맬웨어를 설치하는 방법으로 이용된다.

을 불러오는 것만으로 맬웨어가 설치될 수 있다. 마이크로소프트의 서비스[15])들과 다른 주요 서드파티 소프트웨어들에는 주목할만한 보안 결함들이 있다. 여러분의 컴퓨터에서 운영 중인 이런 종류의 서비스는 다른 사람들의 접속을 기다리고 있다. 나쁜 녀석들은 단지 그 서비스와 통신할 수 있는 위치를 확보하기만 하면 되고 그다음에는 여러분의 간섭 없이 컴퓨터에 침입할 수 있다.

(파이어월 같은) 몇몇 기술들은 인터넷상에서 취약한 서비스가 노출되는 것으로부터 선량한 사람들을 보호한다. 그렇지만 위험한 환경에 놓여 있다면 또 다른 문제들이 많이 있다. 예를 들어, 여러분의 컴퓨터가 기업 네트워크상에 있다면 그 네트워크에 있는 거의 대부분 기계들은 서로 제한 없이 통신할 수 있다. 같은 네트워크에 있으면서 여러분의 컴퓨터에 연결할 수 있는 어떤 컴퓨터가 제어권을 나쁜 녀석에게 뺏기게 되면, 거기다가 여러분의 컴퓨터에 취약한 서비스가 실행되고 있다면 위험에 빠질 수 있다. 그렇지만 요즘은 일반적인 네트워킹 서비스를 제외하곤 기본적으로 노출되는 서비스는 거의 없다. (분명히 윈도우 운영체제는 이런 점들에 대해 과거에는 큰 문제를 가졌었다.)

취약한 브라우저를 사용하지도 않고 다른 소프트웨어가 노출될 수 있는 위치가 아니더라도, 정상적으로 보이지만 실제로는 그렇지 않은 것들에 속기 쉽다. 예를 들어 여러분이 틀린 URL을 입력하거나 잘못된 링크를 누르면 페이지가 로딩되는 것을 막는 듯이 가짜 에러 메시지를 맬웨어가 띄우고, 윈도우 운영체제가 표시하는 것처럼 보이는 다이얼로그 박스를 통해 가짜 안티바이러스나 가짜 안티스파이웨어를 설치하도록 유도할 수도 있다.(그림 3-2와 3-3)

---

15) 저자주_서비스(service) – 사용자가 컴퓨터 앞에 없어도 실행되는 프로그램들로 보통 이 프로그램들은 다른 기계상의 프로그램이 해당 기계에 연결하고 통신할 수 있도록 허가된다.

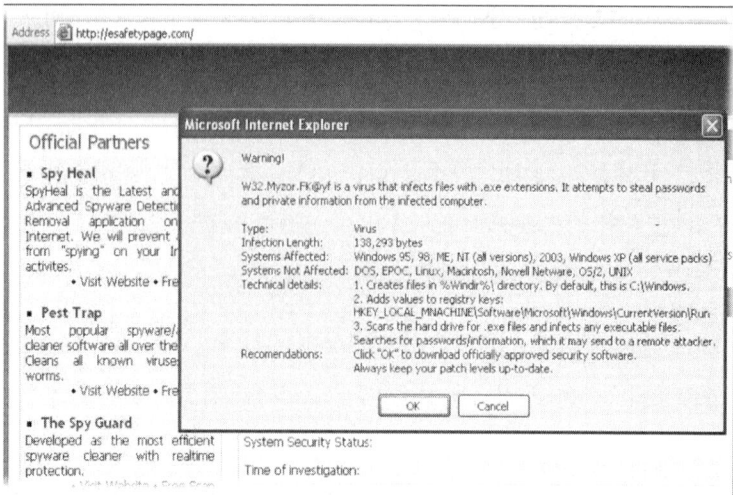

그림 3-2 ▶ 어떤 맬웨어 유포자들은 이처럼 그럴듯해 보이는 다이얼로그 박스를 가지고 가짜 안티바이러스 소프트웨어를 다운로딩 하도록 사용자를 속인다.

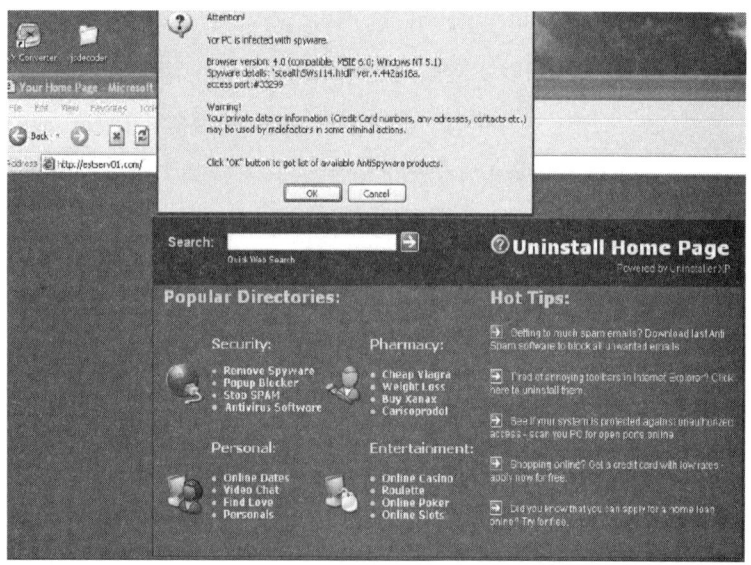

그림 3-3 ▶ 이 다이얼로그 박스는 안티스파이웨어를 다운받을 수 있는 링크를 제공한다며 확인을 요청하지만 실제로는 맬웨어에 연결되어 있는 링크를 포함하고 있다.

혹은 윈도우 운영체제가 표시하는 것처럼 보이며 무언가를 설치하도록 유도하는 또 다른 가짜 팝업창을 만날 수도 있다. 여기에 속기 쉬운 이유는 마이크로소프트가 제시하는 것같이 보이게 만들었기 때문이다. (그림 3-4)

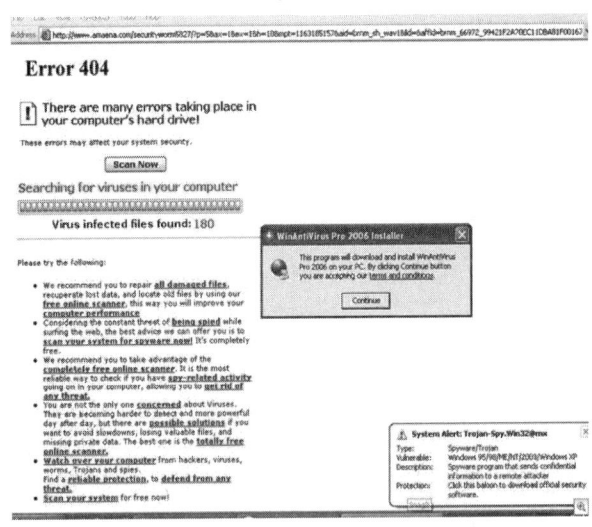

그림 3-4 ▶ 이 가짜 팝업 에러는 윈도우 메시지처럼 보인다.

때로는 마이크로소프트 운영체제가 표시한 듯한 이런 가짜 메시지는 더욱 그럴듯하게 보이게 하려고 일련의 선택사항들을 제공하기도 한다. (그림 3-5)

내가 아는 대부분의 거만한 컴퓨터광들은 여전히 그런 현상들에 대해 신경 쓰지 않는다. 컴퓨터광들은 위험한 사이트는 들어가지 않으면 되는 것이지, 보안 소프트웨어나 신뢰할 수 있는 업체의 소프트웨어만을 실행한다든지 하는 것은 필요 없다고 주장한다. 컴퓨터광들은 불필요한 트래픽을 허용하지 않도록 확실하게 설계되었다는 '퍼스널 파이어월'을 실행하긴 하지만 이런 환경에서 실행되는 소프트웨어 서비스일지라도 감염될 수 있다.

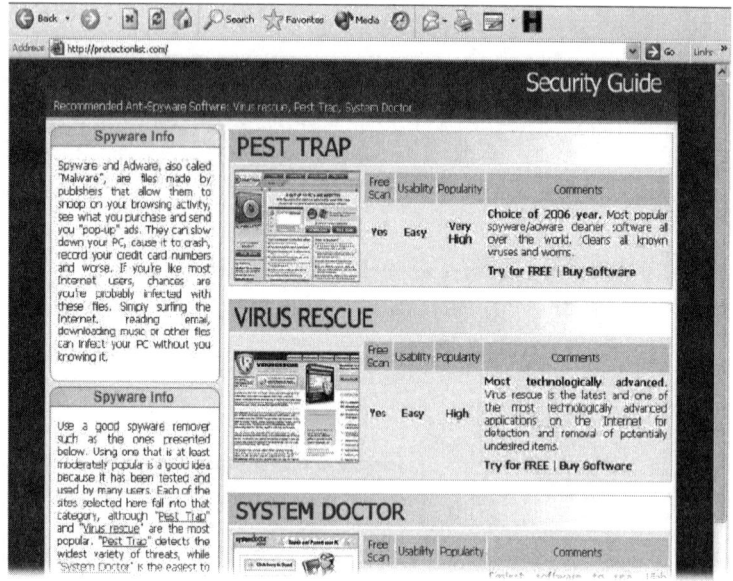

그림 3-5 ▶ 또 다른 가짜 메시지는 사용자를 속여서 맬웨어를 다운로딩하게 한다.

뿐만 아니라, 그런 컴퓨터광들은 자신들이 피싱 사기에 속을 거라고 생각지 않는다. 이런 부류의 사람들은 사용자 아이디가 분명하게 표시되어 있지 않다면 이베이(eBay)에서 온 이메일 메시지라도 무시하는 식으로 스스로를 훈련해왔다. (나쁜 녀석들은 가짜 이베이 메시지로 많은 사람들에게 스팸메일을 보낼 때 보통 개별적인 이베이 사용자명을 표시하지 않는데 그것까지는 그들도 알 수 없기 때문이다.) 비슷하게 그들은 친구로부터의 이메일조차도 분명하게 친구이름이 적혀 있지 않는 한 열어보지 않는다. 그러나 그럼에도 불구하고 내가 아는 몇몇 거만한 컴퓨터광들도 피싱 사기를 당한 경험이 있다.

피싱 사기꾼들은 나름대로 작업하기 위한 수법이 있지만 가끔은 방식을 바꾸기도 한다. 예를 들어 이 글을 쓰기 몇 주 전, 피싱 사기꾼들은 UPS 소포 배달을 못하고 있으니 확인해 달라는 메시지를 보내기 시작했다. 그 메시지는 UPS사에서 오는 것처럼 보였고 소포가 배달될 수 있도록 정확한 개인 정보를 제공해 달라고 했다. 이것은 새로운 기법이었기 때문에 꽤 사정에 밝은 사람들도 일부는 희생양이 되었다.

그뿐만 아니라 나쁜 녀석들은 몇 가지의 계략을 더 가지고 있다. 스피어피싱(spearphishing)이라고 부르는 기법은 기본적으로 개별 회사나 심지어 개개인을 대상으로 하는 맞춤식 피싱 시도이다. 어쩌면 여러분은 회사의 IT 부서 사람들로부터 온 것처럼 보이는 이메일 메시지를 받을 수도 있다. 이 메시지는 비밀번호가 기간 만료되었으니 변경하라고 웹 포털에 로그인을 요구할 수 있다. 물론 그런 메일이 나쁜 녀석들에게 온 것이라면 포털 사이트는 가짜고 그 목적은 여러분의 현재 비밀번호를 변경하는 것이 아닌 비밀번호를 가로채는 것이다.

스피어피싱은 목표로 정한 개인과 그의 네트워크 친구들에게 이용하기 쉽다. 예를 들어 여러분이 나에게 피싱 시도를 한다고 해 보자. 제일 먼저, 내 이름을 아는 것만으로 나의 이메일 주소 몇 개를 쉽게 얻을 수 있다. 마찬가지로 여러분이 악당이 되어 어떤 목록에서 내 이메일 주소를 갖게 되었다면 웹 검색을 조금만 해도(자동화할 수도 있다.) 내 이름을 쉽게 발견할 수 있을 것이다.

나를 속여 어떤 맬웨어를 다운로딩하게 만들고 싶다면 내 친구들이 보낸 이메일인 척해서 속이는 것이 괜찮을 것이다. 이런 용도에 페이스북(Facebook)을 이용하는 것은 간단하다. 먼저, 내 이름을 검색한다.(그림 3-6)

오직 한 사람만 검색되어 다행이다. 이제 나의 친구들을 보자.(그림 3-7) 이를 위해 이 실험이 끝나면 삭제할, '친구 등록(Add as Friend)'이 안 된 임시계정 하나를 만들었다.

그림 3-6 ▶ 사기실험 1단계 : 페이스북을 이용해 가능성 있는 희생자에 관한 정보를 모은다.

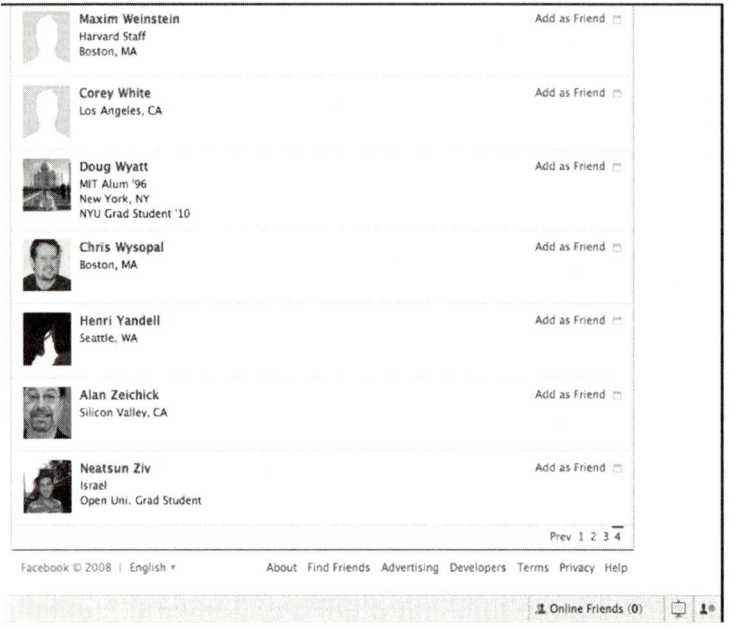

그림 3-7 ▶ 사기실험 2단계 : 가능성 있는 희생자의 친구들을 페이스북을 통해 확인한다.

아주 좋다. 이제 여러분은 이메일의 발신자로 이용할 몇 백 명의 이름을 얻었다. 여러분이 나와 같은 매사추세츠 보스턴에 사는 것으로 페이스북에 등록했다면 바로 나의 완전한 신상정보를 볼 수 있다. (나의 상태 메시지에서부터 업무 이력까지) 모든 종류의 개인적인 정보를 살펴보았다면 이제는 나를 어떻게 목표로 삼을지 궁리해 볼 수 있다. 그림 3-8은 보스턴에 사는 (친구 등록을 하지 않은) 익명의 사용자 계정의 신상정보를 예로 보여주고 있다.

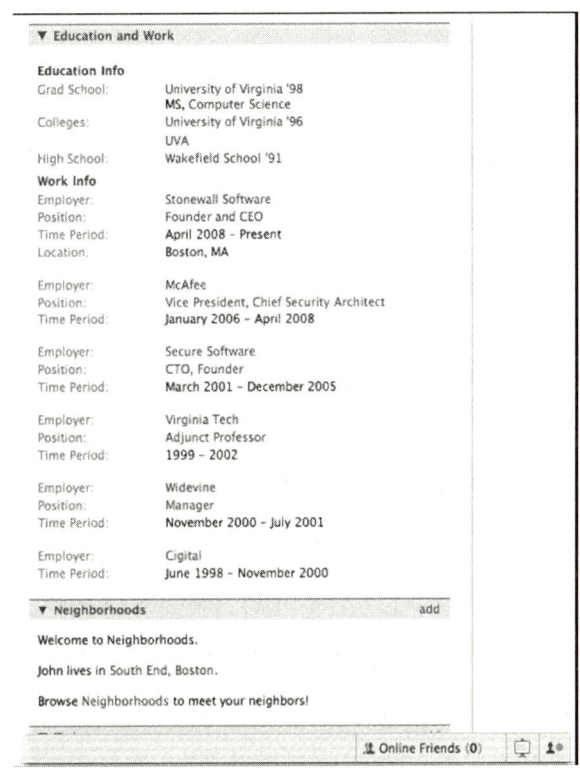

그림 3-8 ▶ 사기실험 3단계 : 정보를 모으기 위해 가능성 있는 희생자의 페이스북 신상정보에 접근한다.

이러한 모든 것들은 페이스북의 기본 설정이다. 낯선 사람들에게 친구 목록을 감출 수 있지만 그렇게 하려면 별도 설정을 해야만 하는데 소수의 사람들만이 그렇게 한다.

나쁜 녀석들은 이런 종류의 정보를 자동화해서 쉽게 스크랩한다. 페이스북 같은 합법적인 사이트에서 정보가 과다하게 노출된 사람들을 찾아내는 것이기 때문에, 잡힐 염려 없이 단번에 정보 조각들을 손에 넣을 수 있다. 그다음엔 추려낸 사람들을 대상으로, (포괄적인 대량 메일 발송보다 성공의 기회가 훨씬 높아진) 표적이 된 보다 소수의 사람들에게 이메일 메시지를 보낼 수 있게 된다.

내가 아는 더욱더 거만한 컴퓨터광들은 어머니나 (같은 도시에서 살며 공공연하게 데이트하는) 여자 친구로부터 온 이메일일지라도 열어보지 않을 것이라 말할지 모른다. 컴퓨터광들은 여태까지 읽었던 모든 것에 면역이 된 것처럼 느끼는 모양이다. 사회공학에 대한 무지가 그들을 바보로 만들고 있다!

컴퓨터광들은 위험한 사이트는 결코 들어가지 않을지 모른다. 그렇지만 MLB.com(야구 메이저리그 홈페이지)이나 이코노미스트(Economist) 아니면 슬래시닷(Slashdot) 같은 컴퓨터광들을 위한 사이트도 들어가지 않을 것인가?

이런 사이트들은 대부분 안정되고 높게 평가되는 곳이지만 이 사이트들도 감염을 일으키는 장소가 될 수 있다. 나쁜 녀석들은 주요 사이트들에서 합법적으로 광고 자리를 산 다음 스파이웨어로 돌변하는 가짜 안티바이러스 제품 광고 같이 안 좋은 것들을 가끔 슬쩍 끼워 넣는다. 아니면 합법적으로 보이는 광고가 여러분의 브라우저를 통해 악성코드를 실행하려 시도할 수도 있다. 이것은 CNN.com 같은 주요 광고 게시 사이트에서도 발생할 수 있는 일이다. 물론 광고 네트워크는 이러한 종류의 것들이 못 들어오게 노력하고 있지만 쉽지 않은 일이고, 특히 단순히 정적인 이미지만으로 구성되지 않고 코드가 포함된 광고일 경우에 꽤나 어려운 일이 될 수 있다. 많은 광고들은 어도비사에서 개발한 프로그래밍 언어인 액션스크립트(ActionScript)로 개발된다.

만약 자신이 즐겨 찾는 웹사이트의 광고라면 브라우저 악성코드를 실행하지 않을 거라 생각하는 사람이라면 스스로 매우 교만하다고 봐야 하며 대개는 다음 두 가지 범주에 속할 것이다.

- 절대로 속임수에 당하지 않도록 항상 최신 버전의 브라우저를 실행하는 환경을 유지하는 번거로움을 감수할 수 있다고 생각하는 사람이다.

- 애플이나 리눅스 시스템을 사용하면서 오페라 같은 약간은 특이한 브라우저를 사용하고 있기 때문에 안전하다고 여기거나, 안전을 유지할 수 있을 정도로 충분히 별난 무언가를 하고 있다고 생각하는 사람이다.

첫 번째 범주에 속하면서 실제로 꾸준하게 그렇게 하고 있다면, 나쁜 녀석들이 브라우저를 통해 "제로데이" 악성코드를 사용하는 것만이 유일한 걱정거리가 될 것이다. "제로데이" 악성코드가 의미하는 것은 악성코드가 문제를 일으키기 전에 브라우저 업체가 취약점을 해결하지 못하는 것을 의미한다. 다행히 그러한 경우는 많지 않다.

두 번째 범주라면 나쁜 녀석들에게 경제적으로 매력적이지 않은 목표라는 사실에만 의존하고 있다는 것을 깨달아야 한다. 이것은 나쁜 녀석들이 차라리 다른 곳에서 먹잇감을 찾는 것이 더 쉽다는 것을 의미하지만 항상 그렇지는 않다. 이어서 곧 다루겠지만, 애플 사용자들은 특히 더 걱정해야 한다.

CHAPTER 4

범죄유형

이번 장에서는 악당들이 컴퓨터에 침입하는 동기가 무엇인지 그리고 악당들의 머릿속에서 무슨 생각이 진행되고 있는지를 살펴볼 것이다. 사람들은 바보 같은 이유로 바이러스와 웜들을 창조해내곤 했다. 단지 그들 자신이나 친구들이 영리하다는 것을 입증하고자 하는 것이었거나 어쩌면 괴로운 세상이 오기를 바랐기 때문일 것이다. 그렇지만 그런 사람들은 세상에 흔치 않다.

그렇다. 포스의 어두운 세계(the dark side of the force)에 사람들이 빠져드는 이유는 오직 한 가지이다. 쉬운 돈벌이!

여러분이 나쁜 녀석이고 누군가의 장비에 악성 소프트웨어를 침투시켰다고 가정해 보자. 어떻게 하면 돈을 벌 수 있을까? 완전한 목록은 아니지만 여기 가능성 있는 다양한 방법들이 있다.

- 여러분은 신용카드번호와 (CVV 확인 코드 같은) 관련된 데이터를 수집할 수 있다. 사용자들이 전자상거래 쇼핑 사이트를 이용하면서 입

력한 데이터를 수집할 수도 있다. 그런 다음 수집한 내용을 다른 나쁜 녀석들에게 한꺼번에 팔 수 있다. 결국은 누군가에 의해 신용카드 소유자가 눈치채지 못하는 동안 온종일, 아니면 가끔 한 번씩 신용카드 정보가 사용될 것이다.

- 여러분은 사람들이 온라인 뱅킹 사이트를 이용할 때까지 기다릴 수 있다. 그다음에 (고객명, 비밀번호, 계좌번호 등의) 중요한 계좌 정보를 빼가거나 돈을 이체시킬 수 있도록 컴퓨터가 한가할 때 그 연결을 가로챌 수도 있다.

- 여러분은 어떤 종류의 인증 정보든지 수집할 수 있다. 여러분이 커다란 기업 네트워크에서 유효한 자격증명서들을 수집할 수 있다면 이런 것들을 위한 암시장도 존재할 수 있다고 생각해봐야 한다. 평범한 중고 PC에서도 이런 종류의 신용사기를 작정한 사람들에게 팔만한 인증 정보를 구할 수 있다.

- 여러분은 사람들이 Amazon.com 같은 온라인 상점에서 물건을 살 때까지 기다릴 수 있다. 그리고 바꿔치기한 온라인 상점을 아마존으로 생각하도록 속임수를 쓸 수 있다. 사용자는 그곳을 물건을 사려고 접속한 아마존이라고 생각할 것이다. 이러한 공격은 사용자에게 전혀 해가 될 것이 없고 단지 그 상점이 문제인데 받을 자격이 없는 자에게 돈이 지불될 것이기 때문이다.

- 여러분은 감염된 컴퓨터를 사용해 스팸 메일을 보낼 수 있다. 이 방법을 쓰는 이유는 금방 파악할 수 있는 특정 컴퓨터에서만 스팸 메일을 보내면 그 근원지를 찾아내 막기가 쉽기 때문이다. 그렇지만 스팸 메일이 (대부분 합법적인 일을 하는데 쓰이는) 수백만 대의 PC에서 발송된다면 막기가 훨씬 어렵다.

- 여러분은 (광고를 볼 생각이 없는) 사용자들에게 광고를 보게 할 수 있다. 이것은 대부분의 애드웨어 업체들이 하는 전형적인 방법이다. 그 업체들은 종종 합법적인 사업체들에게 싸게 광고를 판다. 그 합법적인 사업체들은 사용자의 광고 클릭이 어떻게 이루어졌는지 알지 못하고 단지 클릭이 있었다는 데만 관심을 가질 뿐이다.

- 여러분은 특별한 콘텐츠도 없으면서 광고만 많이 표시하는 자신의 사이트에서 수입을 만들기 위해 광고에 부정한 방법으로 클릭을 할 수 있다. 광고로만 이루어진 큰 웹 페이지를 꾸며 놓고, 그 페이지의 광고를 클릭하는 감염된 컴퓨터들을 확보한다면 (감염된 컴퓨터의 사용자들이 그 페이지를 봐야만 하는 것은 아니다.) 광고 네트워크는 클릭에 대한 광고 위탁 사례금을 지불하게 된다. 혹은 여러분의 사업에 경쟁자가 있다면, 실제 트래픽을 제치고 경쟁자의 모든 광고 링크들을 클릭하여 경쟁자의 광고 예산을 소비하게 할 수 있다. (대부분의 광고는 광고비가 바닥나면 중단된다.)

- 마찬가지로, 사용자에게 전달되기로 한 모든 광고를 여러분의 홈페이지에서 제공하는 광고로 바꿔버릴 수 있다. 이것은 거의 실제 트래픽을 흉내 내기 때문에 구글 같은 광고 네트워크가 사기를 탐지하는 것을 더 어렵게 만든다.

- 만약 사용자의 PC가 모뎀에 연결되어 있다면 여러분은 (전화 사주풀이 같은) 프리미엄 1-900번으로 전화를 걸 수 있다. 그러면 통화 시간에 구애받지 않을 수 있고 통화 요금은 그 사용자에게 청구될 것이다. 혹은, 여러분이 직접 1-900번 서비스를 운영하고 있다면 서비스 사용 요금까지도 챙길 수 있을 것이다. 일반적으로 사람들이 눈치 채지 못하고 눈치 채더라도 불평하지 않을만하게 통화시간은 짧고 통화횟수는 적게 시도할 것이다.

- 만약 여러분이 제어할 수 있는 감염된 컴퓨터를 많이 확보했다면 분산 서비스 거부 공격(distributed denial-of-service, DDOS attack)이라 불리는 공격방법을 사용해 인기 있는 웹사이트를 못 쓰게 만들어 다른 사람들의 돈을 갈취할 수 있다. 이런 방법이 통할만 한 큰 시장은 아마도 없겠지만 그래도 이런 종류의 서비스 거부 공격(denial-of-service, DOS attack)은 가끔씩 발생한다. 거의 대부분 정치적 의도를 가진 악당들이나 단지 사고가 일어나는 것을 구경하고 싶은 사람들이 이런 공격을 한다.

- 여러분은 다른 컴퓨터를 공격하는 일에 감염된 컴퓨터를 사용할 수 있다. 네트워크상에 있는 다른 컴퓨터에 침입할 수 있고 이렇게 해서 감염시킨 새로운 컴퓨터들로 앞서 말한 기법들 중 어떤 것이든 사용하여 돈을 벌 수 있다.

- 여러분은 몸값용으로 (개인적인 사진, 컴퓨터에 저장시켜 놓은 이메일 메시지, 음악 파일, 비디오 같은) 중요 데이터를 확보할 수 있다. 희생자가 암호 해독 키를 구하지 않는 이상 그 데이터에 접근할 수 없도록 보통은 파일을 암호화해 놓는다.

나쁜 녀석들이 더 많은 컴퓨터를 확보한다는 것은 그것을 돈을 버는 수단으로 봤을 때 그들은 부자가 된 것이다. 더 많은 컴퓨터를 가진다면 스팸 메일을 보내기도 더 쉬워지고 부정 클릭을 하기도 더 쉬워진다. 단독 장비로 하는 것보다 더 많은 일을 할 수 있도록 많은 분산된 장비를 통해 일을 수행하기 때문이다.

대다수의 나쁜 녀석들은 희생자의 컴퓨터에 범용 소프트웨어를 설치하는 데 그 소프트웨어는 그들이 원하는 일을 할 수 있도록 원격 제어가 가능하다. 업계에서는 그런 소프트웨어를 봇넷(botnet)[16] 소프트웨어라고 부른다. (봇은 로봇의 줄임 말로 감염된 컴퓨터가 나쁜 녀석들의 불법적인 명령을 수행하도록 자동으로 소프트웨어를 실행하게 된다는 것을 나타낸다.)

희생자가 자신의 컴퓨터가 탈취되었다는 것을 모르게 하는 것이 나쁜 녀석들에게는 경제적으로 최고 관심사다. 희생자가 침입 당했다는 것을 모르면 나쁜 녀석들은 그 컴퓨터를 돈 버는데 이용하기 쉽다. 따라서 침입 흔적을 적게 만들수록 나쁜 녀석들에게는 더 유리한 것이다. 그래서 최근에는 나쁜 녀석들도 컴퓨터를 감염시킬 때 아주 천천히, 컴퓨터 소유자가 눈치 채지 못하게 하면서 돈을 빼가려 한다. 컴퓨터에서 쫓겨나는 것을 원하지 않기 때문이다! 나쁜 녀석들은 (랜섬웨어_ransomware[17]라고 부르는) 파일 인질잡기 같이 과격한 짓을 해서는 결코 돈을 벌 수 없다. 파일들을 되돌려 주고 나면 컴퓨터는 치료될 것이고 그러면 그 컴퓨터는 더 이상 돈벌이에 이용하기 어려워진다. 그래서 랜섬웨어는 인기가 별로 없다.

난 랜섬웨어가 나쁜 녀석들의 마지막 발악이라고 본다. 주요 맬웨어가 검출되고 제거되었다면, 자질구레한 랜섬웨어가 마지막 발악으로 컴퓨터의 데이터를 인질로 잡을 수 있다.

대개 인터넷상에서 악당이 되면 값을 치르게 되어 있다! 하지만 그러한 범죄행위는 몇 가지 주요 이유로 전통적인 범죄행위보다 빠져들기 쉽다.

---

16) 역자주_봇넷(Botnet) – 봇넷(Botnet)은 다른 사람의 PC를 해커가 마음대로 조정할 수 있는 좀비PC로 만들어 스팸메일이나 악성코드 등을 전파하도록 하는 악성코드 봇(Bot)에 감염된 컴퓨터들이 네트워크를 형성한 망이다.

17) 역자주_랜섬웨어(ransomware) – 미국에서 발견된 스파이웨어 등의 신종 악성 프로그램, 컴퓨터 사용자의 문서를 볼모로 잡고 돈을 요구한다고 해서 '랜섬(ransom)'이란 수식어가 붙었다. 인터넷 사용자의 컴퓨터에 잠입해 내부 문서나 스프레드시트, 그림 파일 등을 제멋대로 암호화해 열지 못하도록 만들거나 첨부된 이메일 주소로 접촉해 돈을 보내주면 해독용 열쇠 프로그램을 전송해 준다며 금품을 요구하기도 한다.

- 나쁜 녀석들은 희생자를 대상으로 범죄를 저지르기 위해 물리적으로 희생자 가까이에 있어야만 할 필요가 없다. 사실, 많은 컴퓨터 범죄가 러시아나 중국 같은 나라에서 시작된다. 두 나라는 컴퓨터 범죄 관련법과 그러한 법의 시행에 취약하다. 범죄가 사법권 경계를 넘나든다면, 나쁜 녀석들을 찾기도 벌주기도 아주 어려워진다.

- 뒤에 실제 증거가 남기 어렵다. 컴퓨터를 믿을만한 수준으로 추적될 수 있게 할 수 있지만 나쁜 녀석들이 자신들의 흔적을 지울 수 있는 방법도 많다. 예를 들어 어떤 시스템은 익명으로 인터넷상에서 무언가를 할 수 있게 허락되기도 한다.

결국, 나쁜 녀석들에게 범죄를 성공시킬만한 기술적 숙련이 있다면 다른 종류의 범죄보다 컴퓨터 범죄는 더욱 쉽다. 그리고 최종 사용자로부터 직접적으로 돈을 훔칠 필요 없이 많은 돈을 만들 수 있는 (기업들로부터 소액의 돈을 훔칠 수 있는 부정 클릭 같은) 다양한 방법이 있다. 게다가 잡히는 사람도 많지 않다. 당연히 국가경제가 높은 임금의 일자리를 많이 만들어 내지 못하는 나라들에서는 상당히 인기 있고 매력적인 전문직이 되었다.

CHAPTER 5

좋은 보안제품의 테스트 :
나였다면 그것을 사용했을까?

 선택할 수 있는 보안제품과 제조회사들은 너무도 많다. 그렇지만 그 중에 훌륭한 선택이 될 수 있는 것은 극소수에 불과하다. 나 자신도 좋은 제품을 만난다면, 실제로 그 제품을 실행해 볼 것이다.

 지난 5년 동안 내가 사용해봤던 IT 보안 솔루션들 몇 가지가 있다.

- SSH(Secure Shell) : 텍스트 인터페이스로 원격 장비에서 쉘(shell) 명령어를 실행시키게 해줄 수 있는 유비쿼터스 리모트 로그인 유틸리티.

- SMTPS(Simple Mail Transfer Protocol over SSL)와 S-IMAP(Secure Internet Messaging Access Protocol) : SMTP와 IMAP의 확장 프로토콜로 인증과 데이터 보안을 통해 이메일 서버와 메일 클라이언트가 통신할 수 있게 해 준다.

- 여러 가지 RSA 토큰과 HID 인식표 : RSA와 HID는 컴퓨터 시스템이나 출입문 같은 어떤 자원들을 액세스할 때 이용되는 본인 인

증용 제품들을 많이 가지고 있는 기업들이다.

- 몇 가지 안티스팸 제품들(SpamAssassin을 포함해) : 어떤 것도 나의 스팸 문제를 해결해 주지 못했다. 내 계정 중에는 하루에 수백 통씩 메시지를 정리해야만 하는 엄청난 스팸을 받는 것도 있고 그렇지 않은 것도 있다. 안티스팸 도구는 내가 읽기 원하는 몇 가지 것들만 골라내고 나머지는 정크메일 폴더에 감춰준다.

- 사이트어드바이저(SiteAdvisor)는 평판이 확실치 않은 사이트에서 어떤 소프트웨어를 다운로드하려 할 때 이용한다. 플러그인 설치가 필요한데 내가 사용하는 브라우저와 플랫폼에 쓸 수 있는 공개 플러그인은 없다. (이 책을 마치고 난 후에 OS X 사파리_Safari 브라우저용 사이트어드바이저가 나오긴 했다.) 그래서 난 siteadvisor.com으로 가서 수동으로 사이트 레포트를 찾아보곤 한다. 내게 파이어폭스(Firefox)로 바꿔보라 권하지 마라. 해마다 시도해봤지만 아직 맘에 들지 않는다.

- 끔찍한 가상사설망(VPN : virtual private network) 소프트웨어를 회사 업무 때문에 억지로 사용했었다. (보통 시시한 시스코_Cisco 클라이언트를 이용했다.) 이것은 내가 사무실에 있지 않을 때라도 회사 자원을 액세스할 수 있게 해 준다.

다음은, 유명하긴 하지만 내가 사용하지 않는 것들이다.

- **파이어월** : 파이어월은 일반적으로 트래픽이 어디로 나가고 어디서 들어오는지에 따라 인터넷 트래픽을 막을 수 있다. 대부분의 기업 환경에서는 파이어월이 중요하다고 생각한다. 왜냐면 보통 많은 사람들이 직접 접근 가능하게 설정된 장비에 취약한 서비스들이 방치되곤 하기 때문이다. 그렇지만 집에서는 케이블 모뎀과 무선 라우

터 둘 다, 네트워크 주소 변환기(NAT : network address translation)[18] 기능이 있어 컴퓨터에 직접 접근 가능하지 않게 된다. 외부에 있는 사람들은 컴퓨터가 인터넷 연결을 한 이상 어차피 보이는 부분만을 보게 될 것이다. 내 개인용 서버에서는 피해입을 가능성이 있는 포트들은 노출하지 않는다. 여러 종류의 파이어월을 사용해 봤지만 주로 사용했던 것은 OpenBSD의 패킷 필터(PF, packet filter)였다.

- **안티바이러스**(AV, Antivirus) : 내가 비록 맥아피의 안티바이러스 기술의 핵심적인 개발에 참여했지만, 그 제품을 사용하지는 않았다. 난 안티바이러스를 매일 사용하지 않는다. 맥(Mac)을 사용하고 있기 때문이기도 하지만 윈도우를 사용한다고 해도 차라리 컴퓨터를 쓸 때 조심하지 안티바이러스를 실행하지는 않는다. 이런 방식이 누구에게나 맞는 것은 아니다. 나중에 안티바이러스와 맥에 관련된 주제를 다뤄볼 것이다.

- **퍼스널 파이어월** : 이것은 일반적인 파이어월과 비슷하지만 컴퓨터 상에서 작동되며 네트워크 연결을 허가할 것인지 거부할 것인지를 여러분이 직접 제어할 수 있게 해 준다. 다른 사람들처럼, 나도 퍼스널 파이어월이 유용하긴 하지만 너무 많은 경고를 준다는 것을 알게 되었다.

- **가상화**(Virtualization) : 각각의 응용프로그램이 별개의 컴퓨터에서 실행되는 것처럼 보이게 만들어주는 여러 가지 제품들이 있다. (예를 들어 GreenBorder와 Returnil 같은 제품들) 그래서 나쁜 녀석들이 어떤

---

18) 역자주_네트워크 주소 변환기(NAT) – NAT는 내부의 사설 IP가 NAT 소프트웨어에 의해 미리 정해진 공인 IP로 매핑되게 만드는 방법을 사용해 내부의 여러 컴퓨터가 로컬네트워크로 연결되면서 하나의 공인 IP로 인터넷에 접근할 수 있게 해 주는 기능이다. NAT을 사용하는 이유는 첫째 인터넷의 공인 IP주소를 절약할 수 있고 둘째 인터넷이란 공공망과 연결되는 사용자들의 고유한 사설망을 침입자들로부터 보호할 수 있기 때문이다.

응용프로그램을 탈취하더라도, 그로 인해 다른 모든 것들이 영향을 받지 않는다. 아마도 언젠가는 이러한 도구들도 좋아지겠지만 지금은 그렇지 않다. 이러한 것들은 유용성에 비해 (가상 컨테이너 간에 불필요한 이동이라든지) 너무 많은 노력을 들여야 했다.

- **그 밖의 소비자 대상 보안제품**

기업용 IT 자원을 실행하는 경우에 대해서는 대부분 무시했다. 최종 사용자로서 사용해본 기업용 제품인 경우에만 설명했다.

내가 대기업에서 기술적인 결정을 해야 했다면, 아마도 안티바이러스를 필수적으로 사용하도록 강력이 주장했을 것이고 직원들이 노트북 컴퓨터를 잃어버리거나 도난당했을 때 회사에 끼치는 위험을 최소화하도록 컴퓨터상의 모든 데이터에 대해 암호화할 것을 요구했을 것이다. 기업에게는 의미가 있겠지만 소비자에게는 그렇지 않은 결정들이 많이 있다.

이러한 모든 기술 결정을 하는 이유에 관해 좀 더 심층적으로 들여다보자. 내가 사용하는 기술의 대부분은 인증 기술이다. 그것은 상대하고 있는 사람이 누군지 혹은 로그인한 컴퓨터가 어떤 것이지 확인하는 것 같은 중대한 요구를 해결해 준다. 그리고 특정 설정 방식이나 비밀번호를 입력해야 하는 것을 제외한다면 이런 기술들은 완벽하게 작동된다. 특히 비밀번호를 기억해야만 하는 빌어먹을 프로그램을 쓸 때, 즉, 메신저, 트위터, 페이스북 같은 네트워크 접속을 하게 되는 제법 많은 프로그램들에서 비밀번호 보안에 대한 걱정을 잊어버려도 될 만큼 충분히 잘 동작한다. 그리고 인증이 되었다면, SSL을 통해서든, 다른 암호화 프로토콜을 통해서든 암호화는 자유롭고 정말 알기 쉽게 이루어져야 한다. 여기서 SSL은 Secure Sockets Layer 약자로서 일반적으로 암호화를 거치게 되는 인터넷 연결 방법이다.

난 집중해 일을 할 때 방해받는 것을 좋아하지 않는다. 최고 관심사가 보안이라면서 뭔 소리냐 싶겠지만 퍼스널 파이어월이 5분마다 (처음 20번 이후로는 잘못된) 실제 위험에 빠졌다고 팝업을 띄우면 어느새 팝업 내용 읽기를 중단하고 모든 팝업에 대해 그냥 '확인' 버튼을 클릭하기 시작한 다. 그러면서도 여전히 안전하다고 느낀다. 이런 경험 때문에 합리적인 분별력을 갖는 것이 어렵게 되었다.

난 호스트 기반의 보안 기술을 사용하고 싶다. (네트워크상의 다른 어딘가 아닌, 안티바이러스처럼 내 컴퓨터에서 실행되는 기술들을 의미한다.) 왜냐하면 경계 를 철저히 해도 (악성코드와 합법적인 소프트웨어에 끼어있는 맬웨어를 포함해) 속을 수 있는 다양한 경우가 있다는 것을 인식했기 때문이다. 그렇지만 스스 로 상업용 안티바이러스 제품을 실행하고 싶진 않다. 경험해 본 바로는 안티바이러스 제품들은 위험을 제대로 잡아내지도 못하면서 컴퓨터를 느리게 만들곤 한다. 어떤 안티바이러스 제품들은 정확성과 성능 면에서 다른 것보다 더 잘 작동한다. 그렇지만 맥(Mac)용으로는 좋은 솔루션을 아직 찾지 못했다.

기술적인 지식이 없는 평범한 사용자들은 아마도 안티바이러스를 실 행하게 될 텐데 그것은 그다지 거슬리지 않으면서 그래도 무언가를 잡 아내기 때문일 것이다. 그런 사용자들은 무엇이 진짜 위험인지 잘 이해 하지 못한다. 그렇지만, 대부분의 기술적인 지식이 있는 사람들은 나와 비슷할 것이다. 우리 같은 사람들은 상사가 그렇게 하라고 강제로 시키 지 않는 이상, 보안 기술이 사용하기 쉽고, 아주 잘 작동해야만 받아들 인다.

CHAPTER 6

MS의 공짜 안티바이러스가
대수롭지 않은 이유

마이크로소프트는 최근 소비자 보안제품인 원캐어(OneCare) 판매를 중단한다고 발표했다. 대신 그 제품을 공짜로 주기로 했다.

어떤 사람들은 내게 다음과 같은 질문들을 했었다. '마이크로소프트가 왜 그러는데?', '맥아피와 시만텍이 두려워하겠지?' 난 최근에 어떤 기사를(*http://news.cnet.com/8301-10789_3-10102154-57.html*) 읽었는데 그 기사엔 다음과 같은 내용이 있었다.

> 내가 전부터 말했던 것처럼, 전통적인 안티바이러스 보호수단이 구식이 되어가고 있다면 아마도 시만텍과 맥아피는 안티바이러스를 무료로 제공할 것이다.

그것은 말도 안 되는 소리다.

안티바이러스업체들은 마이크로소프트가 처음에 안티바이러스 시장에 들어왔을 때 확실히 걱정스러워했고 긴장도 했었다. 그들은 마이크로소프트가 다른 모든 시장에서 했던 것과 (시장을 지배하게 되고나서 다른 업체들을 몰아내는) 같은 일을 할 것이라 생각했다.

큰 업체들은 그들이 피할 수 없다고 생각하는 매출 감소를 어떻게 극복하느냐에 초점을 맞추기 시작했다. 마이크로소프트가 그들의 소비자 대상 사업 분야를 침범하게 된다면 가까운 장래에는 기업의 요구를 만족시키는 기업 대상 사업 분야의 선점도 잃어버릴 수 있을 거라 느꼈다. (그리고 그것은 일부 맞는 말이다.)

베리타스(Veritas)[19]사의 인수를 시작으로, 시만텍(Symantec)은 수입원 다변화와 기업 대상 사업을 보강하기 위해 인접 시장으로 그들의 사업 분야를 넓혀나가기 시작했다. 맥아피(McAfee)는 이미 안정된 기업대상 매출이 있었지만 델(Dell)사 같은 주요 PC 제조업체와 거래하여 대규모 OEM 기설치 제품 영역을 만들어 내는 것으로 소비자 대상 시장 점유율을 지키는데 초점을 맞췄다. 맥아피는 시장점유율을 유지하고 백엔드 시장에서 손실을 만회하길 바라면서 이러한 위치를 지키기 위한 선행 투자에 돈을 많이 들였다.

그랬다, 안티바이러스 업계는 오랜 시간 두려운 듯이 행동하고 있었다. 그렇지만 무슨 일이 있었던가? 간단히 말해, 마이크로소프트는 안티바이러스 시장 진입에 실패했던 것이다.

마이크로소프트 사업부서의 노력이 부족했던 것이 아니다. 마이크로소프트는 실험적인 경쟁에서 앞서지는 못했지만, 우수 인력들을 고용하는데 어마어마한 돈을 썼다. 주요 경쟁사에서도 핵심인력들을 스카우트 해갔다. 또한 마케팅에도 많은 돈을 썼다.

---

19) 역자주_베리타스(Veritas)사는 백업솔루션과 볼륨관리 솔루션으로 유명했던 소프트웨어 기업으로 2005년에 시만텍에 인수되었다.

그러나 결국에는 위협은 현실화되지 않았다. 최근 2007년 1월 달의 시장점유율 자료를 봤더니, 마이크로소프트는 전체 시장의 1% 정도 점유하기에도 어려워하고 있다. (분석전문 회사인 파이퍼 자프레이_Piper Jaffray에 의하면 0.08%) 난 그 이후로도 마이크로소프트에서 어떤 진전이 있었다는 증거를 보지 못했다. 그 사업은 철저하게 실패했다.

마이크로소프트는 비용을 지출해서, 비교적 빠르게 다른 경쟁자들만큼은 괜찮은 제품을 갖게 되었다. (의미심장하게 훌륭하거나 혁신적이지 않은 그저 경쟁 제품으로서) 마이크로소프트는 커다란 팀을 만들었고 마케팅에 돈을 많이 썼지만 사람들의 관심을 끌지는 못했다.

무엇이 잘못되었던 것일까?

먼저, 세상은 마이크로소프트가 보안 능력이 안 좋다는 인식을 오래도록 가지고 있었다. 마이크로소프트는 그러한 인식을 바꾸려고 10년 가까이 (수십억 달러를 제품보안에 투자해가면서) 힘들게 노력해왔다. 그들은 경쟁사의 안티바이러스 제품들에 우위를 점하면, 그러한 인식이 바뀔 수 있을 것이라 기대했다고 생각한다. 그런데 마이크로소프트는 안티바이러스에 비중을 두고 확실하게 투자하지 않았다. 안티바이러스는 마이크로소프트의 기존 제품들에 비해 (최소한 10년 동안 전체 매출의 1%도 성장에 기여하지 못할 만큼) 규모가 작은 시장이었다. 사업을 위한 대규모 투자 가치가 충분하지 않았던 것이다. 그랬다, 60억 달러 안티바이러스 시장은 마이크로소프트에게는 비디오게임 시장 정도에 불과한 아주 작은 것이었다.

난 마이크로소프트가 사업을 축소 유지하고 무료 버전을 제공하려는 이유가 사용자 커뮤니티의 호감을 끌어내는 것이 주요 이유라 예상한다. 자신들에게 적어도 보안 능력이 있으며 보안 능력이 나쁜 것만이 아니라는 평판을 만들기 위해 느리지만 확고하게 활동을 지속하려 했다고 생각한다.

그러나 잠시지만, 최종 사용자들이 마이크로소프트제품의 보안성이 아주 나쁘다는 생각을 바꿨다고 가정해 보자. 그렇더라도 그들은 여전히 마이크로소프트라는 회사와 보안 능력에 대해 긍정적으로 연관 짓지는 않을 것이다. 대다수의 사람들은 마이크로소프트의 안티바이러스가 다른 주요 제품들과 거의 비슷한 수준이며 심지어는 어떤 면에서는 더 괜찮기도 하다는 것을 알지 못한다.

마이크로소프트는 보안업체가 아니기 때문에 그럴 수밖에 없다고 본다. 사람들은, 특히 소비자는 전문 보안업체가, 보안이 우선사업이 아닌 회사보다 일을 더 잘할 것이라 믿는다. 여러 가지 다른 일을 하는 업체가 모든 것에서 최고이기는 힘들다. 사람들은 보통 이러한 사실을 인식하고 있다.

마이크로소프트가 낮은 가격을 무기로 들고 나왔지만, 사람들은 믿을 만한 업체의 보안제품을 사용하는 것이 더 중요하다고 생각했다. 정말 낮은 가격에 관심을 두는 사람들은 값이 싼 다른 제품으로 그들의 선택을 바꿀 때, 차라리 AVG(AVG Technologies, http://free.avg.com/us-en/homepage) 같은 전문 보안회사가 제공하는 제품을 선택했다.

사람들은 마이크로소프트사가 특별히 보안제품을 잘 만들지 못한다고 믿는 것은 아니다. 사람들은 보안이 주요 사업이 아닌 이상, 어떤 회사라도 그것에 충실할 수 없다고 믿는 것이다. 마이크로소프트가 외부에서 훌륭한 기술을 갖는 작은 보안회사를 여럿 사들인다 하더라도 인식은 크게 바뀌지 않을 것이고 소수의 사람들만이 마이크로소프트의 기술을 사용하게 될 것이다.

마이크로소프트는 한 번도 기회를 갖지 못했다. 진정한 실패는 그들이 무료제품을 들고 나왔을 때 사실로 증명되었다. 내가 맥아피나 시만텍이라면 확실히 크게 걱정하지 않을 것 같다. 공짜 안티바이러스를 원하는 사람들은 이미 Avira와 AVG 같은 공짜제품을 선택할 수 있기 때문이다.

맥아피와 시만텍 같은 큰 업체들에게 소비자 매출을 포기하고 공짜 안티바이러스를 제공하라는 제안은 불합리하다. 그런 회사들이 많은 사람들이 항상 기꺼이 구매하는 무언가를 버림으로써 수입이 40% 이상 줄어들도록 자청해서 절벽으로 뛰어내리길 원할까? 절대 그렇지 않을 것이다.

그렇다. (적어도 들어보지 못한) 믿을 수 없는 브랜드에게 그들의 믿음을 맡길 자신이 있는, 가격에 예민한 사람들만이 무료업체에게 그들의 사업을 맡길 것이다. 게다가 무료 안티바이러스 제품이 영향력 있는 보안업체들의 소비자 매출을 줄게 할 만큼 충분히 성장했는지도 알 수 없다. 그 뿐만이 아니다. 신규 PC 판매 성장률은 공짜 안티바이러스로의 전환율을 훨씬 앞지르고 있으며, 이것은 유료 소비자 시장이 여전히 성장 중이라는 것을 의미한다.

내가 영향력 있는 큰 업체였다면, 보안제품의 무료 '라이트_lite' 버전을 제공하는 것을 우려했을 것이다. 사람들은 라이트 버전이 잘 알려진 보안업체가 만든 제품이기 때문에 필요한 핵심적인 보호 기능을 제공할 것이라 기대하면서 유료 버전에 추가된 기능들은 부수적인 것이라고 예상할 것이다. 무료 안티바이러스 시장의 확대가 의미심장한 위협이 될 때까지, 보안업체들은 수입을 포기하는 위험을 미리 감수할 필요가 없다. 차라리, 마이크로소프트의 최초의 위협 이후로 그들이 수행해왔던 (인접한 성장 분야로 옮겨가는 투자) 일을 지속해야만 한다.

CHAPTER 7

사악한 구글(Google)

대부분의 엔지니어들에게 구글은 멋진 활동 무대이다. 구글에서라면 사람들이 실제로 사용하게 될 프로그램을 만드는 멋진 프로젝트에서 일할 수 있다. 어떤 프로젝트든 일주일에 하루는 좋아하는 일을 할 수 있다. (그들은 이것을 '20%의 시간'이라 부른다.) 그 날 회사에서는 공짜로 식사와 마실 것을 제공하고, 사무실에서 마사지도 받게 해 주며, 여러 가지 게임도 제공하면서 창의성과 즐거움을 북돋아 준다.

만약 '난 구글을 사랑해'라는 (인용 부호로 감싼) 문장으로 검색을 한다면 (물론 구글에서 검색했을 때) 123,000개의 검색 결과를 받아볼 것이다. 이어서 '난 마이크로소프트를 사랑해'로 검색했을 때는 63,000개, '난 잭 에프론(Zac Efron)을 사랑해'(영화 '하이스쿨 뮤지컬' 시리즈의 스타)는 33,500개, '난 존 비가를 사랑해'는 해당하는 게 없다고 검색 결과를 받는데 이건 꽤나 인상적인 검색 결과라고 생각한다.

구글은 나를 사랑하지 않을지 몰라도 난 구글을 사랑한다. 그리고 구글이 제공해 주는 서비스들을 폭넓게 사용하고 있다. 구글의 기업 모토가

'사악해지지 말자'임에도 불구하고 '구글은 사악하다'라고 검색해 보면 거의 43,200개의 웹페이지가 나오는 데 가끔은 나도 이 말에 동의하곤 한다.

(비록 다소 그런 경우가 있기도 하겠지만) 기업의 특별한 개별 활동들이 사악하다고 생각해 본 적은 없다. 그러나 구글이 하는 일들을 자세히 살펴본다면 결과적으로 최종 사용자들에게 항상 좋은 결과만을 주는 것은 아니라는 것을 알게 된다. 어쩌면 구글의 주주들에게는 좋을지 모르겠다. 그런 이유로 기업에게는 정당한 일을 하는 것이지만 그 기업 이외의 사람들에게는 반드시 옳은 일이 아닐 수도 있다. 구글을 사악하다고 평가할 수 있는 많은 것들이 있다 할지라도, 나는 구글이 실제로 세상을 안전하지 못하게 만드는 이유에 대해 초점을 맞춰 보려 한다.

시작하기 전에, 나는 구글이 보안에 대해 얼마나 신경을 쓰고 있는지 이미 알고 있다는 것을 밝히고 싶다. 내게는 구글에서 오랜 동안 보안관련 업무를 했던 친구들이 몇 명 있다. 구글이 포스티니_Postini (스팸메일 필터링 회사)를 인수해서 훌륭하게 활용했다는 것을 알고 있다. (비록 소비자 보안회사인 그린 보더_Green Border를 인수한 것으로는 아무 일도 하지 않았고-심지어는 보안이 그저 그런 무료 소프트웨어를 모아 놓은 구글팩에도 포함시키지 않았다는 것도 알고 있다.) 구글의 내부 개발 관례가 적어도 다른 대부분의 기업들에 비해 아주 훌륭하다는 것도 안다. 다시 말하지만 난 구글을 좋아한다. (검색 사이트로 자주 사용한다.) 구글은 많은 훌륭한 일들을 수행하지만 그 내면에는 사악함 역시 가지고 있다. 그 중 두드러진 점은 합리적이지 못한 세상을 만들고 있다는 점이다.

이전 장에서 잠깐 얘기했던 클릭 사기(click fraud)[20]는 다른 사람들이

---

20) 역자주_클릭 사기(click fraud) – 웹 사이트에 광고를 할 때 사용자 클릭 수를 증가시키기 위해 발생하는 부정행위. 광고 사이트에 수동으로 연결하게 하거나 소프트웨어나 자동 프로그램을 이용하여 광고 클릭을 하도록 하는 방법을 쓴다. 클릭 사기는 주로 개인의 광고 수입을 올리기

광고에 클릭하는데 따른 수수료를 챙기기 위해 나쁜 녀석들이 광고를 게시하면서 광고에 가짜 클릭을 만들어 내는 것을 말한다. 구글은 세계에서 가장 큰 광고 네트워크를 제공하기 때문에 이런 종류의 사기를 치기 가장 좋은 대상이 된다. 구글이 (간단히 언급해 볼) 이런 종류의 사기에 대항하는 몇 가지 수단을 강구하고는 있다지만, 내 이론상으로는 구글이 대중들에게 훨씬 도움이 될 만한 시도들은 피하고 있는 게 분명하며, 그 이유는 기업의 재정상에 이익이 안 되기 때문이라는 점이다.

클릭 사기에 대해 좀 더 자세히 살펴보자. 구글의 경우를 예로 들어보 겠다. 광고할 제품이 있는 기업들은 광고를 실어달라고 구글에게 광고료 를 지불한다. 광고료는 광고가 실제로 클릭될 때마다 구글에게 지급된 다. 구글은 검색 결과에 광고를 보여 주거나 다른 웹사이트에 그 광고를 보여줄 수 있다. 구글은 다른 어느 사이트에서 광고에 클릭이 되었는지 에 따라 그 사이트에도 수수료를 지불할 것이기 때문에 다른 웹사이트들 도 구글의 광고를 실어주는데 동의한다. 광고주는 구글의 애드워즈(The AdWords) 프로그램을 통해 광고를 사며, 다른 웹사이트의 사람들은 애드 센스(The AdSense)[21] 프로그램을 통해 광고를 위한 공간을 임대해 준다.

이런 방식에 부정한 방법이 끼어들 가능성들이 충분히 있다. 예를 들 어, 여러분은 구글 광고를 표시하는 웹사이트를 본 적이 있을 것이며 이

위해 개인이 범하는 경우와 경쟁사의 광고비용을 소모시키기는 수단으로 사용하기 위해 기업이 범하는 경우가 있다. (출처 다음백과사전) http://enc.daum.net/dic100/contents.do?query1 =15XXX24366

21) 역자주_애드센스(AdSense) – 광고주를 위한 애드워즈와 대비되는 구글의 광고 프로그램이다. 웹사이트 소유자는 애드센스에 가입함으로써 광고 수익을 구글과 나눌 수 있다. 광고 수익은 사용자가 애드센스 광고를 클릭함으로써 광고 게시자는 구글에 광고비를 지급하고, 구글은 그렇게 적립된 광고비를 웹사이트 소유자와 나누어 갖는다. 애드센스는 구글에 가입된 광고풀 가운데 웹페이지와 가장 연관성이 높은 광고가 나오게 되지만, 그렇지 못한 경우에 공익광고가 나오게 된다. 공익광고는 사용자가 클릭을 했다고 해도 수익이 생기지 않는다. (출처 : 다음백과 사전) http://enc.daum.net/dic100/contents.do?query1=10XXX57387

런 식의 문구가 달린 것을 본 적이 있을 것이다. '광고를 클릭해서 이 사이트를 지원해 주세요' 웹사이트 주인이 광고의 제품을 살 마음도 없는 사람들에게 광고를 클릭하라고 요구했기 때문에 이런 것도 부정행위의 한 형태라고 볼 수 있다. 구글의 서비스 약정에 반대되는 것이다. 그렇게 하면 안 된다!

전형적인 사기 방법은 다음과 같다. 어떤 나쁜 녀석이 어떤 주제에 대한 실제 콘텐츠로 웹사이트를 구성한다. 이때 이 주제는 적어도 클릭 당 1달러로 꽤 값이 나가는 애드센스 키워드와 연결되어 있다. 그다음에 공모하는 사람들이 있는 커뮤니티를 찾는다. 그리고 커뮤니티 사람들을 동원해 콘텐츠를 구성했던 사이트를 방문하여 광고를 클릭하게 한다.

나쁜 녀석이 혼자서 직접 처리할 수는 없다. 구글은 전체 클릭이 한 곳에서 이루어지고 있다는 것을 금방 눈치채기 때문이며 그것은 분명한 사기가 되기 때문이다.

사기꾼 그룹이 (때로는 클릭 농장_Click Farm[22])이라고 부르기도 한다.) 아주 크지 않다면 구글에게 쉽게 걸리지 않는다. 하지만 많은 국제조직 범죄 집단은 클릭 노동을 위해 제3세계에서 대단히 많은 사람들을 모집하기도 한다. 이때 그 사이트가 실제 콘텐츠를 제공하는 정상적인 사이트인 것처럼 보이도록 하루에 2시간 정도의 적당한 비율로 클릭을 시킨다.

구글은 비정상으로 보이는 유형들을 분석하려 할 것이다. 예를 들어, 나쁜 녀석이 필요이상으로 광고를 많이 클릭한다면 구글에게 들킬 수도 있다. 또, 전 세계에서 동시에 특정 광고의 페이지를 클릭하기 시작하면 구글이 의심할 수도 있을 것이다. 그렇다면 나쁜 녀석에게 유일한 목표

---

[22] 역자주_클릭 농장_click farm은 저임금의 대규모 작업 인원을 동원해 광고 링크를 클릭해 주는 일을 하는 작업장을 운영하는 클릭사기의 한 형태이다.

는 실제 트래픽을 알아보지 않고서는, 가능한 한 합법적인 것처럼 보이게 만드는 것이다. 이런 이유로 나쁜 녀석들이 구성한 사이트는 어느 정도 정상적인 콘텐츠를 반드시 포함한다. 구글이 이런 종류의 사기가 시도되는지를 확인하기 위해 그 페이지들을 모니터링한다고 예상하기 때문이다.

나쁜 녀석이 작은 봇넷을 운영하고 있다면 가짜 클릭을 만들어 내는 데 봇넷을 이용할 수도 있다. 광고를 게시할 아주 유명한 사이트가 필요한 것도 아니다. 아주 비싼 가격의 키워드에 대해서 광고하면 된다. 예를 들어, 어떤 유명한 맬웨어는 석면에 장기간 노출되었을 때 유발되는 희귀한 암인 '중피종_mesotheliom'을 목표 키워드로 하는, 나쁜 녀석이 준비해 놓은 웹사이트의 광고에 대해 가짜 클릭을 만들어 냈다. 이런 분야의 소송은 큰돈이 들기 마련이어서 변호사들이 행복해진다. 변호사에게는 클릭 사기 관련한 소송이 자신들의 돈벌이가 되기 때문이다. 그러다보니 한 번 클릭의 가치는 5달러에서 10달러 이상이 된다. 이제 나쁜 녀석들이 감시를 피해가며 남부럽지 않을 만큼의 돈을 버는 것에 대해 말해 보겠다. 나쁜 녀석들은 아무 때나 가동할 수 있는 10,000대의 컴퓨터를 봇넷상에 확보했다고 해 보자. (이것은 봇넷의 평균치다.) 몇 천대의 컴퓨터들이 그가 만들어 놓은 '암 관련 블로그'를 정기적으로 방문할 수 있다. (일단위든 월 단위든 실제 트래픽인 듯이 보이도록 다양화할 수 있다.) 그 블로그를 찾아볼 웹사이트를 확실히 준비해야만 하고 봇으로 활동할 말단 컴퓨터들은 영어가 능통한 국가에 있어야 할 것이다. 블로그 페이지가 조회되면 구글은 광고를 제공할 것이다. 그런 다음 하루에 고작 20번(평균적으로) 정도로 실제 사람이 웹페이지를 찾아보는 것처럼 광고를 클릭하도록 네트워크상의 봇을 운영하는 것이다.

10달러를 버는 광고를 하루 20번 클릭하면, 1년이면 73,000달러를 벌 수 있다. 그것은 (연봉 10,000달러 이하의 평균 수입을 갖는) 러시아에 사는 누군가에겐 상당한 금액이다. 게다가 거의 노동도 필요 없다.

실제로 조금 더 영리한 녀석들은 합법적인 암 관련 블로그를 유지하면서 그 분야에서 지명도를 얻을 수 있도록 블로그를 알리기 위해 어느 정도 시간을 투자할 것이다. 그러면 봇넷이 발견되더라도 누군가 개인적인 원한으로 혹은 블로그상에서의 쟁점에 반발해 애드센스 광고를 못하게 시도하고 있다고 주장할 수 있다.

구글은 그런 사기꾼들을 찾아내기 위해 어렵게 일하고 있다. 구글은 해당 광고에 대한 표시 요청과 발생하는 클릭을 분석한다. (광고를 요청하는 컴퓨터의 인터넷 주소를 포함해) 수집될 수 있는 모든 데이터를 사용해 이상 현상을 찾는다. 확정적으로 사기 증거가 있는 애드센스 계정은 곧바로 폐쇄된다. 구글이 사기 클릭을 발견하면 광고비를 지불했던 사람들의 돈은 환불된다.

구글이 하는 다양한 일들을 생각하면서, 어떻게 구글이 사악하다고 말할 수 있을까? 그것은 구글이 문제를 다루기 위해 마땅히 해야 하는 모든 것을 다하지 않기 때문이다.

먼저, 구글의 이익에 대한 근본적인 불일치가 있다는 점을 지적하는 것이 중요하다. 구글은 광고주들로부터 돈을 받고 광고 게시자들에게 돈을 지불한다. 그렇지만 한 번의 클릭이 있을 때, 구글은 광고 게시자에게 지불하는 것보다 광고주 측에게 더 확실하게 비용청구를 한다. 그리고 어떤 광고가 더 많은 클릭이 된다면 해당 검색어에 대해 구글은 값을 더 높게 매긴다. 그러므로 적어도 단기적으로는 구글은 클릭사기가 있으면 돈을 더 번다.

만약 다른 광고 네트워크가 광고주들에게, 부담한 비용에 비해 더 많은 수익을 얻을 수 있게 해 준다면, 결국 구글은 타격을 받을 것이다. 그렇지만 지금까지는 구글이 다른 경쟁 업체에 비해 정상적인 웹사이트 소유자들에게 더 많은 광고게시 수수료를 지불하고 있기 때문에 시장에 대해 완전한 지배권을 가지고 있다.

다음으로 구글이 찾아냈다고 주장하는 클릭 사기와 독립적인 서드파티 조사업체들이 발견했다고 주장하는 클릭 사기를 자세히 비교해 보면, 구글이 찾아내는 것보다 실제로 더 많은 클릭 사기가 진행되고 있는 것은 분명하다.

특히 구글은 특정한 수치를 제시하지 않으면서, '클릭의 "10% 미만"이 부정한 클릭이다' 그리고 '누구에게라도 청구되기 전에 이러한 클릭의 98.8%는 일관되게 잡아내고 있다'고 주장한다.

반면에 독자적인 평가자 들은 부정 클릭 숫자가 광고주가 지불하게 되는 클릭 수의 10% 이상이라고 일관되게 평가한다. 예를 들어, 2007년 말에 수행된 조사에서 ClickForensics사는 공급자 네트워크에서 광고 클릭의 28.1%가 부정한 것이었고 광고주가 값을 치렀던 클릭수의 16.2%가 부정한 것이었다고 결론 내렸다. (이것은 구글이나 그와 비슷한 광고 네트워크가 비용지출에 대한 광고주의 말을 신용하지 않는다는 것을 의미한다.) ClickForensics가 말하는 수치를 들어보면 구글이 말하는 수치보다 문제가 훨씬 심각하다는 것을 알 수 있다. 구글은 문제가 통제하에 있다고 들리게 하는 반면에 ClickForensics와 다른 업체들은 구글이 반쪽만 다루는 것처럼 들리게 만든다.

여러분은 구글과 ClickForensics의 부정클릭에 대한 측정방법을 비교해 볼 수 있다. ClickForensics는 샘플링된 트래픽만을 조사하긴 하지만 자신들이 직접 수집한 데이터에만 초점을 맞추는 구글보다 더 광범위하게 웹 사용을 살펴보고 있다.

진실은 틀림없이 중간 어딘가에 놓여있겠지만 맬웨어를 이용한 클릭 사기가 존재한다는 것을 확인했던 경험에 비추어 보면 ClickForensics 가 구글보다 더 정확할 것이란 믿음이 간다.

구글은 클릭 사기 비율에 대해 깊이 파고드는 것을 피하기 위해서 정도를 벗어나기도 했다. 어떤 경우에는 법정으로 갈 집단 소송 대신에 9천만 달러를 지불하는 것으로 빨리 덮어둘 수 있게 조치했다. 그것은 거대한 사기 문제를 입증할 많은 증거가 있었다고 널리 믿어지고 있었던 소송이었다.

문제의 범위가 무엇이든 간에 구글이 클릭당 지불 원칙을 고수하는 것은 사기꾼들을 끌어 모으는 것과 같은 일이다.

솔직히 말하자면 그것은 광고를 다루는 데는 좋지 않은 방법이다. 클릭당 지불(pay per click) 대신 광고주는 '감상'에 대해 지불(pay per impression)할 수도 있는데, 이것은 광고주가 실제로 소비자가 본 광고에 대해서만 지불한다는 것을 의미한다. 이런 경우 나쁜 녀석들은 클릭 자체에 대해서 관심 갖지 않게 될 것이다. (클릭에 의미가 없어지면 사기인지 아닌지는 조금 더 분명해질 것이다.)

그 밖에도 광고를 좀 더 공정하게 처리할 수 있는 한 가지 방법이 있다. 광고를 표시한 사이트에 광고가 클릭되면 지불하는 대신에 광고가 실제 판매로 이어졌을 때 구글이 사이트에 지불하는 것이다. 그런 모델에서는 구글과 사이트는 약간의 판매수수료를 취하는 것이다.

이 모델은 실질적으로 부정행위를 제거하기 때문에 광고주에게 훨씬 더 효과적인 시장을 만들 것이다. 그렇지만 부정행위가 구글의 총수입의 중요한 일부가 되기 때문에, 특히 부정행위가 광고에 대한 기업이 부담해야 하는 비용을 늘어나게 만드는 것을 생각해 보면, 판매당 지불(pay-per-sale) 모델을 적용하면 구글은 수입이 줄게 된다.

뿐만 아니라, 구글에게 경영상의 비용은 한층 더 높아지게 된다. 또한, 광고주가 판매량과 판매금액을 정확하게 보고할 것이라 신뢰해야 한다. 구글은 신용카드 처리업자처럼 제휴관계를 갖는 것으로 신뢰문제를 해결할 수 있지만 그러면 수입의 일부는 포기해야만 할 것이다. 어쩌면 구글이 페이팔(PayPal) 같은, 소매 상인 서비스인 구글 체크아웃(Google Checkout)을 직접 구축한 이유 중 하나가 그러한 일을 준비하기 위해서 일지 모른다. 비록 구글 체크아웃이 성공하지는 못했지만, 상거래를 처리하는 데 구글 체크아웃을 사용한다면 구글은 결국 판매당 지불이 선택 옵션인 광고 모델을 내 놓을 수도 있을 것이다.

물론 클릭 사기가 광고비를 부자연스럽게 올린다고 해도 광고의뢰를 할 광고주가 완전히 없어지지는 않는다. 만약 그랬다면 구글이 직접 광고비를 내렸을 것이다. 클릭 사기는 구글이 가능한 많은 돈을 광고주에게서 벌 수 있도록 돕는다.

어떤 면에서 보면 광고주는 그들의 광고 계획 안에서 부정행위를 조절할 수 있다. 광고주들은 일정한 환금이 되고 있는 한 얼마나 많은 거래를 할지 계획할 수 있다. 만약 광고 캠페인으로 충분히 괜찮은 수익을 얻지 못한다면 광고를 더 이상 하지 않을 것이다.

그렇긴 하지만, 그리하면 이후에 누가 그 광고주에게 관심을 가질까? 무언가를 팔려고 하는 사람들 때문이 아니라 구글 때문에 전체 인터넷이 나빠졌다고 말하지 않았던가?

클릭당 지불(pay-per-click)과 '감상'당 지불(pay-per-impression) 모델은 결과적으로 나쁜 녀석들이 누군가의 컴퓨터에 침입할 필요를 만들어 준다. 나쁜 녀석들이 컴퓨터에 침입해야만 하는 이유가 줄어들고 돈 벌 기회가 줄어든다면, 나쁜 녀석들의 컴퓨터 침입시도는 줄어들 것이다. 그 결과로 컴퓨터 감염은 더욱 줄어들 것이다.

나쁜 녀석들이 장비를 감염시키는 데는 이전 장에서 설명했던 것처럼 다른 이유들도 분명히 있다. 그리고 그런 이유들로 인해 여전히 감염은 일어나겠지만, 클릭사기가 없어진다면 컴퓨터 범죄를 통해 벌 수 있는 돈의 전체 금액은 훨씬 줄어들게 될 것이다. 만약 같은 수의 범죄자가 돈을 벌려고 한다면 누구도 충분히 벌 수 없을 것이다. 그래서 많은 사람들은 범죄의 길을 벗어나 다른 삶으로 옮겨가게 될 것이다. 장비 한 대에 침입하는 비용은 거의 비슷하게 유지되거나 약간 비싸질 수도 있다. 왜냐하면 이러한 종류의 일에 관심을 가지는 사람들이 줄어들었기 때문이다. 그런 논리로 감염이 줄어들 것이라 예상하는 것이 합리적이다.

구글이 클릭사기를 조장한다고 판명이 나든 그렇지 않든 간에, 구글이 비난받을 유일한 기업이 아니라는 것은 확실하다. 온라인 광고 세계에서 구글은 확실히 큰 고릴라이긴 하지만 대부분의 다른 광고 네트워크도 같은 배를 타고 있다.

나쁜 녀석들이 누군가의 컴퓨터를 감염시키는데 동기를 제공해 주는 다른 회사들을 꼽아 볼 수 있다. 그 중에서도 은행들을 지적할 수 있는데 많은 다른 종류의 사기가 은행 주변을 노린다.

은행들은 저질러진 사기를 찾아내고자 하는 뚜렷한 동기를 가지고 있지는 않다. 은행들은 사기가 발생하면 손실 비용으로 부담하는 경향이 있기 때문에 그런 문제에 관해 관심은 덜하지만 컴퓨터에서 맬웨어를 제거하기 위해 비용을 들일 의지는 있다.

그렇지만 은행들은 모두가 협력하여 PC가 감염되지 않게 컴퓨터 환경을 지킨다는 관점에서 보면 가장 이기적이다. 은행들은 전자상거래를 완전히 허가하지 않거나 적어도 사람들에게 개인 정보에 대해서 전화로 처리하도록 요구하는 등의 행동을 한다. 소비자는 이것을 참지 못할 것이다. 그들은 차라리 물건을 살 수 있고 은행거래를 온라인으로 할 수 있는 편리함을 위해서 감염될 수도 있는 위험을 선택하기도 한다.

그럼에도 불구하고 은행들은 이러한 문제와 싸우기 위해 가능한 노력을 하고 있다. 은행들은 고객들이 안티맬웨어 제품을 실행하도록 장려하는데 적극적이다. 은행들은 고객들이 유명 제품들을 많이 할인받을 수 있도록 주선하기도 한다. 은행들은 더욱 많은 보호가 필요한 장소에서는 다른 보호책을 내놓으려고 시도한다. 예를 들어 로그인용 소형 하드웨어를 제공하거나 일회용 패스워드를 전송하는 등의 보호책을 강구하고 있다. 또한 은행들은 신용카드나 은행 계정의 부정한 사용을 잡아내기 위해 모니터링을 많이 한다. 그리고 조금이라도 어떤 의심이 있으면 신용카드나 은행 계정의 사용을 정지시킨다. 은행들은 소비자가 안전을 지키기 위해 보안에 쉽게 관심을 가질 수 있도록 만들려 노력한다. 그렇지만 동시에 대부분의 사람들이 보안을 줄이더라도 편리함을 원하고 있다는 것을 인식한다. 그렇기 때문에 은행들은 보안 수단을 사람들이 억지로 삼키게 강제하지 않는다. 그렇지만 은행들은 무언가 침입하여 잘못된 사태가 일어난다면 고객이 계좌를 다른 은행으로 옮길 것이라는 것도 잘 알고 있다.

은행을 비난하면 안 된다고 말하는 것이 아니다. 단지 내게 은행들은 조금은 덜 사악하게 보인다 말하는 것이다. 그렇지만 기업이 더 큰 이윤에 대한 욕망을 갖게 되어 소비자의 경제적 이익을 (특히 보안의 관점에서) 빼앗으려 한다면 언제든 이 분야에도 사악함이 나타날 수 있다고 평가하고 싶다. 그 욕망이 지나치면 은행도 사악해질 것이고 구글은 확실히 사악해질 것이다.

실제로 이러한 타협은 자본주의에서 고유한 긴장상태를 유지하게 한다. 사악함이 자본주의의 여러 가지 좋은 면들을 넘어선다면 사람들을 간섭하고 규제하는 것은 정부의 몫이다.

자! 어쩌면 온라인 광고 세계에도 약간의 규제가 있어야 할 것이다. 적어도 온라인 광고를 중계하는 기업이라면 알면서도 부정행위를 묵과하지 못하게 하는 어떤 투명성은 갖춰야만 한다. 구글 같은 기업들이 완전히 투명한 상태가 되지 못한다면 (나쁜 녀석들의 미래 사기행위를 돕는 것이나 마찬가지이기 때문에) 최소한 엄격한 정부의 회계감사를 받도록 복종시켜야 한다.

광고주가 클릭 사기를 불평하기 시작한다면 광고주들이 온라인 광고에 지출을 줄이거나 마침내 정부가 간섭하게 될 것이다. 그것은 경제적으로 중대한 문제이며 결국 해결해야 할 문제이기 때문이다.

그래서 구글은 이 문제에서 재정적 이익을 찾고 있다는 의미로는 사악하다 할 수 있겠지만, 내가 구글이었더라도 했을만한 일을 하고 있으며, 주주들이 원하는 것을 하고 있다는 것은 확실하다. 구글! 지금처럼 계속 해 보시지!

CHAPTER 8

대부분의 안티바이러스 프로그램이
잘 작동하지 않는 이유

이번 장에서는 보안업계의 기반인 안티바이러스에 대해 심층적으로 살펴보려 한다. 왜 안티바이러스는 잘 작동하지 않는다는 평판을 갖는지, 그러한 평판이 합당한지에 대해 주목해 볼 것이다. 다음 장에서는 안티바이러스가 느려지는 이유를 살펴볼 것이다. 모든 업체는 아니지만 많은 업체들이 이러한 문제들을 수정하기 위해 노력하고 있으며 점진적으로 개선되고 있다는 것을 유념해야 한다. 이 책의 끝 부분 쯤에서 그러한 개선 노력이 어떻게 진행되고 있는지에 대해 설명할 것이다.

거의 대부분의 사람들이 안티바이러스 프로그램을 실행하고 있거나 최소한 실행하고 있다고 여긴다. 윈도우를 사용하는 모든 사람들의 90% 이상이 안티바이러스 프로그램을 실행하고 있다. 실행하고 있을 거라 생각하는 사람들의 수는 그보다 훨씬 높은 비율이다. 안티바이러스는 다른 어떤 최종 사용자용 기술보다 훨씬 더 많이 보급되어 있다. 꽤 많이 보급되었다고 보는 파이어월 같은 다른 보안 기술보다 사람들의 일상에서 훨씬 더 흔하게 볼 수 있다.

안티바이러스 기술이 매도당하는 것에 비해 그렇게 많이 사용된다는 사실에 많은 사람들은 적지 않게 놀란다. 기술 계통에 종사하는 사람들은 종종 안티바이러스가 작동하지 않는 것과 안정성 문제를 일으키는 것에 대해 불평한다. 그리고 거의 대부분의 사람들이 안티바이러스로 인해 컴퓨터가 느려지는 것을 불평하고 있다.

난 이것에 대해 따질 자격이 없는데 예전에 맥아피에 있었을 때 (그 뒤로 짧은 기간 동안 맥아피를 떠났다가 다시 돌아왔다.), 안티바이러스의 핵심 엔진 개발을 책임지고 있었기 때문이다. (엔진을 사용하는 제품을 개발한 것은 아니다.) 난 그 업무를 인계받았는데 안티바이러스 엔진에 관한 모든 것을 학습했고 다른 모든 경쟁 제품들을 분석했다. 전 세계에 있는 많은 안티바이러스업체들에는 뛰어난 인력들이 많이 있다지만 대부분의 안티바이러스 제품들이 나쁜 평판을 받는 것에 딱히 반박하기는 어려울 것 같다.

심지어는 맥아피의 안티바이러스도 내가 그 기술을 인계받았을 당시에는 그다지 뛰어나지 못했다. 그러나 최근까지 빠르게 향상되고 있으며, 매우 믿을만한 최근의 독자적인 비교 테스트에서 맥아피는 맬웨어 검출에서 1위를 차지했다.

먼저, 안티바이러스가 무엇이고 그러한 기술이 어떻게 동작하는지를 살펴본 다음 실망할 만한 거대한 구멍과 그러한 문제들이 왜 거기 있는지를 살펴볼 것이다. 39장까지는 해결책에 관해서 설명하는 것은 미루겠다.

여러분은 안티바이러스를 이해할 열쇠로서 바이러스에 대한 정의를 먼저 해 주길 기대할지 모른다. 그렇지만 안티바이러스 기술은 보통 바이러스를 넘어선다. 안티바이러스 기술은 웜(worm), 봇넷(botnet) 소프트웨어, 트로이 목마(trojans), 심지어는 스파이웨어(spyware), 애드웨어(adware) 그리고 공격 도구까지 검출하려고 시도한다. 마지막 세 가지 범주에 속하는 대부분의 것들이 정말 나쁜 것인지 아닌지는 민감한 주제일 수 있다. 예를 들어, 맥아피와 다른 업체들은 항상 Nmap[23] 프로그램을 나쁜 프로그램으로 검출한다. 그 이유는 비록 선량한 사람들이 그 도구를 사용하는 경우가 대부분이라 해도 Nmap은 공격 도구로서 사용될 수 있기 때문이다. (Nmap은 단순히 네트워크상에 노출된 서비스들의 지도를 만드는 것을 도와준다. 그래서 이름이 '네트워크 지도'라고 지어졌다.) 그와 같은 프로그램은 기본적으로 안티바이러스를 이용하는 일반적인 사용자들은 그 프로그램을 사용하지 않을 것이라고 가정하고 만들어진 것이다. 안티바이러스 소프트웨어가 그 프로그램을 해로운 프로그램으로 검출을 했다고 해서 정상적인 전문가들이 그 툴을 사용하지 못하는 것은 아니다. 양쪽 모두에게 가치가 있으나, 분명하게 결정하기 어려운 대부분의 경우 그런 프로그램들은 나쁜 것으로 표시된다.

어쨌든, 이러한 모든 용어는 발견된 순간에는 의미가 없다. 단순히 '컴퓨터에 원하지 않는 나쁜 소프트웨어가 많이 있습니다'라고 말하는 것으로 충분하다. 업계에서는 일반적으로 악의적인 소프트웨어를 맬웨어라고 언급하기에 우리는 그 용어를 사용할 것이다. 스파이웨어와 애드웨어는 고의적으로 악용되지 않았을 경우 때로 애매한 영역에 속한다. 그래서 맬웨어라고 부르지 않을 수 있다. 여러분은 여기서 기본 아이디어를 얻었어야만 한다. 안티바이러스 소프트웨어는 맬웨어를 식별하려고 노력하는 소프트웨어이며 맬웨어가 설치되거나 처음 실행되는 것을 막아주며, 이미 설치되었다면 제거한다.

안티바이러스를 실행하는 데는 두 가지 방식이 있는데 온-액세스 검사

---

23) 역자주_Nmap - 컴퓨터와 서비스를 찾기 위해 사용되는 포트 스캐너로서 네트워크 '지도'를 만든다. 서비스 탐지 프로토콜로 자신을 알리지 않는 서비스들도 찾을 수 있으며 원격 컴퓨터들의 상세정보를 알아낼 수 있다. 리눅스가 가장 자주 사용되는 플랫폼이며 윈도우가 두 번째이다. (출처 : 다음 백과사전) http://enc.daum.net/dic100/contents.do?query1=10XX308296

(on-access scanning)와 온-디멘드 검사(on-demand scanning)라고 부른다. 온-액세스 검사는 어떤 프로그램이 막 실행되거나 어떤 다른 파일이 막 사용되려 할 때 안티바이러스가 그것이 문제를 가지고 있는 것인지 아닌지를 먼저 확인한다는 것을 의미한다. 온-디멘드 검사는 사용되지 않는 파일이라도 검사하는 것을 의미한다. 이것은 일반적으로 전체 시스템 검사를 할 때 사용된다. 많은 안티바이러스 제품들이 컴퓨터가 부팅할 때 온-디멘드 검사를 한다.

보통 파일을 검사하여 그것이 유해한 것으로 밝혀지면, 사용자에게 알려주고 몇 가지 적절한 행동이 취해진다. 예를 들어 파일을 삭제하거나 실행할 수는 없지만 (기업에서는 특히나) 나중에 누군가 살펴 볼 수 있도록 격리된 공간에 집어넣는다.

데스크탑에서 실행되는 안티바이러스 제품들은 본질적으로 어떤 것이 맬웨어이고 아닌지를 구별하지 못한다. 그것을 알 수 있게 해 주는 것이 업계에서 DAT(데이터 파일)이라고 부르거나 시그너처 파일(signature files)[24] 이라고 부르는 파일이 갖는 임무이다. 안티바이러스 제품들은 검사할 파일을 선택하는 방법을 아는 엔진을 포함한다. 그다음 어떤 파일이 나쁜 파일인지를 알아보기 위해 시그너처 파일들에게 물어본다. 시그너처 파일은 필요한 경우 감염된 파일을 알아내는 데 사용하는 정보들을 암호화 기법을 통해 만들어 놓기도 한다.

보통, 안티바이러스 제품들은 (항상 온라인 상태에 있다면) 하루에 한번 새로운 시그너처 파일을 다운받아 설치한다. 어떤 제품들은 하루에 두 번 혹

---

24) 역자주_시그너처 파일(signature files) - 안티바이러스 프로그램에서 맬웨어를 식별하기 위해서는 맬웨어의 특성을 추출한 시그너처(signature)라고 불리는 패턴이 만들어져야 한다. 안티바이러스는 이러한 공격 탐지의 정보가 되는 시그너처가 포함된 바이러스 정의 파일을 업데이트해 주어야만 동작하게 된다. 따라서 새로운 공격이 등장했을 때 이 맬웨어에 대한 시그너처 파일이 업데이트되기 전까지 시스템은 언제 공격당할지 모르는 취약한 상황에 놓이게 되는 것이다.

은 매시간 확인하기도 한다. (맥아피도 지금은 실시간 업데이트 기능이 있다.)

안티바이러스의 엔진은 보통 믿을 수 없을 만큼 일반적인 프로그램이다. 엔진은 파일 형식에 관계없이 패턴 매칭을 수행한다. 엔진은 잠재적으로 문제가 될지도 모르는 어떤 형식의 파일이라도 이해할 수 있어야만 하는데 그것을 잘 수행하는 것은 꽤나 어려운 일이다. 특히 그림 파일 같은 임의의 데이터 파일을 탐지하려 할 때 어렵다. 그런 그림 파일들 중에는 문제가 있는 사진 보기 프로그램에 로딩되면 컴퓨터를 공격할 수 있는 것도 있다.

일반적인 안티바이러스 엔진의 구현 방법 사례처럼, 맥아피 안티바이러스 엔진은 기본적으로 여러 가지 프로그래밍 언어를 실행하도록 구현되었다. 시그너처 파일은 안티바이러스 엔진이 (어떤 파일이 문제가 있는 것인지 아닌지) 파일을 살펴볼 때마다 실행해야 할 작은 프로그램들을 여러 개 포함한다. 맥아피가 사용하는 어떤 프로그래밍 언어는 바이너리 파일내의 패턴을 빠르게 식별한다. 또 다른 어떤 언어들은 수정 처리 같이 단순화할 수 없는 복잡한 문제를 처리한다. 첫 번째 종류의 언어는 사람들이 작성한 개별적인 프로그램이 컴퓨터를 먹통으로 만들지 않도록 충분히 고려해 설계되었다. 또 다른 종류의 언어는 조금만 사용되어야 하며 사용자에게 배포되기 전에 철저하게 테스트되어야만 한다.

보통 어떤 안티바이러스 기술이라도 그 이면에는 광범위한 연산이 있다. 업체는 '이 파일은 맬웨어야'라고 말할 수 있도록 충분히 많은 정보를 알고 있어야만 한다. 그래서 알고리즘을 이용해 맬웨어를 진단하기 위한 몇 가지 비밀스런 소스코드를 가지고 있거나 개별 프로그램들을 관찰하고 미리 판정해두어야만 한다.

업체들은 맬웨어를 관찰하고 패턴을 발견하는 것이 일상적인 업무이다.

그다음에 맬웨어란 것을 인식해 잡아내기에 충분하도록 일반적인 시그너처를 작성한다. 나쁜 파일이라는 표식이 없으면 분명 괜찮은 것이다.

업체의 직원들은 몇 가지 자동화된 도구를 사용해 파일들을 분석한다. 그렇지만 보통은 수작업 공정을 수반하기도 한다. 제출된 사안을 추적하고 맬웨어를 제출한 사람들과 의사소통하는 식의 업무 흐름이 되어야만 한다. 일단 업체가 그 파일들을 분석해 보고 적합하다면 그 내용은 시그너처로 작성된다. 시그너처는 모든 종류의 유해한 것들을 검출하고 고치는데 충분해야만 한다. 최소한 감염을 고치지는 못하더라도 맬웨어를 검출할 수는 있어야 한다.

업체가 일단 시그너처를 작성하면 배포되더라도 문제가 생기지 않음을 확인하기 위해 광범위한 테스트를 해야 한다. 가장 큰 걱정거리는 시그너처가 무언가를 맬웨어라고 잘못 정의하는 것이다. 그런 상태를 시그너처가 오탐_false positive을 유발한다고 하거나 시그너처가 실패했다고 말한다.

제작업체는 오탐을 좋아하지 않는다. 특히 이것은 사람들이 실행하길 원하는 소프트웨어를 실행할 수 없게 만들거나 어쩌면 멀쩡한 소프트웨어를 삭제할 수도 있다. 대중매체에서 몇 가지 주목할 만한 오탐 사례를 다룬 적이 있다. 아마도 최악의 사건은 2006년 5월에 발생한 것인데, 맥아피가 마이크로소프트 액셀을 (다른 것들과 함께) 바이러스라고 검출하고 컴퓨터에서 삭제해버리는 시그너처 업데이트를 배포한 것이다. 모든 주요 업체들도 비슷한 전설이 있다. 대부분의 업체들은 더 최근의 이야깃거리도 있다. 맥아피의 경우에 그 사건은 회사의 기술이 극적으로 향상되도록 노력을 경주하는데 크게 도움이 되었다.

안티바이러스업체들은 오탐을 막기 위해 많은 자원을 투자하고 시그너처를 광범위하게 테스트하게 되었다. 이 테스트는 괜찮은 프로그램들이 잘못 식별되지 않도록, 알려진 정상 프로그램들을 등록해 놓은 대규모의 데이터베이스 전체에 대해서 실행해 보는 것을 포함한다. 대부분의 회사에서는 각각의 시그너처가 악영향을 끼치는 것을 막기 위해 복수의 사람들이 검토하게 하고 있다. (비록 일반적으로 잘 사용되지 않는 응용프로그램에서 나타나곤 하지만) 여전히 오탐은 발생하고 꽤 주기적으로 나타나는 문제이다.

테스팅 후에 안티바이러스업체는 시그너처를 발표할 수 있다. 발표절차는 복잡할 수 있지만 거의 매일 같은 시간에 발표되는 경우가 일반적이다. 데스크탑 안티바이러스 클라이언트 프로그램은 시그너처가 발표되었다고 생각될 때 다운로드받으려고 시도한다. 그리고 (예를 들어 컴퓨터가 온라인 상태가 아니거나 시그너처가 발표된 것보다 오래된 것을 가지고 있을 때처럼) 무언가 잘못되어 있다면 비교적 더 자주 다운로드를 시도하게 된다.

안티바이러스 업계는 지난 20년 동안 이런 방식으로 어느 정도 무난하게 대응할 수 있었다. 기술들은 실제로 많이 향상되지는 않았고 필요한 만큼 효율적이지 못했다. 다음과 같은 문제들을 살펴보자.

가장 분명한 문제는 확장성이다. 수천 개의 새로운 맬웨어 조각들이 매일 쏟아져 나온다. 최근 경향은, 맬웨어들 대부분이 (수십대 정도의) 상당히 적은 컴퓨터들에 먼저 선보이기 시작한다는 것이다. 그리고서 같은 일을 수행하는 약간 다른 프로그램들로 자동으로 '돌연변이'가 된다. 안티바이러스업체들은 그러한 문제를 찾아내기 위해 100인 이상의 작업자들에게 근무시간 전체를 그 일에만 전념하게 한다. 그렇지만 각각의 사람들이 하루에 다룰 수 있는 것은 맬웨어 몇 개 정도뿐이다.

맬웨어를 이해하고 검출할 수 있는 쓸 만한 기술을 가진 사람들을 많이 채용하는 것은 지극히 어려운 일인데, 특히 보안업계의 대응을 피하기 위해 나쁜 녀석들이 시도하는 방법들을 이해하려면 광범위한 기술 경험이 필요하기 때문이다.

맬웨어의 범람을 처리하기 위해 충분한 인력들을 갖지 못하는 것이 안티바이러스 기술에서 맬웨어 검출 비율이 낮아지는 주된 이유이다. (어떤 사람들은 실제로는 알려진 검출 비율보다 30% 더 낮다고 말한다.) 업계는 각각의 맬웨어에 대한 시그너처 파일을 작성하는 것으로 검출율을 높이려고 시도한다. 가능한 많은 맬웨어를 검출하기에 충분한 일반적인 시그너처를 작성하는 데 노력하고 있다. 그렇지만 나쁜 녀석들은 이런 시도를 더 어렵게 만드는 일을 아주 잘해내고 있다.

실제로 안티바이러스 회사에서는 직원들이 수많은 맬웨어의 경향을 분석하고 가능한 한 충분히 일반화하여 검출할 수 있는 코드를 작성하느라 힘들게 일하고 있는 만큼, 더 훌륭한 검출 방법이 쏟아져 나올 것이다. 그렇지만 유감스럽게도 새로운 검출 방법들은 빠른 시간 내에 준비되지 못하고 있으며 오랜 시간 동안 사람들은 개별적인 위협으로부터 보호받지 못하고 있다.

새로운 검출 방법이 오래도록 지연되고 있는 데는 여러 가지 다른 이유들도 있다. 한 가지 이유는 안티바이러스업체들이 맬웨어들을 충분히 알지 못하기 때문이다. 업체들이 맬웨어 샘플을 확보하는 데 사용하는 방법은 몇 가지 안 된다.

- 많은 업체들은 하루 단위로 다른 업체들과 샘플을 교환한다.
- 많은 업체들은 맬웨어를 찾기 위해 인터넷의 위험지역을 뒤지고 다니는 독자적인 시스템을 갖고 있다. 아울러 연구자들 주변에 맬웨

어가 침입할만한 취약한 시스템을 배치한다.

- 규모가 큰 업체들에게 가장 중요한 맬웨어 소스는 고객 집단으로부터 전해오는 것이다. 고객들은 업체에게 제품이 검출하지 못한 맬웨어를 보내준다. 이런 일은 보통 개인 고객이 아닌 큰 기업 고객들이 해 준다. 원래 문제점들에 대해서는 큰 기업들이 개인 고객이나 작은 기업보다 더 많은 신경을 쓴다는데 내기를 걸어도 좋다.

이것은 꽤 그럴듯한 방법으로 들릴지 모른다. 그러나 이러한 전략이 (하나의 맬웨어가 수천 명의 사용자를 감염시키곤 하던) 10년 전에는 잘 먹혀들었을지 모르나 지금은 그렇지 않다. 지금은 한 번에 수십 명 정도에게만 감염시키는 방식의 맬웨어가 급격히 늘어났다.

새로운 검출 방법이 지연되는 또 다른 이유는 안티바이러스업체가 오탐 같은 것으로 혼란이 생기는 것을 원하지 않기 때문이다. 앞에서 마이크로소프트 엑셀 문제를 언급했다.

그렇지만, 내가 말했던 것처럼 오탐은 발생하기 쉽다. 안티바이러스 시그너처 파일은 코드이기 때문에 코드에 에러가 생기기 쉽고 오탐을 할 확률이 높은 것은 당연하다. 그러한 문제와 싸우려면 안티바이러스업체는 시간을 소요하는 테스팅을 해야만 한다. 일 단위로 시그너처를 배포하는 것에 기초해 보면 맬웨어가 퍼지기 시작할 때부터 안티바이러스 제품이 그것을 검출하는 시간 사이에 24시간에서 48시간 정도 시간 지체를 예상하는 것이 당연하다.

현실에서 그것은 평균적으로 3주 가까이 걸린다. 일례로 2007년에 양키 그룹(Yankee Group)은 영구차 루트킷(the Hearse rootkit)으로 알려진 바이러스를 설명하는 보고서를 발표했다. 프렉스(Prevx)라고 불리는 회사가 이 루트킷[25]을 발견했고 비교적 빨리 보호책을 제공했다. 맥아피는 시그너처를 내놓기 까지 10여 일이 소요되었고 시만텍은 13일이 걸렸다.

많은 사람들은 안티바이러스 기술이 갖는 문제점이 그것이 뭔가 더 효과 있어 보이도록 치장한 단순한 패턴 매치 도구일 뿐이라는데 있다고 생각한다. 그런 생각은 특정한 경우에 특정 관점에서는 사실일지 모르지만 오늘날에 와서는 확실한 실상을 표현하는 것은 아니다. 안티바이러스 엔진은 내부에 실제 프로그래밍 언어 실행기를 가지고 있기 때문에 독자적인 일을 수행할 수도 있다.

시그너처 작성자가 수행할 동작을 지정하지 않았다고 엔진이 기능이 없는 것은 아니다. 대부분 주요한 기능 차이를 만들기 위해서는 아주 새로운 접근법을 시도하게 되는데, 기존에 안티바이러스 제품에 포함된 기술을 사용하는 것만으로는 쉽지 않다. 뿐만 아니라 새로운 기술들은 최종 사용자에게 중대한 영향을 미치기 쉽다. 필연적으로 버그들과 성능 문제를 일으킬 수 있기 때문이다.

그래서 결과적으로 안티바이러스업체들은 시그너처 파일이 다음 네 가지를 수행하도록 하곤 한다. (가끔 이러한 기능들을 '엔진' 자체에 집어넣기도 한다.)

- **각각의 프로그램들에 대한 단순 패턴 매칭.** 이 기능은 '파일이 우리가 전에 봤던 이 맬웨어 한 조각과 동일하다면, 그것은 나쁜 파일이다.'라는 말로 설명될 수 있다. 여기엔 몇 가지 기술적인 트릭이 있긴 하지만 맬웨어의 각 조각들에 대해 전체 파일을 포함하지 않고도 정확한 일치점을 효과적으로 찾아낸다.

---

25) 역자주_루트킷(rootkit) – 해커들이 컴퓨터나 네트워크에 침입한 사실을 숨기고 관리자용 접근 권한을 획득하는데 사용하는 도구. (출처 : 다음 백과사전) http://enc.daum.net/dic100/contents.do?query1=15XXX22612

- 비슷한 프로그램들 그룹에 대한 단순 패턴 매칭. '일반화' 탐지라고 알려졌다. 이것은 정상적인 소프트웨어는 포함시키지 않으면서, 맬웨어들을 식별하는 특유한 패턴을 만드는 것이다. 운이 좋다면 일반화 탐지는 안티바이러스업체가 같은 계통의 맬웨어의 다른 조각들에 대한 개별 시그너처를 많이 작성하지 않아도 되도록 돕는다. 어떤 경우에, 이러한 탐지 형태는 오직 한 파일에만 맞을지 모르는데 그렇다면 그것은 단순 시그너처를 사용해도 같은 일을 할 수 있고 잘못되면 문제없는 파일을 나쁜 파일로 인식하는 위험에 빠질수도 있기 때문에 오늘날에는 선택할 가능성이 별로 없는 방법이다.

- 어떤 파일이 맬웨어라는 것을 판단하기 위한 (소프트웨어가 실행될 때 보일 수 있는 의심스런 동작 같은) **외부 팩터를 살펴보는 것**. 이러한 방식을 휴리스틱(heuristic) 탐지라고 부른다. 이것이 의미하는 것은 비록 안티바이러스업체가 전에 특정 프로그램을 관찰한 적이 없을 지라도 안티바이러스 프로그램이 최선의 추측을 한다는 의미이다. 이러한 방법은 만약 잘못된다면 오탐으로 고객들을 혼란에 빠지게 할 수도 있기 때문에 선두에 있는 큰 업체들 정도만 매우 조심스럽게 진행하고 있는 영역이다.

- **감염으로부터 시스템을 수정하는 시도**

시그너처 내용에 대한 이러한 분류 중 어느 것도 규모의 문제(scale problem)[26] 아래서 해법을 만들기에는 적당치 않다. 규모의 문제를 해결하는 것은 분명히 다른 접근방법을 필요로 한다. 물론, 안티바이러스업체들은 더 좋은 결과를 위해 새로운 시도를 해 보겠지만 그 시도의 수준

---

26) **역자주**_시그너처 파일이 많아지면 검색 비교할 대상이 많아짐으로써 성능 저하가 생기는 문제. 이어지는 장에서 안티바이러스가 느려지는 이유를 설명하면서 다룰 내용이다.

은 느리게 진행되고 있는 실험적인 상태에 불과하다.

안티바이러스의 정확성에 대한 또 다른 근본적인 문제는 나쁜 녀석들도 안티바이러스 제품을 사용할 수 있다는 점이다. 사악한 빌(Evil Bill)이라는 사람이 나쁜 소프트웨어를 만든다고 가정해 보자. 안티바이러스 제품들은 시작하자마자 그것을 검출할 수 있을지 모른다. 그렇지만 빌은 바로 우회의 방법을 개발할 것이다. 그는 안티바이러스 프로그램에게 검출되지 않을 때까지 맬웨어를 미세 조정할 수 있다. 그런 다음 세상에 그것을 풀어 놓는다면 누군가 그 맬웨어를 막아낼 방법을 찾기까지 시간을 벌 수 있을 것이다. (우리가 아는 바로는 몇 주 정도 걸리는 것은 일도 아니다.)

더 나쁜 것은, 만약 사악한 빌이 여러분의 컴퓨터에서 맬웨어를 조종할 수 있다면 복구하기가 더 어려워질 것이라는 것이다. 빌의 소프트웨어는 틀림없이 안티바이러스 소프트웨어를 무용지물로 만들어 버릴 것이다.

이런 문제들은 극복하기 어려운 것처럼 보이지만 몇 가지 기술들은 이러한 문제들 대부분에서 비용 대비 효과가 큰 해결책이 될 수 있을 것이라 약속한다. 그렇다면 여기서, 그럼 왜 더 좋은 기술들을 아직 사용하지 않고 있는 것인가?라고 질문해야 한다.

대부분의 기존 안티바이러스 기술들은 20년 정도나 오래된 것들이다. 그러한 기술들은 그동안 대부분 잘 작동해왔기 때문에 거의 100% 시장을 획득하고 유지하고 있다. 그렇기 때문에 상식적으로 돈이 더 벌리지 않는 이상, 새로운 개발을 위해 투자하기에는 이미 기존의 기술을 만드는 데 충분히 많은 투자를 했던 큰 회사들에게는 커다란 경제적인 유인이 되지 못한다. 대신 새로운 개발에 대한 투자는 좀 더 수입을 늘려줄 가능성 있는 새로운 제품 라인으로 투입되곤 한다. 큰 덩치의 회사들은 차라리 누군가 다른 업체나 사람들이 더 나은 기술에 투자하는 것이 더 경제적인 것이라고 생각한다. 나중에 그 기술이 필요해지면 그 기술이나 회사를 인수해 버리는 것이다.

긴 안목으로 봤을 때, 많은 약속을 보여 주는 기술들이 있다. (39장에서 설명하겠지만 정보 축적_collective intelligence 기술 같은) 이러한 기술들은 안티바이러스업체의 업무를 더 쉽게 만들어 줄 것이다. 그렇지만 거기까지 가기 위해서는 많은 시간과 돈을 투자해야 한다. 보안업계가 그러한 방향으로 움직이기 시작한 것을 볼 수는 있지만 거기까지 도달하기 위해서 여전히 시간이 더 필요하다.

CHAPTER 9

안티바이러스 프로그램이 자주 느려지는 이유

그렇다. 안티바이러스는 일반적으로 무언가를 찾아내는 일을 잘하지 못한다. 이제 우리는 왜 그럴 수밖에 없는지 조금은 이해하기 시작했다. 그렇지만, 어설픈 안티바이러스 기술일지라도 가치가 있을 수 있다. 왜냐하면 모든 위협들에 대해서 30%라도 보호해 주는 것이 전혀 보호해 줄 수 없는 것보다는 여전히 이득이기 때문이다. 그러나 형편없는 보호기능뿐만 아니라 구식 안티바이러스 기술이라면 좋아할 사람들은 거의 없다.

보통 사람들은 안티바이러스 소프트웨어가 실제로 보호기능이 있는지는 잘 알지 못하지만 안티바이러스가 속도가 느리다는 것은 대부분 인식한다. 이것은 일반적인 소비자에게서 들을 수 있는 그 기술에 관한 가장 일상적인 불만이다.

그렇다면 대부분의 안티바이러스는 왜 그렇게 느린 걸까? 사람들이 안티바이러스가 느리다는 것을 인식하게 되는, 컴퓨터 부팅 시점을 살펴보는데서 시작해 보자. 그렇다, 여러분을 보호하기 위한 소프트웨어는 컴퓨터가 시작될 때 로딩되어야만 하고 거기엔 약간의 시간이 걸린다.

안티바이러스 제품들이 컴퓨터상의 유해한 것들을 찾아내기 위해서는 파일들을 체크해야만 하는데 그것이 시간을 잡아먹는 작업이다.

부팅할 때 맬웨어를 검사하는 이유는 새롭게 알게 된 유해한 파일들이 컴퓨터에 설치되었을지 모른다는 가정에 있다. 어쩌면 일주일 전에 스크린세이버를 하나 다운로드했는데, 안티바이러스 회사는 문제가 있는 파일이라고 오늘에서야 판단을 했을 수 있다. 혹은 안티바이러스가 실행되지 못한 동안 컴퓨터에 맬웨어가 들어왔을 경우도 있다. 예를 들어, 듀얼부트 컴퓨터를 사용하는 경우가 있다. 이것은 두 번째 운영체제가 같이 사용하고 있는 첫 번째 운영체제의 디스크 드라이브에 쓰기작업을 할 수 있다는 것을 의미한다. 어쩌면 여러분은 윈도우와 리눅스를 함께 사용할 수도 있는데 (안티바이러스를 실행할 리 없는) 리눅스를 사용하는 동안 윈도우 바이러스를 다운로드할 수도 있다는 것이다.

안티바이러스 소프트웨어가 수행하는 전형적인 작업은 파일시스템안의 각 파일들이 나쁜 것인지 아닌지를 판단하기 위해 관찰하는 것이다. 대부분의 안티바이러스 소프트웨어에서 파일을 판단하는 절차는 고지식하게 비효율적이다.

예를 들어, 많은 업체들은 암호기법 시그너처 매칭(*cryptographic signature matching*)이라 불리는 기술에 심하게 의존하고 있으며 지능적이지 못한 방식으로 그 기술을 이용한다. 먼저, 암호기법 시그너처 매칭이 무엇인지 살펴보자. 안티바이러스 벤더들은 정확한 매칭 작업을 수행하고서 '우리가 살펴본 이 파일은 어제 우리가 봤던 나쁜 파일의 정확한 복제입니다'라고 말한다. 그렇지만, 안티바이러스 벤더들은 맬웨어에 대해 가지고 있는 모든 정보를 이용해 평가하지 않는다. 그렇게 하려면 다뤄야 할 영역이 너무 커질뿐더러 나쁜 녀석들 수중에 있는 더 많은 공격 수단조차도 다루어야 하기 때문이다.

대신, 안티바이러스 벤더들은 파일을 입력으로 취하면 고정된 크기의 숫자를 출력하는 특별한 암호 알고리즘을 사용한다. 흥미로운 것은 숫자는 완전히 랜덤하게 나타난다는 것이다. 그렇지만 같은 파일이 입력되면 항상 같은 출력 값이 나온다. 이 알고리즘으로 출력된 숫자는 큰 숫자들이다. 두 가지 다른 입력에 대한 출력 값이 중복되지 않을 정도로 매우 크다.

이 알고리즘은 안티바이러스업체에게 '어떤 파일의 시그너처 값이 267,947,292,070,674,700,781,823,225,417,604,638,969,라면 그것은 나쁜 파일입니다'라고 말할 수 있게 해 준다. 이제, 전체 파일에 대한 정보가 아닌 이러한 숫자를 저장하기만 하면 된다. 나쁜 녀석들은 인기 있는 훌륭한 소프트웨어와 같은 결과가 나오도록 맬웨어를 만들려 노력할 지 모른다. 예를 들어, 나쁜 녀석은 암호기법 시그너처에서 오탐(false positives)이 많이 발생하면 시그너처를 내놓기 어려워질거라 기대하며 MS 워드의 특정 버전과 같은 시그너처 값이 나오도록 맬웨어를 만들려고 노력할지 모른다. 그러나 암호 알고리즘은 이것이 불가능하게 만드는 특별한 로직으로 이루어져 있다. 출력된 숫자는 실제로 랜덤하다. 그래서 나쁜 녀석들이 해 볼 수 있는 시도라고는 시그너처가 정상적인 파일에서와 같은 결과를 내도록 새로운 맬웨어를 계속해서 작성해 보는 것뿐이다. 그리고 여러분이 예상하는 것처럼, 전 세계의 모든 악당 녀석들이 달려들어 실제로 끔찍하게 많은 시도를 한다 해도 성공 가능성은 제로에 가깝다.

이제 우리는 암호기법 시그너처에 대해 이해했으니 안티바이러스업체가 암호기법 시그너처를 어떻게 응용하는지 살펴보도록 하자. 파일을 관찰하면서 하는 일은 파일의 시그너처 값을 측정하는 것이다. 그다음에 그 값을 데이터베이스에서 조회하여 유해한 파일인지 알아본다. 데이터베이스 검색은 순식간에 이루어진다. 사실, 이런 종류의 검색에는 원래 빠르게 작동하는 잘 알려져 있는 알고리즘이 있다. 검색은 시그너처 값을 계산하는 것보다 훨씬 빠르다.

실제로 그러한 일들이 처리되는 순간을 상상해 보자. 시그너처 값을 계산하는데 얼마나 시간이 걸릴까? 시간은 그 파일을 하드드라이브에서 읽는데 걸리는 시간의 총량이 좌우한다. 파일을 읽는 시간을 제외한 나머지들은 거의 영향을 주지 않는다.

오늘날 가장 빠른 하드디스크는 초당 125MB 가량을 읽을 수 있다. 안티바이러스 소프트웨어가 40GB 분량의 파일들을 검사한다면 하드디스크가 안티바이러스 시스템에 데이터를 전송해 주는 시간은 물리적인 대기 시간을 고려해 최소 5분정도를 예상해야 한다. 이것은 이상적인 환경일 때의 계산이다. 그 사이에 다른 프로그램이 그 디스크에 액세스하려 한다면 전체적으로 소요시간은 증가한다. 다른 응용프로그램들은 안티바이러스가 작업하는 동안 중단되어 기다리게 될 것이고 기다리다가 차례가 되면 디스크를·다음 응용프로그램 또 다음 응용프로그램이 사용하게 되는데 이는 전반적인 성능을 나빠지게 만든다. 모든 파일에 대해 시그너처 값을 계산하는, 전체 시스템 검사를 했다면 최종적인 결과는 매우 느리게 진행될 것이라 예상할 수 있다.

게다가 어떤 안티바이러스 시스템에서는 상황이 더 나빠진다. 검사한 모든 파일들에 대한 추가적인 작업이 많이 있기 때문이다. '자! 이 파일을 처리했는데 데이터베이스에 그 파일의 시그너처가 있나?'라고 묻고 즉시 대답을 얻는 대신에, 이루어지는 전형적인 절차들은 다음과 같이 비슷할 것이다.

어떤 파일을 막 처리했다.

이 시그너처는
267,947,292,070,674,700,781,823,225,417,604, 638,969이다.

이 시그너처를 S라고 부르자.

S가 221,813,778,319,841,458,802,559,260,686,979,204,948과 같은가?

그렇다면, 그 파일은 맬웨어 아니면 다음으로.

S가 251,101,867,517,644,804,202,829,601,749,226,265,414와 같은가?

그렇다면, 그 파일은 맬웨어 아니면 다음으로.

S가 311,677,264,076,308,212,862,459,632,720,079,837,243와 같은가?

그렇다면, 그 파일은 맬웨어 아니면 다음으로.

…

S가 11,701,885,383,227,023,807,765,753,397,431,618,256와 같은가?

그렇다면 그 파일은 맬웨어.

성능이 떨어지는 안티바이러스 시스템 중 하나라면, 위와 같은 질문을 시그너처 값을 가진 모든 맬웨어 조각들에 대해 한 번씩 물어보게 된다. 이러한 접근법은 오늘날의 맬웨어 문제에는 적당치 않은데 그 이유를 살펴보도록 하겠다.

매일 만들어지는 새로운 맬웨어가 거의 10,000개 가량 된다. (그것들 대부분은 탐지를 피하기 위해 다른 맬웨어에서 자동화된 돌연변이로 만들어진다.) 안티바이러스 회사가 그것을 모두 잡아낸다고 가정해 보자. 마찬가지로 그 회사가 딱 1년 동안만 매일 10,000개의 시그너처를 만들어 추가해 오고 있다고 가정해 보자. 그러면 1년 동안 3,650,000개의 시그너처가 생긴다. 시그너처 하나를 처리하는데 백만 분의 1초가 걸린다고 치면 (아마도 몇 밀리 세컨드는 걸릴 것이다.) 그러한 시그너처 전부를 처리하는데 3.65초가 걸리게 될 것이다.

실제로 암호기법 시그너처를 반드시 사용해야 하는 경우가 아니라면 안티바이러스 회사들은 다른 기술을 선호한다. 안티바이러스 회사들은 시그너처 하나를 가지고 가능한 한 많은 맬웨어를 잡아내고 싶어한다. 게다가 그들은 매일 쏟아져 나오는 10,000개의 새로운 변형 맬웨어 모두를 볼 수 없기 때문에, 가장 중요한 맬웨어에 대해 시그너처 작성의 초점을 맞추려고 한다. 여러분이 예상하는 것처럼 큰 기업들은 일할 때 우선순위에 따라 움직인다. 안티바이러스 회사들은 큰 기업 고객이 보낸 맬웨어 샘플을 작은 기업과 개인들에게서 얻은 것보다 먼저 처리한다. (개인들은 무시되기 쉽다.) 가장 큰 안티바이러스 회사들일지라도 이런 종류의 문제를 지속적으로 다루고 있는 분석가들은 겨우 수십 명 정도에 불과하다.

맬웨어가 많다고 하더라도, 암호화된 체크섬(checksum)은 실제로 중요한 기법이다. 그것은 작성하기가 쉽고 (백엔드에 있는 자동화된 시스템들은 쉽게 시그너처를 작성할 수 있다.) 작성한 시그너처들이 잘못된 것으로 판명된다면 제거하기도 쉽다.

적절하게 설계되었다면[27] 암호기법 시그너처도 효율성을 향상시킬 수 있다. 시그너처를 처리하는 바보 같은 방법 때문에 시그너처의 처리시간이 오래 걸리게 된다. (하나의 규칙이 다음으로 이어지고 또 다음으로 이어지고 하는 식의 로직이 문제다.)

그런 방식은 맬웨어가 총 1만개 이하인 경우에만 제대로 작동하지 그 이상일 경우에는 제대로 작동할 수 없다.

---

[27] 저자주_기술적인 사람들이라면 누구나 해시 테이블 검색(hash table lookups)이나 비슷한 효율성의 데이터 구조를 사용하게 될 것이지만, 많은 안티바이러스 시스템은 여전히 트리 기반의 알고리즘이나 심지어 선형 스캔을 사용한다.

안티바이러스업체들은 암호기법 시그너처를 처리하는 방식을 좀 더 스마트하게 바꾸기 시작했다. 그렇지만, 그렇게 한다고 해도, 암호기법 시그너처가 아닌 일반 시그너처들은 여전히 문제가 된다. 다시 말해, 구식 안티바이러스 엔진을 사용하는 업체들은 아직도 일반적인 시그너처로 대부분의 맬웨어들을 잡을 수 있길 원한다. 안티바이러스 엔진을 피하려는 맬웨어들이 자꾸 생기기 때문에 안티바이러스업체들은 맬웨어의 수많은 변형들도 (잘된다면 아직 나타나지 않은 것들까지도) 검출할 수 있는 시그너처를 계속 만들고 싶을 것이다.

방어책이 시그너처에 크게 초점이 맞춰져 있는 한, 업체들이 암호기법 시그너처를 사용하면서 처리방식을 개선한다 해도, 수많은 시그너처가 만들어지게 되어 결국엔 실행 시간이 많이 걸릴 수밖에 없다.

맬웨어가 늘어남에 따라 시그너처가 급증해 성능이 감소하는 데는 안티바이러스업체들이 보통 오래된 시그너처를 쉽사리 제거할 수 없다는 이유도 있다. 업체들은 일반적으로 오래된 시그너처가 새로운 시그너처로 인해 불필요한지를 결정할 충분한 데이터를 갖고 있지 못하다. 게다가 어떤 시그너처로 잡아냈던 맬웨어가 더 이상 퍼지지 않아 그 시그너처를 제거하려 한다 해도 제거할 시점을 파악하기에는 수집된 정보가 충분치 않다. 시그너처를 제거한다는 것이 위험한 얘기로 들릴지 모르지만 컴퓨터에서 맬웨어를 지속적으로 탐지해왔다면 더 이상 작동하지 않는 맬웨어도 있을 것이다. 오래된 시그너처가 방치되는 것은 단지 옛날에 잘나갔던 DOS 운영체제 시절 이후로 시스템이 발전해온 방식인 하위호환성 유지 때문이다.

이제 안티바이러스의 속도가 개떡같은 이유에 관해 조금은 더 알게 되었다. 속도 문제는 이제 최종 사용자가 대책을 세울 수 있는 무언가가 되었다. 여러분은 안티바이러스 제품을 기본 성능 수준에 기반해서 선택할 수도 있지만, 성능이 모든 것은 아니다. 그리고 대부분의 제품들은 온-액세스 검사만 수행한다면 충분히 괜찮은 성능을 낸다.

사람들이 가장 주목하는 것은 온-디멘드 검사이며 나도 사람들에게 이 기능은 꺼놓으라고 권장한다. 일반적으로 전체 시스템을 (특히 성능을 떨어뜨려 가면서까지) 검사해야 하는 설득력 있는 이유가 없다. 온-디멘드를 꺼놓으면 제대로 보호받지 못하게 되는 것이 아닌가 걱정할지 모르지만, 안티바이러스 소프트웨어는 온-액세스 검사를 실행하는 게 가장 효과적이다. 이것은 안티바이러스 엔진이 사용자가 어떤 파일을 사용하려고 할 때, 바로 그 직전에 파일을 검사하는 것을 의미한다. 맬웨어는 실행되지 않는 이상 시스템에 손상을 끼칠 수가 없다. 그렇다면 뭐하러 디스크에서 잠자고 있는 맬웨어를 신경 쓸 필요가 있나?

전체 시스템 검사를 했을 때 확실한 이득은 여러분이 누군가 다른 사람에게 뜻하지 않게 전달하는 맬웨어를 사전에 발견하게 해 주는 것뿐이다.

그러나 요즘은 그런 방식으로 퍼져나가는 맬웨어는 거의 없다. 설령 있다 해도, 맬웨어를 전달받은 사람도 같은 종류의 효과적인 보안제품을 실행하고 있을 것이라 예상하는 것이 가능하다. 전반적으로 봤을 때 이런 이유만으로 컴퓨터를 느리게 만들 필요는 없다고 생각한다.

또한, 이러한 전체 시스템 검사가 보통 최소 (안티바이러스 시스템이 새로운 시그너처를 다운로드할 때마다) 하루에 한 번은 수행되는 것을 주목해야 한다. 늘 컴퓨터를 켜놓는 대부분 사람들은 성능 영향을 받지 않을 수도 있다. 왜냐면 그런 검사는 대개는 한밤중에 실행되기 때문이다.

어쨌든, 속도에 관한 많은 문제점들은 대부분의 안티바이러스 기술이 규모를 고려해 만들어지지 않았다는 사실로부터 유래한다. 호스트 보안의 규모 문제는 어려운 문제이며, 39장에서도 살펴볼 것이다.

CHAPTER 10

4분 만에 감염된다고?

2008년 7월경에 발표된 어떤 보고서에 의하면 패치가 적용되지 않고 보호되지 않는 윈도우 XP 컴퓨터라면 인터넷에 연결되어 아무것도 하지 않은 상태에서 평균적으로 4분 안에 감염될 수 있다고 한다. 이러한 종류의 문제를 피할 수 있게 해 주는 전형적인 권장 사항은 네트워크상에 파이어월을 실행하고 가능한 빨리 최신 업데이트 전부를 설치하는 것이다.

이런 얘기를 들으면 가슴이 덜컥 내려앉겠지만 그다지 걱정할 필요는 없다. 그 보고서는 완전히 쓸데없는 소리다. 그것은 단지 공포를 퍼뜨리기 위해 사용되는 허풍일 뿐이며 이러한 수치를 만들어내는 조직이나 단체들을 위한 마케팅 도구이다. (이 경우에는 보안교육을 해 주고 인증서를 팔거나 보안 컨퍼런스를 여는 회사인 SANS http://www.sans.org/가 당사자였다. 이런 종류의 보고서는 조직의 평판을 좋게 만들고 그들의 서비스를 살 사람들을 끌어 모은다.)

인터넷을 무작위로 스캐닝하는 자동화된 프로그램들이 많이 있는 것은 사실이다. 그런 프로그램들은 감염시킬만한 취약한 시스템을 찾는다. 그러나 그로 인해 언제나 쉽게 감염될 수밖에 없다고 말하는 것은 틀린 말이다.

이것이 헛소리를 퍼뜨리는 것이라고 단언하는 이유는 윈도우 XP가 (서비스팩 2가 적용된) 이미 파이어월을 갖춰 여러분을 보호해 주기 때문이다. 여러분이 (2004년 하반기에 출시된) 윈도우 XP SP2보다 오래된 무언가를 설치했다면, 네트워크상에서 여러분을 보호해줄 만한 무언가가 있는지에 관해 걱정할 필요가 있을지도 모른다. 그러나 대부분의 경우라면 윈도우 XP SP2가 보호해 준다는 것을 믿어도 좋다.

여러분의 ISP(Internet service provider, 인터넷 서비스 공급자)는 여러분의 컴퓨터로 들어오는 원치 않는 인터넷 트래픽을 막을 수 있다. 여러분의 무선 라우터나 케이블/DSL 모뎀은 초기값으로 사용 가능한 파이어월을 가지고 있다. 게다가 라우터/모뎀은 아마도 NAT(network address translation) 기능을 초기값으로 사용 가능한 상태로 유지하고 있을 것이다. NAT은 윈도우 XP 이전 버전이나 심지어 윈도우 95가 실행되고 있다 해도 외부의 위협으로부터 여러분을 보호해 줄 것이다.

이런 기술들은 외부세계의 트래픽이 컴퓨터에서 실행되는 소프트웨어에 도달하는 것을 막아주기 때문에 여러분을 지켜줄 수 있다. 실행되는 소프트웨어들이 잠재적으로 취약하더라도 파이어월은 일종의 문지기로서 역할을 수행한다. 그것은 어떤 트래픽을 허용하고 허용하지 않을 지를 선택적으로 골라낸다. 무선 라우터나 케이블/DSL 모뎀에 있는 파이어월은 아마 다음과 같이 요약할 수 있는 정책들을 가지고 있을 것이다.

> 만약 외부세계로부터 새로운 연결 요청이 온다면 거부하라. 만약 파이어월 내부로부터 새로운 연결 요청이 온다면 이어지는 통신상의 어떤 트래픽이든 허가하라.

이것은 여러분이 웹브라우저를 사용해 외부의 웹서버에 연결할 수 있지만, 여러분의 컴퓨터에서 웹서버가 실행되더라도, 외부의 누군가가 내부의 웹서버에 접속하는 것이 불가능하다는 것을 의미한다.

NAT는 동작원리가 다르지만 기본적으로 결과는 같다. 그 자체로는 필터 역할 대신에 많은 컴퓨터들이 (ISP가 여러분에게 할당해 준) 하나의 IP 주소를 공유하게 해 준다. 그 주소는 보통 내부로 들어오는 어떤 연결도 허가하지 않는다. 허가하게 할 수도 있지만, 그러려면 직접 수동으로 환경 설정을 해야만 한다. 대신에 네트워크 내부의 모든 컴퓨터들은 인터넷에서는 인식되지 않고 로컬 네트워크에서만 유효한 하나의 주소를 각각 할당받는다. NAT 장치는 외부로 나가는 연결 요청을 받아들여 ISP가 제공해준 IP 주소에서의 연결 요청인 것처럼 보이게 만들어 준다. 그런 후 자료를 받으면 연결을 요청했던 컴퓨터로 전달해 준다.

이런 기술들은 외부세계의 누군가가 여러분의 도움 없이는 컴퓨터에 침입하는 것을 지극히 어렵게 만든다. 일반적으로 컴퓨터를 감염시키려면 여러분이 무언가를 해줘야 한다. 예를 들어 웹브라우저의 보안 결함을 이용하는 웹사이트에 여러분이 직접 접속하거나, 여러분이 속아서 해로운 무언가를 다운로드받거나 하는 것을 말한다. (이메일 프로그램의 경우에는 여러분을 대신해 주기적으로 연결을 하기는 하지만) 어떤 방법이든 먼저 외부로의 연결 요청을 여러분이 해줘야 한다.

윈도우 파이어월은 네트워크 파이어월과 비슷한 역할을 수행하지만 케이블 모뎀이나 DSL 라우터에서가 아니라 각각의 개인 컴퓨터에서 동작하게 된다. 그것은 특히나 (다른 누군가가 감염되었을 수도 있고 감염된 컴퓨터가 여러분의 컴퓨터에서 실행되고 있는 어떤 취약한 소프트웨어 서비스에 접근할 수 있는) 커다란 기업 네트워크인 경우에 유용하다. 그러나 로컬 네트워크상에서 사람들은 허가된 것보다 더 자유로워지는 경향이 있기 때문에 감염될 수 있는 기회는 훨씬 많다. 자동화된 통신, 파일 공유, 프린터 공유 도구들은 일반적으로 사용되며 파이어월은 보통 초기값으로 그런 것들을 막지 않는다.

분명히, 컴퓨터를 안전하게 지켜주는 예방 장치들이 많이 있다. 그런 예방장치들이 컴퓨터에 있는 것만으로도, 상당히 안전하다고 봐도 좋다. 그런데 SANS는 왜 진실을 말하지 않았던 것일까?

먼저, SANS는 실제로 무언가를 측정한다. 그들은 일간 수치를 발표한다. (이 책이 쓰일 무렵에는 자료가 2008년 11월 16일로 중단되었지만) 그 수치는 계속 변화한다. 예를 들어 2008년 11월 16일에 SANS는 윈도우 컴퓨터가 어떤 네트워크 보호 장치도 사용하지 않으면 감염되는데 100분 이하가 걸린다고 발표했다.

SANS가 측정 방법을 발표하지는 않았지만 가장 그럴듯한 예상은 그들이 2004년 서비스팩 2가 출시되기 전의 윈도우 XP를 실행하고 있을 거라는 추측이다. 아무 방비 없이 인터넷에 노출 시켰을 때 문제를 일으키는 소프트웨어를 실행하는 컴퓨터라면 그런 결과가 나오는 것도 그리 놀라운 일이 아니다.

사람들이 건전한 충고를 한답시고 (파이어월을 사용하라고 하거나, 사용하는 웹브라우저 같은 소프트웨어를 최신상태로 유지하라는 것은 괜찮다.) 무시무시한 주장을 하고 있다면 확실한 증거가 없는 한 과대선전이라고 여기고 믿지 않는 게 좋다.

CHAPTER 11

퍼스널 파이어월 문제

앞서, 난 윈도우에 내장된 파이어월이 인터넷 위협으로부터 특히 사용자가 별다른 위험 행동을 하지 않은 경우에 한해 사람들을 제법 안전하게 지켜준다고 주장했다. 이번 장에서는 파이어월들에 대한 불평을 해보려 한다. 그렇지만 모든 종류의 파이어월이 대상은 아니다. 윈도우에 내장된 파이어월과 네트워크상에서 실행하는 파이어월과는 미묘하게 다른 퍼스널 파이어월에 대해 말해 볼 것이다.

퍼스널 파이어월이란 무엇인가? 원래 파이어월은 네트워크나 (파이어월이 네트워크상에 있다면) 컴퓨터 (파이어월이 컴퓨터에 있다면)로 들어오고 나가는 트래픽을 모니터하기로 되어 있다. 그것은 정책에 기반해 트래픽을 허가하거나 막거나 한다.

보통, 운영체제는 꽤 효과적인 내장형 파이어월을 갖고 있다. 내장형 파이어월은 컴퓨터로 들어오는 모든 트래픽이 사용자가 수행한 무언가에 대한 응답이 아닌 이상 중단시킨다. (예를 들어 컴퓨터에 웹서버를 실행시키길 원하면 예외 처리를 설정해야 가능하다.)

그러나 네트워크 트래픽이 여러분의 컴퓨터에서 시작되었다면 OS 파이어월은 보통 아무 일도 하지 않는다.

여러분이 우연히 뱅킹 관련 트로이 목마를 다운로드했다고 해 보자. 이 트로이 목마는 모든 온라인 뱅킹 활동을 모니터 할 것이고 비밀리에 여러분의 계좌 정보를 세상 반대편의 나쁜 녀석들에게 전송할 것이다. 여러분은 이미 감염되었고 안티바이러스는 나쁜 소프트웨어를 검출하는 데 실패한 것이다. 이 소프트웨어는 계속해서 여러분의 정보를 수집할 것이다.

그렇지만 여러분의 개인 자료가 수집된다 하더라도, 나쁜 녀석에게 자료가 전송되는 것을 막을 수 있다면 어떻게 될까? 윈도우의 파이어월 같은 내장 파이어월은 실제로 그렇게 할 수 없다. (보충 설명은 이번 장 뒷부분에 '전통적인 파이어월의 한계'를 참고하라)

파이어월이 의심되는 외부 유출 트래픽을 중단시키게 하려면 전송을 시도하는 응용프로그램에 관한 정보를 파이어월에게 알려줄 필요가 있다. 이런 방식이 (가끔 응용프로그램 파이어월이라고 불리기도 하는) 퍼스널 파이어월의 기본 아이디어이다.

퍼스널 파이어월은 여러분이 '오직 인터넷 익스플로러만이 80포트에서 통신할 수 있다.'라거나 '스카이프만이 외부로 통신할 수 있게 한다.'라고 설정할 수 있게 해 준다.

정책 관리는 아주 성가신 일이긴 하다. 악의적인 트로이 목마가 해로운 일을 수행하는 것을 중지시키고자 한다면 특별히 허가한 것 이외에는 모든 것이 허가되지 않는 정책을 만들어야 한다. 허가하기 위한 응용프로그램들을 열거하려면 제법 많은 수고를 들여야 한다. 아울러 인터넷을 사용할지도 모르는 새로운 소프트웨어를 설치할 때마다 퍼스널 파이어월의 설정을 변경하는 것을 기억해내야만 하는 것도 쉬운 일이 아니다.

퍼스널 파이어월에서 이러한 문제를 처리하는 방식은 정책 결정을 할 수 있는 팝업 윈도우를 표시하는 것이다. 예를 들어, 여러분이 스카이프 (Skype)를 설치하려 한다면, 팝업이 떠서 '*skype.exe*가 인터넷 접근을 하게 하시렵니까?'라고 물을 것이다. 그리고 여러분은 '이전 결정대로'라 고 파이어월에게 응답하여 귀찮은 확인요청을 다시 보이지 않게 할 수 있다.

대부분의 사용자들에게는 수많은 확인요청이 귀찮은 일이다. 게다가 대다수 응용프로그램은 각기 처리되는 복수의 프로그램을 갖기 때문에 더욱 어려움을 초래한다. 예를 들어 대부분의 응용프로그램은 메인 실행 파일로 실행되다가 소프트웨어 업데이트를 확인해야 하는 시간이 되면 두 번째 프로그램을 실행시키게 된다. 이런 경우 여러분은 각각의 프로 그램들에 인터넷 접근 허용여부를 결정해줘야 한다.

어떤 응용프로그램은 수많은 분리된 실행파일을 설치한다. 예를 들 어, 애플의 아이튠즈(iTunes)는 각기 다른 기능을 갖는 수십 개의 서로 다른 실행파일을 설치한다. 여러분이 그런 모든 기능을 사용한다면 파이 어월의 확인요청을 수도 없이 받게 될 것이다.

이런 확인 요청은 퍼스널 파이어월을 합리적으로 잘 수행하게 만드는 유일한 방법이긴 하지만 난 그것이 충분히 합리적인 것은 아니라고 말하 고 싶다. 다이얼로그 박스 때문에 귀찮아서 그러는 것만은 아니다. 그 방식은 사용자에게 준비가 안 된 결정을 하도록 요구하기 때문이다.

결국엔 사람들이 알지도 못하는 프로그램을 확인하게 되는 일이 일어 날 것이다. 예를 들어, 이런 확인요청을 보게 될 수도 있다. '*GCONSYNC .EXE*가 인터넷을 사용하려 합니다. 이를 허가할까요?' 여러분은 스스로에게 말할지 모른다. '빌어먹을 *GCONSYNC.EXE*가 뭐지?!?' 그러면서 확인요청을 허가하지 않을지도 모른다. 그것이 유해한 프로그램일 수도 있다는 가능성 때문에 그렇게 했다면 여러분은 아이튠즈(iTunes)의 구성요소 중 하나를 제대로 동작하지 못하게 만든 것이다.

여러분이 알고 있다고 생각하는 무언가를 차단했더니 어떤 프로그램이 먹통이 되었다면, 또 여러분이 대부분의 일반 사람들과 비슷하다면, 잘 알지 못하는 모든 프로그램들도 정당한 목적을 가지고 있을 거라 가정하며 그냥 모든 것을 허가해 버릴지도 모른다.

물론, 어떤 사람들은 그들이 허가한 각각의 실행파일에 관한 정보를 추적해 찾아낼 수도 있을 것이다. 그러나 일반적인 사용자에게는 그렇게 하는데 너무 많은 시간이 필요하다.

나라면 그냥 퍼스널 파이어월을 꺼버릴 것이다. 파이어월이 표시하는 모든 것을 그냥 허가하도록 클릭하기만 할 거라면, 뭐하러 성가신 팝업을 보고 괴로워할 필요가 있나? 그러나 그냥 켜 놓기만 해도 실제보다는 조금 더 안전하다고 느낄 수 있을지는 모른다.

매우 드문 상황을 제외하면, 여러분을 괴롭히지 않는 퍼스널 파이어월을 갖는 것도 가능하다고 생각한다. *GCONSYNC.EXE*를 예로 들어 보자. 이 프로그램에는 애플의 서명이 있으므로 합법적이라고 확신할 수 있다. 애플은 평판이 좋은 업체이다. 그런데 뭐하러 확인 요청을 하나? 그냥 통과시켜도 될 것을...

분명히, 모든 프로그램에 디지털 서명이 있는 것은 아니다. 대부분은 서명이 없다. 여기서 기술적인 세부사항에 관해 고민하지는 않을 것이지만, 보안업체라면 모든 종류의 기술을 사용해, 허가해줘도 되는 소프트웨어들을 커다란 목록에 담을 수 있다고 예상할 수 있다. 그러면 우리에게 경고할 필요가 있는 위험 가능성 있는 소프트웨어들은 매우 짧은 목록에 남게 될 것이다.

세상의 모든 소프트웨어들을 목록화하는 것이 가망 없는 일처럼 들릴지 모르지만, 이미 업체들은 꽤 성공적으로 목록화를 시작하고 있다. 어떤 프로그램들이 인터넷 연결을 허가해도 되는 프로그램인지 알 필요가 거의 없게 되기 때문에 이제 쓸만한 퍼스널 파이어월을 갖는 것도 가능해질 것 같다.

제대로만 된다면, 어떤 프로그램이 악의적인 동작으로 인해 중지되었다는 통지를 받기만 하면 될 것이다. 시스템이 잘못되었거나 통지 내용을 바꿀 필요가 있지 않는 한 여러분이 할 일은 아무것도 없을 것이다.

그런 날이 온다면, 그 기술은 안티바이러스의 일부가 되어 그렇게 눈에 거슬리지 않을 것이며 퍼스널 파이어월이라는 생각을 할 필요조차 없을 것이다. 아무튼, 대부분의 소비자들은 파이어월이 무엇인지도 모르고 관심도 없기 때문에 그렇게 되면 좋을 것이다.

그런 날이 오더라도, 퍼스널 파이어월이 당장 없어질 거라고 예상하지는 마시라. 안티바이러스업체들은 그들의 많은 고객들이 원하는 한 퍼스널 파이어월을 계속 제공할 것이다.

전통적인 파이어월의 한계

데이터가 인터넷상의 두 컴퓨터 간에 전송될 때, 인터넷 하부 구조에서는 데이터가 들어오고 나가는 방법에 대해 알 필요가 있다. 아주 단순화해 보면 이것은 우체국에서 일반적인 편지를 선별할 때와 같은 문제이다. 우체국에서는 주소를 써서 이러한 문제를 푼다. 인터넷상에서도 컴퓨터들은 주소를 갖는다. 우편 주소와 달리, 인터넷 주소는 컴퓨터 간에만 뜻이 통한다. (예를 들어, cnn.com에서 얻을 수 있는 한 가지 주소인 157.166.224.25처럼 주소는 단지 숫자의 나열일 뿐이다.)

여러분이 이메일 서버와 웹서버를 하나의 컴퓨터에서 실행시키길 원한다고 해 보자. 누군가 다른 사람이 접속을 하려면 그 사람이 접근하려는 서비스를 구분할 방법이 필요하다. 이것은 (우체국 사서함과 비슷한) 포트번호를 추가하는 것에 의해 구분된다. (같은 주소에 여러 개의 사서함이 있을 수 있다.) 보통 응용프로그램들은 '표준' 포트를 갖는다. 예를 들어 웹서버는 80 포트를 차지한다. (웹서버를 보안 통신하려 하면 443 포트) 그러나 그것은 단지 관례일 뿐이다. 여러분은 웹서버를 원하는 어떤 포트에도 할당할 수 있다. 그렇다 해도 사람들은 여전히 웹서버를 찾을 수 있다.

전통적인 파이어월은 (주로 주소 정보인) 네트워크 정보에 기반해 정책을 구성할 수 있게 한다. (필터링 기능을 할 수 있는 다른 저수준의 기능들도 있긴 하다.)

파이어월은 '이 컴퓨터의 어떤 포트로 새로 들어오는 접속을 허가하지 않겠다'고 쉽게 지정할 수 있다. 여러분이 특정 서비스들을 실행하려 하지 않는 이상 그렇게 하는 게 단순하고 효과적인 정책이다. 여러분이 인터넷에 웹서버를 돌려야 한다면, 웹서버를 예외 처리하도록 할 수 있다. 마찬가지로 로컬 네트워크상의 컴퓨터로부터만 웹서버에 대한 접근이 가능하도록 파이어월을 구성할 수도 있다.

파이어월이 외부세계로부터 여러분을 쉽게 보호해 주는 만큼, 여러분이 만들어내는 (보통은 악의적인 소프트웨어에 의해 만들어지는) 연결을 중지시키는 데도 파이어월을 사용할 수 있다.

예를 들어, 나쁜 녀석들이 데이터를 특정 컴퓨터에 저장하는 것을 알았고 그 컴퓨터의 네트워크 주소를 알았다면 여러분은 파이어월을 그 컴퓨터의 주소로 자료가 전송되는 것을 막도록 설정할 수 있다. 혹은, 어떤 맬웨어 집단이 서로 다른 컴퓨터들로 자료를 전송한다는 것과 전송하는 데 항상 31337 포트를 사용한다는 것을 알았다면, (어떤 주소가 목적지이든 상관없이) 포트 31337로 나가게 되는 모든 트래픽을 허가하지 않을 수도 있다.

혹은, 더 현실적으로, 웹과 이메일만 사용하기로 결정할 수도 있고 그 외의 모든 것은 막혀 있게 할 수도 있다. 만약 그런 경우라면 이메일과 웹에 의해 사용되는 일상적인 트래픽이 아닌 모든 것들은 파이어월이 막아버린다.

대부분의 실무에서 파이어월은 이런 식으로 구성되지만 그렇게 잘 동작하지는 않는 것으로 알려졌다.

파이어월이 잘 동작하지 않게 되는 데는 나쁜 녀석들이 그들의 시도를 방해받지 않으려 하는데 있다. 그들은 80포트를 통한 통신만 이용하기도 하는데 그래야 트래픽을 파이어월에게 웹 트래픽처럼 보이게 할 수 있기 때문이다.

스카이프나 온라인 게임 같은 정상적인 프로그램도 파이어월에게 막히지 않도록 트래픽을 80포트를 통해 전송하곤 한다.

사용자들을 좀 더 편하게 만들어 주어야 하는 이유 때문에 이런 방식을 취하는 것은 그들에게는 민감한 전략이다. 가끔, 사용자가 파이어월 정책을 변경할 방법이 없다면 (특히 직장에서) 그들은 고용주에게가 아니라 소프트웨어 제조업자에게 화를 낼 것이기 때문이다.

나쁜 녀석들도 정상적인 웹 트래픽인 것처럼 보이도록 웹 포트를 사용하여 외부로 향하는 트래픽을 쉽게 전송할 수 있기 때문에, 전통적인 파이어월로 외부로 가는 트래픽을 중단시키는 것은 좋은 해답이 아니다. 전통적인 파이어월은 내부로 들어오는 것들을 지키는 데에만 적당하다.

CHAPTER 12

'안티바이러스'라고 부르자

일반적인 사용자들은 컴퓨터에 설치할 새로운 보안제품을 구매할 때, '안티바이러스 제품'을 달라고 하지 '인터넷 시큐리티 스위트'를 달라고 하지 않는다.

보안제품명에서 보듯이 보안업계 사람들이 커다란 지적 소화불량에 걸려 있다는 것을 알 수 있는데, 세상에는 고통을 덜어주기 위한 '텀스 _Tums, 소화불량치료제'가 충분치 않은가 보다.

그렇지만 이것은 결코 쉽게 바뀌지 않을 것이다.

보통의 소비자가 컴퓨터 보안을 위한 방어책에 관해 고민하고 있다면, 그들이 가지고 있는 기술에 대한 지적 소양의 정도에 따라 서로 다른 것을 생각할 수 있다. 예를 들어,

- (스파이웨어와 애드웨어를 포함한) 악의적인 소프트웨어로부터의 보호. 악의적인 소프트웨어를 다운로드를 했을 수도 있고 그 소프트웨어로부터 공격을 받았을 수도 있을 것이다.

- 스팸 메일을 필터링해 걸러내기. (보통은 이메일 프로그램이 이것을 해 주기를 기대하기도 한다.)

- 피싱 사기로부터의 보호. (브라우저가 이것을 해 주길 기대할 수도 있다.)

- (신분증명서로서) ID 보호 - 특별히 어떤 기술을 염두에 두지는 않는다. 단지, 보안제품이 이것을 고려해 주기만을 생각한다.

- 부모의 자녀 통제 기능. (자녀들이 부적절한 내용을 포함한 사이트를 열어보는 것을 막아준다.)

- 웹사이트 평가 기능. (어떤 사이트가 컴퓨터에 위해를 가할 수 있는지 보여준다.)

- 퍼스널 파이어월. (외부로 나가는 트래픽을 차단하여 피해를 막아준다.)

- 호스트 침입 탐지. (실행하는 프로그램의 행동을 지켜보며 안티바이러스가 실패했을 때 때맞춰 유해한 움직임을 막아준다.)

이러한 기술지향적 접근은 사안을 바라보는 한 가지 방식이긴 하지만 평균적인 소비자는 기술에 관해 별로 관심이 없다. 사실, 이런 기술들 대부분은 평균적인 사람들에게는 아주 골치 아픈 것이며 선택의 이유가 될 수 없다.

그렇다, 소비자들은 반짝거리는 기술 좋은 장난감보다 차라리 자신들의 문제에 더 관심이 있다. (멋진 기술에 대해 자부심을 갖고 있을 업계에 있는 우리 같은 사람들에게 사과드린다.)

그렇다면 소비자들이 바라보는 위협에는 어떤 것들이 있을까?

1. 개인 정보를 도둑맞은 사람들. 사람들은 자신들의 금융 정보와 신분증명 같은 것에 확실히 관심을 가진다.

2. 자료를 망쳐버린 운 나쁜 사람들. 사람들은 개인 파일을 잃어버리는 것을 두려워하거나 컴퓨터를 사용할 수 없게 되는 위험한 상황을

걱정할 것이다. 보통 이런 위협들은 (당장엔 해로운 것들이 드러나지 않아) 당장의 문제보다 더 큰 문제를 야기하곤 한다. 사람들은 일반적으로 이런 문제에 대한 해답으로서 백업 솔루션을 찾는다. (처음부터 이런 것이 필요한 시점에 안티바이러스가 그런 문제를 예방하길 바라긴 하지만) 백업 솔루션도 합리적인 것이다. 특히 백업은 하드디스크가 고장 나는 (고의성과 무관하게 손상되는) 다른 문제에 대한 해법이 될 수도 있다.

3. 스팸, 스팸, 스팸메일. 내가 보기엔 대부분의 소비자는 공짜로 이용할 수 있는 것을 선택할 것이고 아마도 메일 필터 형태로 제공되는 안티스팸 같은 것을 이용하고 싶어 할 것이다.

사람들은 가능한 제품 구매를 최소화하는 것을 선호할 것이다. 사실, 속으로는 아무것도 사고 싶지 않을 것이나 그렇지 않은 예외의 경우도 있다. (예를 들어 애플이 설득한다면 최소한의 제품 구매에 연연해하지 않을 사람들도 있다.)

문제 지향적인 시각을 갖는 세계의 사람들은 '~한 문제에 대한 솔루션' 이라고 이름 짓기를 좋아한다. 이것이 마케팅에서 기술_technologies을 솔루션_solutions이라 부르는 이유이다.

앞서 1번 위협에 대해 (그리고 다른 수준인 2번까지도), 사람들은 안티바이러스로 해결할 수 있다고 생각한다. 이것은 일반대중이 온라인상의 위험을 통칭해서 바이러스라고 부르던 시절인 10년 전의 내용으로 교육 받았기 때문이다. 이제는 그러한 위험들을 나타내는 혼란스러울 정도로 많은 용어가 생겼다. 다음과 같은 용어들이 있다.

- 바이러스(Viruses)
- 웜(Worms)
- 트로이 목마(Trojans)

- 스파이웨어(Spyware)
- 애드웨어(Adware)
- 루트킷(Rootkits)
- 악성코드(Exploits)[28]
- 취약점(Vulnerabilities)
- 맬웨어(Malware)
- 봇(Bots)/봇넷(botnets)

한동안 보안업계는 안티스파이웨어가 큰 성공을 거둘지도 모른다고 생각했다. 그리 생각한 주된 이유는 보안업계가 새로 나타난 위험한 시도들과 그동안 출시되어 팔렸던 분리형 제품 간에 몇 가지 기술적 차이를 인식했기 때문이다.

그리고 기업 고객들 중 일부가 그러한 기술적인 차이를 이해하고서 기술적인 보호를 요청했다. 일부 소비자들은 '나중에 후회하느니 안전한 게 낫다'라고 생각했지만, 대부분의 사람들은 그 기술에 관해 조금도 신경 쓰지 않았고 단지 눈앞의 문제에 대해서나 제대로 보호받기를 원했다. 벤더들이 보호해줄 수 있다고 광고했지만 실제로는 보호받지 못하는 위험들 때문에 소비자는 벤더에게 화가 나있었다. 누가 안티바이러스, 안티스파이웨어, 안티트로이 목마, 안티애드웨어, 안티루트킷, 안티익스플로잇, 안티봇 같은 제품 각각을 사려하겠는가? 그것들 모두를 함께 포장해서 마치 단일제품처럼 보이게한 뒤 비싼 가격으로 팔려고 해봐야 아무도 그 복잡한 것을 실제로 사용하고 싶어하지 않는다.

---

28) 역자주_악성코드(Exploit)는 컴퓨터 소프트웨어나 하드웨어 혹은 전기적인 장치들이 원래 의도되지 않은 행동을 유발하도록 그것들의 버그나 결함, 취약점 같은 것들을 이용하는 작은 소프트웨어나 데이터 조각, 혹은 명령어 나열 같은 것을 의미한다.

사람들이 원하는 것은 그들을 보호해줄 수 있는 신뢰할만한 업체를 선택하여 문제라고 생각하던 것을 해결해줄 수 있는 한 가지 제품을 구매하는 것이다. 위험 증상에 따라 분류되는 기술적인 분류 용어들에 대해 누가 관심을 갖겠나? 사람들에게 진정한 문제는 한 가지로 인식될 뿐이다. 한 가지 제품으로 실제 문제들을 처리해줄 수 있게 해줘야 한다.

예를 들어, 비슷한 평판을 갖는 서로 다른 기업이 한 기업은 동일한 기능을 하는 한 가지 제품을 팔고, 다른 기업은 여러 개로 나누어진 제품을 팔려고 한다면 고객은 어디에 끌릴까? 나라면 이렇게 생각했을 것 같다.

> 분명히, 믿을만한 두 업체들이니까 제품은 최상의 수준으로 동일할 것 같은데... 이 회사는 내게 제품 여러 개를 팔려하는 것을 보니 돈독이 오른 것일 게다. 그렇다면 차라리 한 가지 제품만을 파는 저 회사를 선택하는 게 낫지.

실제로 소비자들은 '안티바이러스' 프로그램을 구매하면서 위험한 증상에 대처하는 모든 기능이 일괄 판매될 것으로 기대한다. 안티바이러스라는 용어는 업계의 사람들, 특히 컴퓨터광들을 바보로 만든다. 왜냐하면 이름과 달리 그 제품 안에는 '안티바이러스' 보호기능 이상이 있기 때문이다. 대다수의 소비자는 ('바이러스란 무엇인가?'라는 질문에 대한 기술적인 대답에는 별 관심 없이) '안티바이러스'가 자신들을 보호해줄 것이라 생각한다. 여러분이 알고 있듯, 고객은 항상 옳다. 그렇기 때문에, '바이러스가 무엇인가?'에 대한 대답은 '컴퓨터에서 실행되는 악의적인 어떤 것'이라고 정의하는 것이 가장 적절하다. 왜냐하면 그런 식의 정의는 세상 사람들 99%가 이해할 수 있기 때문이다.

마케팅 종사자들은 이 같은 사실을 좋아하지 않는다. 그들 대부분은 '인터넷 시큐리티 스위트'라고 자신들의 일괄 보안제품을 부르고 싶어 한다. 속을 들여다보면 '인터넷 시큐리티 스위트'라는 이름을 짓게 되는 배경에는 '이 제품은 안티바이러스 보다 더 훌륭하게 당신을 지켜줄 겁니다'라는 핵심적인 생각이 들어있는 것이다. 그 생각 때문에 업체들은 사용자들이 (안티스팸, 유해사이트에서 자녀보호 등의) 필요치 않거나 원하지 않는 기능이라 해도 총망라하려 한다. 보호 기능은 별 차이가 없다.

'안티바이러스'와 '인터넷 시큐리티 스위트'을 같은 것이라고 생각하는 소비자는 별로 없다. 소비자들은 두 가지 입장으로 나뉘곤 한다.

- 가장 비싼 버전만이 '충분히 좋은' 보안제품이라고 가정하는 사람들
- 기본 버전으로 '충분히 좋다'고 생각해 기본 버전 이외에는 구매할 필요가 없다고 가정하고 그 밖의 모든 것들은 단지 부가적인 프로그램이라고 생각하는 사람들

자신들이 구매하는 제품이 무엇인지 실제로 깊게 파고드는 사람들은 거의 없다. 그들에게 제품은 '안티바이러스' 일뿐이지 '인터넷 보안제품'이 아니다. 결과적으로 기업들이 네 가지 다른 가격으로 네 가지의 다른 일괄제품을 제공하더라도 거의 모든 개별 고객들은 가장 싼 것을 선택하거나 가장 비싼 것을 선택하게 된다.

'인터넷 보안제품'이라고 말하는 것을 선택하는 사람은 전체 업계에 적용될 수 있는 보다 일반적인 개념, 어떤 제품도 그 범주에 속할 개념으로 그 용어를 이해한다. 그런 사람들도 더 많은 제품이 있을 수 있다는 것을 알고 있다. 그들은 어쩌면 파이어월에 대해서 들어봤을 수도 있고 안티스팸과 그 외의 것도 알고 있을 수 있다. 그렇지만 컴퓨터를 검사하

고 치료해줄 소프트웨어를 찾을 때가 되면 이렇게 고민할 것이다. '어떤 안티바이러스를 사야 하지?'

안티바이러스는 그 아래 어떤 기술이 포함되든 상관없는 카테고리이다. 몇 년에 한번씩은 '안티바이러스는 죽었다'고 이제는 자신들의 새로운 기술이 미래라고 주장하는 사람들이나 업체들이 등장하지만 그 말은 틀린 말이다.

기술적인 사고방식 말고 제품적인 사고방식을 가져보도록 하라. 보안에 대해 전문가를 자처하는 사람들은 '그런 오래된 기술은 신통찮다'고 생각하며 '안티바이러스'가 그러한 오래된 기술이라고 생각한다. 하지만 그것은 소비자들이 생각하는 안티바이러스가 아니다. 소비자들은 기술적인 부분을 이해하지 못하기 때문에 안티바이러스이기만 하면 다 되는 것이다. 이것은 시간이 가면 기술은 향상되게 되어 있고, 많고 많은 다른 분야에서도 아주 비슷한 원리를 적용할 수 있다는 나름대로의 지혜에 근거하는 것이다.

만약에 여러분이 전기차를 완전히 새로운 어떤 명칭으로 부르려 한다면, 어떤 사람들은 새 이름을 무시하고 그냥 차라고 부를 것이다. 어떤 사람들은 자신이 이미 차를 가지고 있는데 뭐하러 이 새로운 무언가를 원하고 필요로 해야 하는지 혼란스러워 할지도 모른다.

자신들의 보안 기술이 아주 굉장하다고 생각하는 보안업계의 모든 마케팅 종사자들은 새겨들어야 한다. 이름을 변경하려면, 당신들은 어떻게 그 기술로 안티바이러스가 해결하지 못하는 문제들을 해결할 수 있는지를 주장해야만 한다. 만약 그 기술이 이전과 같은 문제를 단지 조금 더 괜찮은 방식으로 해결하는 것이라면, 새로운 용어가 그 제품 명칭에 쓰인 것에 대해 사람들을 이해시킬 수 없을 것이고 그로 인해 실패하기 쉬울 것이다. '더 좋아진 안티바이러스'로서 훨씬 더 기능이 나아졌다면 왜 더 좋아졌는지를 분명하게 밝혀야 한다.

예를 들어, 내가 운영했던 벤처기업이 맥아피의 후원으로 인수되었을 때, 우리는 소비자용 보안 시장으로 진출하려 했었다. 우리는 그 사업을 안티바이러스라고 불렀는데 다음과 같은 특징을 가지고 있었다.

- 우리의 안티바이러스 제품을 정식 구매하면 감염이 되었다 하더라도 무료로 컴퓨터를 치료해 줄 것이라는 무 감염 보장(infection-free guarantee)을 내세웠다.
- 우리의 안티바이러스는 새로운 위협을 막아주는데 다른 제품들에 비해 평균적으로 30일 이상 빨랐다.
- 우리의 안티바이러스는 속도가 빨랐고 다른 대부분의 안티바이러스 솔루션들이 실행될 때 악명 높았던 것처럼 컴퓨터를 느리게 만들지 않았다.
- 우리의 안티바이러스는 주요 업체보다도 가격이 더 쌌다.

이것은 모두를 만족시킬 수 있을 만하다. 여러분이 이런 제품을 검토한다면 전통적인 안티바이러스보다 훨씬 장점이 많은 것이 틀림없다고 생각할 것이다. 그렇지만 (다른 소규모 업체들이 사용한 용어처럼) 커뮤니티 침입 예방 시스템 같은 새로운 용어를 만들어 냈더라면 소비자들의 생각은 어떠했을까?

우선, 소비자들은 '젠장 그게 뭐지? 나한테 그게 필요한 이유는 뭐야?'라고 질문할 것이며 그에 대한 대답은 '우리는 안티바이러스와 비슷하지만 더 좋은 겁니다' 정도가 될 것이다. 이제 여기에 해당되는 회사라면 사람들에게 안티바이러스가 아닌 이유와 안티바이러스를 대체할 수 있는지 없는지를 (혹은 왜 두 가지가 다 필요한지를) 교육하기 위해 많은 시간을 써야만 할 것이다. 그것은 혼란을 유발할 것이고 소비자들은 그 제품이 널리 쓰이게 되지 않는 이상 그러한 혼란을 자초하지 않을 것이다. 그 제품이 필요하지만 무엇인지 이해할 수 없다면, 소비자들은 일단 제품이 잘 알려질 때까지 기다릴 것이다.

'잠깐만요! 그렇지만 그래도 우리 솔루션이 더 좋습니다!'라고 마케팅 담당자들은 말할지 모른다. 어떤 새로운 문제점들을 해결한다고 설명하지도 않으면서 안티바이러스를 대체한다고 하는 기업들의 광고에 혼란을 겪고 있는 사람들을 만나보면 그런 방식의 마케팅에 여전히 많은 의심을 가지고 있다는 것을 알게 된다. '실제로 안티바이러스를 대체할 수 있나? 그럴 수 없다에 걸겠다. 잘 동작하기에는 너무 새롭거나 제대로 작동하지 않거나 둘 중 하나일 거야 그렇지 않다면, 왜 모든 사람들이 그것을 사용하지 않겠어?'

업체가 '차세대 안티바이러스'라고 주장하더라도 여전히 그 솔루션의 이점을 사람들에게 납득시켜야만 한다. 그렇지만 그런 이름이라면 최소한 고객들에게 혼란을 일으키지는 않는다.

정리하면, 보안업계는 스스로에게 도움이 되도록 전문용어에 관해 얼버무리는 것을 중단해야만 한다는 것이다. '안티바이러스'라는 용어를 받아들여라. 기술적으로 정확해야 하는 것에 관심 두는 사람이 얼마나 되는가? 고객은 언제나 옳다.

CHAPTER 13

대부분의 사람들이 침입방지 시스템을
실행하지 않는 이유

IT 보안업계에는 특별히 비용 대비 효과가 크지 않으면서도 이용되는 기술들이 여러 가지 있는데 그러한 기술들은 판매되기에는 충분치 않은 기술들이 대부분이다. 비용 대비 효과도 별로 없으면서 보급은 가장 많이 된 것이 침입 탐지/방지 시스템(intrusion detection/prevention system)이다. 어떤 업체들은 이런 종류의 기술이 모든 회사에 필요하다고 광고하기도 하는데 솔직히 잘 믿기지 않는다. 특히나, 규모가 작은 회사들이라면 진짜로 비용 대비 효과가 있는지 솔루션을 선택할 때 주의 깊게 살펴야 한다.

네트워크 기반의 침입탐지/방지 시스템(network-based intrusion detection /prevention systems, 각각은 NIDS, NIPS라고 줄여 부른다.)의 아이디어는 제법 매력적으로 들린다. 네트워크에 장비를 붙이기만 하면 모든 트래픽을 감시해 준다는 것인데 그 장비는 분석을 수행하기도 하면서 공격받게 될 때 알려 주거나 (NIDS인 경우) 공격자의 트래픽을 자동으로 끊어 버리거나 한다(NIPS인 경우).

그 시스템은 네트워크에서 무슨 일이 생기는지 자세히 살펴볼 수 있는 훌륭한 도구인 것으로 여겨지는데, 그것은 전에는 그렇게 해본 적이 없는 일을 할 수 있기 때문이다. 그렇지만 침입탐지 시스템을 작동시키면 처음에는 스팸에 시달리게 될 것이다. 침입탐지 시스템은 정기적으로 하루에 10,000개 이상의 경고를 알려준다.

그런 경고들 중의 대부분은 실제 침입이 아니지만 그런 경고를 통해 침입탐지 시스템의 가치가 발휘되는 것은 분명하다. 여러분은 많은 중요치 않은 경고들 중에서 쓸만한 경고를 분리해낼 수 있어야만 한다.

왜 침입탐지 장치들은 그렇게 스팸성 경고를 내는 것일까? 사람들은 오탐(false positives)에 관해 얘기하기 좋아한다. 특히 오탐이 잦은 경우라면 말할 것도 없다. 그렇지만 오탐 자체가 사람들이 생각하는 문제의 전부는 아니다.

나쁜 녀석들이 악용할 수 있는 문제점들을 찾으려고 인터넷을 끊임없이 기웃거린다는 것은 충분히 예상 가능한 일이다. 그렇다. 전체 인터넷은 지속적으로 공격받고 있는 중이다. 예를 들어 비밀번호 인증을 하도록 서버를 실행해 놓으면 끊임없이 로그인 시도가 발생한다는 것을 알게 될 것이다.[29]

나쁜 녀석들은 실제로 비밀번호를 추측해내는 방식으로 컴퓨터에 침입한다. 그렇기 때문에 침입 탐지 장치가 비밀번호 로그인 시도를 보고하는 것은 분명히 오탐이 아니다. 그러나 이런 공격 시도의 대부분은 실패로 돌아간다. 공격 시도 중 일부만이, 예를 들어 아주 형편없는 (아예 없거나) 비밀번호인 경우에만 성공할 수 있다. 그렇기 때문에 모든 것을

---

[29] 저자주_내가 쓰는 퍼스널 SSH 서버는 비밀번호 인증 기능을 꺼 놨다. 이것은 대부분의 그런 시도를 막아준다. 그럼에도 불구하고, 어저께만 거의 600번의 시도가 있었다.

무시하는 것이 반드시 이치에 맞는 것은 아니다.

단지 NIDS와 NIPS 기술에서 오탐이라 볼 수 없는 경고들이 많다는 이유로 오탐 자체가 문제가 안 된다고 말하는 것은 아니다. 일반적으로 알려지기에는 하루 수천 개씩 오탐이 발생하는 장치들도 많다. 설령 여러분이 모든 오탐 가능성을 제거하더라도 높은 관리비용을 없애지는 못한다는 것이 더 중요하다. 경고 숫자를 낮추는 것은 더 많은 일을 해야 한다는 것을 의미하며 여러분은 시간을 들여 각각의 문제를 이해해야만 한다.

시스템을 완전히 '세부 조정'하려면 선행 투자비용을 매우 많이 들여야 한다. 그리고 일단 세부조정을 하게 되면, 검토해 보고 싶은 경고들에 해당하는 데이터를 찾는데 상당히 많은 작업 비용을 들여야 한다. 예를 들어, 어떤 사람들은 (수동으로든 보안 이벤트 관리 제품을 사용해서든) 실패한 SSH 로그인과 성공적으로 침입한 것으로 나타나는 다른 네트워크 트래픽간의 연관관계를 입증해 보고 싶을 수 있다. 대부분의 중소기업에서는 일단 선행 투자비용 자체가 너무 커서 '세부 조정'을 시도하기에는 적당하지 않다.

기업용 DSL 라인에 40명의 사용자를 갖는 네트워크를 관리한다고 가정해 보자. NIDS/NIPS를 구입해서 선행 투자비용을 투자하는 어떤 관리 방법을 채택했고 그 결과 그 시스템은 세부 조정되어 하루에 30개 정도의 메시지만 볼 수 있으며 그 경고 메시지에 대응을 취해야만 한다고 하자. 각각의 메시지에는 조사할 시간이 5분씩 주어졌다. 여러분의 팀이 그 문제에 하루 2.5시간을 소비한다면 그것은 잠재적인 (여러분의 IT 부서 직원이 보다 생산적인 일에 쓸 수 있는 시간에 대한) 기회비용으로 1년에 30,000 달러의 비용을 들이게 되는 것이다. 여러분의 팀이 실제로 감염을 치료하기 위해 주당 평균 2.5시간을 소비하는가? 게다가 그렇게 한다 하더라도 NIDS/NIPS 시스템이 실제로 치료비용을 들이는 것을 없애 주거나 대응활동을 조금이라도 더 빠르게 만들어 주는가?

요약하면, 경제적으로 봤을 때 중소기업에게는 적당하지 않은 방법이라는 것이다. 그러나 대기업에게는 합리적인 방식이다. 대기업은 선행 투자비용뿐 아니라 진행비용도 더 쉽게 감당할 수 있다. 그 이유는 (하루 일과를 침입 방지 시스템의 자료를 분석하는데 전념하는) 대여섯 명의 사람들로 40,000명의 사용자들의 네트워크를 모니터링하는 것이 한 사람을 써서 40명의 사용자를 모니터링하도록 하는 것보다 돈을 쓰는 면에서 더 이치에 맞기 때문이다.

소규모 기업에게 NIDS/NIPS가 비용 대비 효과를 가질 수 있는 유일한 경우는 규모면에서 어떻게든 이익을 볼 수 있을 때이다. 이것이 '관리되는 보안 서비스(MSS_Managed Security Services)'의 아이디어였다. 이런 서비스는 시만텍(Symantec)과 브루스 슈나이어(Bruce Schneier)의 BT 카운터페인(BT Counterpane) 그리고 베리사인(VeriSign)이 제공하고 있는데 이를 위해 시만텍은 립텍(Riptech)이란 회사를 인수하였고 베리사인(VeriSign)은 가든트(Guardant)를 인수하였다. 40,000명 이상의 사용자에 대한 자료를 모니터하고 분석하는 서비스가 하나의 큰 기업으로서 운영된다면 저렴한 비용으로 임무를 수행할 수 있다. 100명씩의 사용자가 있는 400개의 기업 각각이었다면 전체 비용은 그들 기업들이 규모의 경제가 되지 못하기 때문에 보다 커질지 모른다. 대신에 하나의 큰 기업이 해낸다면 작은 각각의 기업들이 직접 했을 때 보다 낮은 비용으로 서비스를 제공할 수 있다. 큰 규모의 단일 기업이라면 훈련된 사람들을 채용하는데 어려움을 겪을 필요가 없고 장치비용을 감당하거나 장비가 손상되는 것을 처리하는 비용을 걱정할 필요가 없다.

그러나 '관리되는 보안 서비스'의 비용조차도 어떤 기업들이든 감당하기에 적정한 것은 아니다. 인터넷 접근이 가능한 독자적인 네트워크 서버를 운영하고 있다면 그 비용은 가치가 있을 수도 있다. 그렇지만 웹사이트를 외부에 호스팅 위탁하고 있고, 직원들이 사용하는 데스크탑 컴퓨터 이상의 IT 자원이 없다면 관리되는 서비스 제공자에게 침입 탐지를 아웃소싱하는 것은 별로 이득이 될 것이 없다.

차라리, 여러분 회사의 사용자들을 NAT 기능이 있는 라우터 뒤에 있도록 하고 외부에서는 회사 내의 컴퓨터에 연결할 수 없게 하는 게 낫다. 물론 그런 경우라도 감염을 목적으로 내부에서 누군가 무슨 일을 벌일 수는 있다.

외부의 누구도 그들이 초대 받지 못한 한 네트워크에 들어올 수 없다. 게다가 전통적인 안티바이러스는 최소한 초기 위협을 잡아내는데 침입 탐지 장치만큼이나 괜찮다. 물론, 여러분이 그래도 침입 모니터링을 하겠다면 말릴 수는 없겠지만, NAT 기능을 쓰면 네트워크상에서 나쁜 녀석들에게 보이는 것이 아무것도 없기 때문에 (직원들이 직접 나쁜 녀석에게 접속하거나 그들에게서 온 첨부 파일을 열어보지 않는 한) 보안 예산을 다른 분야로 돌릴 수 있으므로 오히려 비용 대비 효과가 좋다.

내가 소규모 기업을 운영하고 있다면, 실제적인 비용 효과를 알기 전에 침입 모니터링 제품이나 서비스에 지출하는 것에 대해 아주 신중할 것이다. 투자 효과가 확실하게 예방가능한 침입들만을 처리하는 선에서 지출하는 편을 택하겠다.

보통 전용 IT 서버를 통해 운영하는 서비스들이 (메일서버와 웹사이트 같은) 필요하다면 관리를 누군가 다른 사람에게 맡기는 방식으로 비용을 조절할 수 있다. 여러분은 단지 콘텐츠를 주관하고 보안문제 같은 것은 누군가 다른 사람이 처리하게 하면 될 것을 왜 직접 웹사이트를 운영하고 관리하면서 비용을 지불하는가? (한 가지 서비스만을 제공하는 전용 장비들에 대해 보안 관리를 하는 것이 훨씬 싸게 먹힌다.)

여러분이 여러 가지 백엔드 응용프로그램 같은 것을 갖고 있다면 콘텐츠를 호스팅하는 것처럼 응용프로그램을 클라우드 환경에 호스팅 하지 못할 이유가 무엇인가? 아마존이나 구글이 보안을 책임지도록 하자. 물론, 이 경우에 아마존이나 구글이 임무를 잘 수행할 것이라 신뢰해야만 한다. 그렇기 때문에 클라우드 환경을 제공하는 기업들은 그들이 직접 관리하는 인프라를 보호하기 위해 사용하는 방법이 무엇인지 알려야 하며 그 방법이 성공적이라는 것을 확신시켜줄 수 있어야 한다.

중소기업에서는 클라우드 환경을 이용하는 것이 최적의 솔루션이 될 수 있다. 왜냐면 클라우드 기반 컴퓨팅은 작은 업체에게 필요한 서비스 운영을 싼 비용으로 처리할 수 있도록 규모의 이점을 가지고 있기 때문이다. 클라우드 환경은 개별적으로 시도할 수 없었던 충분한 규모를 가졌다는데 포인트가 있는 것이다.

요약하면, NIDS/NIPS는 대기업에게는 좋은 것이지만 그 밖의 사람들에게는 비용 대비 효과에 관한 논쟁을 일으키기 쉽다. 관리되는 서비스는 중간 크기의 업체에게는 비용효과적일 수 있다. 관리되는 효과적인 NIPS는 인프라를 꼭 필요로 하지 않을 뿐 아니라 작은 업체에서 보통 부족하기 쉬운 두 가지인 운영비와 운영시간을 투입할 필요가 없다.

게다가 클라우드 환경같이 더 나은 대안도 있다. 평소에는 사용하지 않다가 필요할 때만 비용을 내고 쓸 수도 있다.

CHAPTER 14

호스트 침입방지 시스템이 갖는 문제점

HIPS(호스트 침입방지 시스템_host intrusion prevention system)[30] 기술의 기본 아이디어는 어떤 프로그램의 실행이 안티바이러스 검사를 통과했을 때부터 프로그램의 행동을 관찰하다가 전통적인 시그너처 기반의 안티바이러스로는 실패하는 지점에서 당신을 보호하려고 시도한다는 것이다. 프로그램이 위험한 행동을 하면 HIPS는 (무언가 더 나빠지기 전에) 프로그램의 진행을 중단시킬 것이다.

난 예전에 소비자의 관점에서 그것은 완전히 안티바이러스와 같은 것이며 위험을 제거한다고 하는 또 다른 불가사의한 물건에 불과하다고 주장했다. 그게 뭐하는 건지 누가 신경 쓸까?

---

30) 역자주_HIPS(Host Intrusion Prevention System) – HIPS는 사용자 시스템에서 일어나는 모든 행동 중 일부 보안상 중요한 행동을 탐지/관리하여 악성코드의 시스템 침입을 차단하는 기능이다. 특징은 시그너처(악성코드 DB)를 이용해서 악성코드를 선별하는 것이 아니라 프로그램의 행동이나 특정 명령에 대해 반응하기 때문에 이론적으로는 악성코드의 시스템침입을 100% 차단할 수 있는 기능이라고 한다. 물론, 현재 악성코드의 행동을 100% 차단하는 성능을 가진 제품은 존재하지도 않고, 아직까지 여러 취약점이 있는 게 사실이다. 그러나 보안업체의 시그너처 대응(악성코드 수집 및 DB화)이 점점 취약해지고 있는 것이 사실이기 때문에 많은 보안업체들이 HIPS 기술 연구에 상당히 많은 투자를 하고 있다고 한다.

HIPS 업체의 주장 중에 주목할 만한 것은 안티바이러스는 온전히 시그너처 매칭만으로 작동하며 업체가 시그너처를 작성하고 최종 사용자에게 전달해야만 한다는 주장이다. 그들이 말하길, HIPS는 앞을 내다보고 행동하는 방식이지 어떤 상태에 반응하는 방식이 아니라는 것이다. HIPS는 위험한 행동을 관찰해 탐지하며 다행스럽게도 안티바이러스 제품들이 시그너처를 준비하지 못한 새로운 위험요소들도 탐지해낼 수 있다는 것이다.

흥, 실없는 소리하고 있다!

안티바이러스 제품들은 거의 예외 없이 내부적으로 HIPS 기술을 가지고 있다. 그것은 '휴리스틱_heuristic 탐지'라거나 그와 비슷한 이름의 무엇인가로 불렸었다. 어쨌든 그런 기능은 이미 존재하고 있었다.

요즘, 독립형 HIPS 제품들은 전형적인 안티바이러스 제품보다 더욱 예방적인 탐지를 수행하기도 하지만 그것은 오히려 HIPS 제품들이 지나치게 많은 오탐에 빠지게 되는 전형적인 이유가 되기도 한다.

사람들은 좀 더 편리하고 편안해지자고 구매했던 소프트웨어가 쓸데없이 많은 팝업 윈도우 같은 것으로 괴롭히는 것을 특히나 싫어한다.

오탐을 일으키지 않는 HIPS 기술들의 많은 부분이 안티바이러스 제품에 포함되었다. 어떤 HIPS 제품은 서로 다른 여러 가지 소프트웨어가 잔뜩 설치된 환경에서는 잘 작동하지 않는다.

게다가, HIPS는 결국엔 특별히 예방적이지도 않다고 판명되었다. 활동을 감시하는 것으로는 안티바이러스의 가장 큰 문제를 풀 수 없다. 특히, HIPS 벤더들은 내가 '테스팅 문제'라고 부르는 문제를 해결했다고 암시하지만 정말로 해결한 것이 아니다.

테스팅 문제란 무엇인가? 그것은 나쁜 녀석들이 주요 보안업체들에 의해 탐지되지 않는 맬웨어로 사람들을 감염시키길 원할 때, 주요 보안 업체들의 모든 제품을 구매해서 더 이상 어떤 제품들도 탐지할 수 없을 때까지 맬웨어를 테스팅하고 미세 조정해 가는 것을 말한다. 나쁜 녀석들이 이렇게 한다면 그 맬웨어는 최소 한 달 정도, 어쩌면 그 이상의 시간동안 모든 주요 벤더들이 탐지할 수 없다는 것을 의미한다.

그와 같은 테스팅 문제는 행동 기반 방어 기술에도 똑 같이 적용될 수 있다.

여러분은 이렇게 생각할지 모른다. 'HIPS 기술이 모든 가능성 있는 해로운 행동들을 일일이 열거할 수 없는 건가?'

불행하게도, (모든 실용적인 목적에 대한) 대답은 (사람들이 정상적으로 실행하기 원하는 프로그램을 방해하는) '오탐없이는 작동할 수 없다'는 것이다. 예를 들어, 여러분은 '어떤 프로그램이 다른 프로그램에서 사용되는 키입력을 캡처링한다면 그것을 막아라.'고 하는 행동 규칙을 가질 수 있다. 이러한 규칙은 신용카드 정보를 가로채려고 시도하는 키로거(keylogger)를 중단시킬 것이다. 키로거는 키입력을 읽어 들이고 기록해 놓는 프로그램이다. 그것은 정상적인 프로그램이 전문적인 사용자들에게 윈도우를 띄우지 않고 응용프로그램 내에서 키로깅을 할 수 있는 기능을 제공하려 하는 것조차 중단시킬 것이다.

어떤 프로그램이 그런 동작을 하는가?! 대표적인 것이 스카이프(Skype)이다. 이것을 알게 되었을 때 깜짝 놀랐지만 스카이프는 이런 동작을 하는 분명한 이유가 있어 보였다. 게다가 이런 종류의 동작을 허용하는 유일한 프로그램도 아니다.

여기, 약간 더 복잡한 예제가 있다. 다음과 같은 행동을 하는 어떤 프로그램이 (*IsItBad.exe*) 있다고 가정해 보자.

1. 그 프로그램은 이미지, 데이터 파일, 하나 이상의 실행파일을 포함해 디스크상에 많은 내용을 저장한다.
2. 그러한 실행파일들은 실행될 때 스스로를 복호화하기 시작한다.

누군가 보안업계에 있는 사람이라면 '그것은 아마도 맬웨어를 설치하려는 드로퍼_dropper[31]일 것이다'라고 생각할 것이다. 게다가 통계상으로, 그것이 맞을 확률이 높고 이러한 행동에 기반하는 방어용 HIPS 규칙을 가질 수 있을 것이다.

그러나 *IsItBad.exe* 파일은 여러 개의 잡동사니를 설치하는 게임 같은 것일 수 있다. 그리고 그 부속파일들은 게임 디자이너가 사람들이 그들의 지적 재산을 쉽게 손에 넣는 것을 원하지 않아서 암호화했을 수 있다.

물론, 합법적이지 않은 소프트웨어의 행동 패턴을 정의할 수 있어야만 한다. 하지만 정상적인 프로그램도 할 수 있는 행동이 무엇인지를 알게 되면 (다시 한 번 스카이프의 경우를 생각해 보라.) 쉽게 놀랄 수도 있기 때문에 신중하게 판단해야 한다.

문제는 우리가 행동기반의 규칙을 만드는 것만큼, 악의적인 프로그램들은 가능한 더욱 정상적인 소프트웨어처럼 보이도록 시도할 것이라는 것이다. 컴퓨터에서 실행되는 보안 기술로는 어떤 프로그램이 나쁜지 아닌지를 분명하게 판단할 수 없는 행동상의 애매한 영역이 언제나 있게 마련이다. 그런 영역을 판단하려면 인간의 통찰력 같은 것이 필요하다.

사실, 보안 연구자들이 스파이웨어라고 이름 붙인 것들 중에는 이성적

---

[31] 역자주_드로퍼(dropper) – 악성코드의 한 종류로 다른 악성코드를 몸체에 지니고 유포되어 악성코드의 유포를 돕는 역할을 한다. 오로지 바이러스를 디스크에 저장하는 역할만 하는 프로그램이다.

인 사람들이 보기에 그것이 나쁜 것인지에 의견을 달리할 수 있는 애매한 영역에 포함되는 것들이 있다.

예를 들어, 여러분이, 설치한 어떤 소프트웨어의 소프트웨어 라이센스 동의(EULA_end user license agreement)를 출력해서 읽어보지 않았는데 그 소프트웨어가 여러분이 기대하지 않았던 (그러나 EULA에는 분명히 언급되어 있던 대로) 광고를 표시한다면, 그 소프트웨어는 나쁜 것인가? 어떤 사람들은 그것이 명백히 애드웨어(adware)라고 말할지 모른다. 누구든지 그것이 수백 개의 광고를 한꺼번에 쏟아낸다면 그것은 나쁜 것이라고 여길 것이다. 그러나 광고가 적게 나온다면 어떤 것이 진짜 나쁜 것인지 분명하지 않게 된다.

올바른 대답이 있을 수 없는 상황에서도 항상 올바른 대답을 줄 수 있는 보안 소프트웨어를 기대하는 것은 무리다.

전통적인 안티바이러스는 하지 못하는 것을 할 수 있다고 소문이 났던 HIPS의 또 다른 능력은 정상적인 응용프로그램이 나쁜 녀석들이 공격할 수 있는 보안 결함을 가질 때도 보호해줄 수 있다는 것이었다. 어떤 안티바이러스 제품들은 HIPS의 그러한 특징들을 말이 되는 수준에서 포함시킨다. (게다가 이럴 때 오탐의 위험은 유해한 프로그램과 좋은 프로그램을 단지 구분하려는 시도보다 훨씬 더 크다. 이런 종류의 기술들은 성능상에 크게 안 좋은 영향을 끼치곤 한다.)

앞서 말했던 것처럼, 오탐이 발생하지 않는 HIPS 기술은 대부분 안티바이러스 제품으로 이동했다. 그 기술들은 같은 문제를 지향하고 근본적으로 전통적인 안티바이러스와 공통점이 있기 때문이었다. 이제 그 기술들의 보호기능은 비슷해졌다지만 그 각각의 기술은 서로가 갖지 못한 가치를 갖는다. (그 가치가 소수의 사람들만 관심을 갖는 분야의 완전히 기술적인 가치에 불과 하더라도.)

그렇지만 어떤 사람들은 오탐에 관해서 별다른 관심을 갖지 않을 수도 있다. 예를 들어, 큰 기업들은 실행되는 소프트웨어가 자주 변경되지 않는 독자적인 서버에서 HIPS를 실행하는 것을 고려해 볼 수 있다.

이론적으로는 운영 서버에서 HIPS 제품을 몇 개월간 모니터링 모드로 어떤 종류의 오탐이 발생하는지 알기 위해 미리 실행해 볼 수 있다. 그런 다음 HIPS 제품들에게 그런 경고들을 다시 보여 주지 말라고, 앞으로도 해당 경고 팝업을 막도록 설정한다.

이렇게 HIPS를 작동시킬 수도 있지만 기업들이 예상해야 할 어려운 문제들이 있다. 그런 문제들 중에 하나는 이런 '훈련' 단계가 비용이 많이 든다는 것과 소프트웨어의 새로운 버전을 매번 설치해 주어야 할 필요가 있다는 것이다. (예를 들어, 보안이 더욱 개선되었거나 기능이 더 풍부해진 버전으로) 게다가, 어떤 기술들은 몇 개월의 준비 단계 이후에도 여전히 오탐의 위험이 높을 수도 있다.

CHAPTER 15

인터넷 바다에는 피시(Phish)가 많다

피싱은 (믿을만한 웹사이트인 것처럼 꾸미고 비밀번호나 그 밖의 민감한 정보를 훔치려는 시도를 말하는 것으로) 오늘날 보안업계의 최대 관심사 중의 하나이다. 많은 보안 기술들이 피싱 문제 해결을 시도하고 있다. 특히 은행들을 목표로 이러한 공격이 이루어지고 있다는 것을 보여 주는 수많은 뉴스 기사들을 볼 수 있다. 솔직히 요즘은 거의 대부분의 은행들이 목표가 되고 있다.

우리가 상상하던 피싱에 대한 이미지는 피싱을 통해 쉽게 돈을 벌어 부자가 될 수 있다는 것이었다. 그러나 꼭 그렇지만은 않은 이유를 주장하는 흥미 있는 기사32)가 최근에 발표되었다.

그 기사의 작성자는 재치 있게 피싱(Phishing)과 전통적인 낚시(Fishing)를 비교했다. 사람들이 더욱 훌륭한 낚시꾼이 될 수록, 잡을 수 있는 고기는 점점 줄어든다. 그러게 되면 낚시꾼은 같은 수의 고기를 잡기 위해 더욱 힘들게 일해야만 한다. (보통 그들은 먼 바다로 나가거나 더 오래 낚시를 한다.)

---

32) http://research.microsoft.com/en-us/um/people/cormac/papers/phishingastragedy.pdf

피싱의 세계에서도, 잡을 수 있는 물고기가 한 종류만('귀얇은 피시'종이라고 부르자) 있다는 것을 제외하면 원칙은 똑같이 적용된다. 잠재적인 피싱 희생 대상자의 숫자는 급격하게 늘어나지 않는다. 그리고 한번 피싱 사기를 당한 사람들은 다시 그런 상황에 잘 빠져들지 않는다. (전에 피싱 사기를 당했던 사람들은 보통 더 조심하게 마련이고 다시 피싱 사기를 당할 확률이 줄어든다.)

피싱 사기를 치는 나쁜 녀석들이 많다는 것은 나쁜 녀석들 자신들에게도 문제가 생기는 것이다. 그들은 희생자를 찾기가 더 힘들어지고 더욱 자주 피싱 시도를 해야 하는 것을 의미하며 나쁜 녀석들 각각에게는 평균적으로 돈 벌 기회가 더 줄어드는 것이다.

피싱이 워낙 단순하고 쉽기 때문에 나쁜 녀석들이 이런 상황에 빠질 수 있다는 것은 별로 놀랄 일도 아니다. 피싱은 이메일 메시지를 만들거나 웹사이트가 합법적으로 보이도록 하는데 많은 기술적 숙련도를 요하지 않는다.

그동안 선량한 사람들은 너무 많은 피싱 시도 때문에 피싱에 관해 유난스런 걱정을 하게 되었다. 선량한 사람들은 피싱을 큰 문제라고 믿었고 손실이 막대하다고 믿었다. 그래서 그들은 사람들이 피싱을 당하는 것인지 아닌지를 구별할 수 있게 해 주는 여러 가지 방어책들을 시도하게 되었다.

사 례

- 여러분의 금융정보를 합법적으로 갖고 있는 사람들로부터 (은행, 페이팔_PayPal 등) 온 대부분의 이메일 메시지는 나쁜 녀석들이라면 알기 어려운 계좌번호의 마지막 4자리 숫자 같은 내용들을 포함하고 있을 것이다.

- 합법적인 웹사이트를 방문해 보면, 대부분 사이트가 그 안에서 여러분 자신을 증명할 수 있도록 도와주는 인브라우저 매카니즘을 (in-browser mechanism) 갖고 있는 것을 볼 것이다. 예를 들어, 뱅크 오프 아메리카는 사이트키(SiteKey)로 알려진 기술을 제공한다. 이 것은 웹사이트에 로그인할 때 어떤 그림을 식별하도록 요구한다. 그러나 이것만 가지고 절대적으로 안전한 것은 아니다.

- 어떤 금융 사이트는 선택적으로 사용할 수 있는 물리적인 인증 매카니즘을 가지고 있는데 이는 가장 까다로운 고객들을 위한 것이다. 예를 들어 이*트레이드(E*Trade)[33] 고객들은 1회용 숫자를 생성하는 물리적인 장치를 제공받을 수 있다. 사용자는 장치에 표시되는 숫자를 똑 같이 입력해야만 한다. 약간 다른 구조를 사용하는, 뱅크 오브 아메리카나 그 밖의 다른 은행들은 매번 1회용 비밀번호를 입력해야만 하는 시스템에 등록하게 한다. 1회용 비밀번호는 휴대폰의 텍스트 메시지로 전송된다.

이러한 기술들은 최종 사용자의 이해에 의존하기 때문에 완벽할 수는 없지만, 피싱 사기꾼들을 애먹이는 장애물을 만드는 것은 확실하다.

경제적인 이유만이라면 일반적인 피싱 사기범들은 계속 줄어들 수밖에 없다. 앞서 언급했던 연구를 보면 평균적인 피싱 사기범들이 그들이 가능한 다른 직업에서 버는 것보다 많이 벌지 못할 것이라 주장한다. 그러나 난 그것이 사실일거라 믿지 않는다. 피싱 사기에 뛰어 드는 사람들은 심하게 궁핍한 지역에서 산다. 근처에 가능한 다른 일자리는 별로 없고 그들은 지역 경제를 견뎌내기 위해 무엇이든 시도한다. 그 사람들이

---

33) 역자주_E-Trade Financial Corporation - 미국의 유명한 온라인 증권사. http://en.wikipedia.org/wiki/E-Trade 참조.

미국인들을 대상으로 피싱 사기를 친다면 미국 최소 임금보다 낮게 벌더라도 그들이 (구할 수 있는) 비숙련 일자리에서 벌어들이는 것보다는 훨씬 더 많은 돈을 쉽게 벌 수 있다.

어떤 경우든 시간이 흘러가면 피싱 사기범들이 벌어들일 수 있는 돈은 점점 적어질 수밖에 없다. 그 상황에서도 괜찮은 수입을 올릴 수 있는 사기범들이라면 다른 피싱 시도에 단련되어 있는 사람들을 속일 수 있는 새로운 피싱 기법을 만들어낼 능력이 있는 녀석들일 것이다.

Amazon.com을 대상으로 새로운 기법의 예를 들어보자. 훌륭한 보안 관례와 훌륭한 보안팀을 갖추고 있음에도 불구하고 Amazon.com은 피싱 사기범들에게는 성공할 가능성이 높은 목표물인데 그 이유는 다음과 같다.

- 대부분의 Amazon.com 고객들은 그 사이트로부터 많은 광고성 이메일 메시지를 받는다.

- 이메일 수취인들은 그 이메일 메시지가 Amazon.com으로부터 온 것이라는 것을 확인할 분명한 방법이 없다.(그림 15-1) 그런 이메일 메시지는 보통 HTML로 만들어진다. (이것은 이메일이 웹 페이지이고 대부분의 메일 프로그램들에서 웹페이지처럼 보인다는 것을 의미한다.) 메일을 보낸 사이트의 진위를 입증하기 위해 여러분은 기본적으로 링크를 검사해야 하고 링크가 올바른 곳으로 연결되는지를 확인해야 한다. 보통 링크의 목적지를 보기 위해 마우스 포인터를 링크 위에 올려볼 수 있지만 대부분의 사람들은 이렇게 하지 않는다.

- 그동안 Amazon.com의 피싱 이메일 메시지를 받았던 사람이 거의 없었다. (왜냐하면, 피싱 사기범들은 엔간하면 Amazon.com을 목표로 하지 않기 때문이다.)

- 직접적인 금융정보를 얻을 수 없기 때문에, 아무도 Amazon.com 이 가치 있는 피싱 목표라고 기대하지 않는다.

- Amazon.com은 원래 비밀번호를 자주 입력하게 만들므로 Amazon .com과 아주 비슷해 보이는 사이트로 유도하여 비밀번호를 요구하 더라도 피싱 이메일 메시지를 크게 의심하지 않을 것이다.

그림 15-1 ▶ 아마존(Amazon)은 고객들에게 이와 같은 광고를 자주 보낸다.

Amazon.com 계정을 피싱한다면 무엇을 얻을 수 있을까? 내가 악당이었다면 다음과 같은 시도를 할 수 있을 것 같다.

1. 의심을 사지 않을 만한 도메인 이름 한두 개를 구해 놓는다. 도메인 명에는 'amazon'이라는 단어가 포함되어야 한다. 어쩌면 www1-amazon.com이거나 amazon.com을 재확인시켜줄 만한 이름이면 된다.

2. 정상적으로 Amazon.com에서 보낸 것처럼 보이게 이메일 메시지를 전송하는데 이메일 안에서는 사람들이 실제로 Amazon.com에서 구매할 수 있는 새로운 무언가의 광고를 포함시킨다. 이메일 메시지는 대부분의 피싱 이메일 메시지가 그러한 것처럼 '무언가 잘못되었다'고 말하지 않고 단지 광고인 것처럼만 보여야 한다. '무언가 잘못되었다'는 메시지만 있고 특정 계정 정보가 없다면 사람들은 분명히 피싱 시도라고 여길 것이다.

3. 희생자가 이메일 메시지에 포함된 링크를 클릭하면 Amazon.com 로그인 페이지처럼 보이는 페이지를 전송해 준다. 로그인 페이지에는 희생자의 이메일 주소가 채워져 있지만 비밀번호란은 비워 놓아야 한다. (나쁜 녀석들은 아직 그것까지는 알 수 없다.)

4. 일단 사용자는 비밀번호를 입력하고 버튼을 클릭하여 Amazon.com에 로그인을 시도한다. 비밀번호 입력에서 실수하면 아마존에서 직접 로그인했을 때 보이는 화면처럼 실수를 지적하는 화면을 보여준다.

5. Amazon.com에서 보여 주는 것과 유사한 페이지를 전송한다. 희생자가 페이지를 사용하도록 지켜보면서 그가 Amazon.com에서 하던 것처럼 할 수 있게 한다. 즉, 희생자는 정보를 보낼 것이고 그

정보는 아마존으로 전송해 준다. 그다음 아마존에서 표시하는 것 같은 웹페이지를 보여준다.

6. 사용자가 신용카드 정보를 입력하기 전까지의 모든 내용을 로그로 남긴다.

7. 며칠 뒤, 취득한 로그인 정보로 Amazon.com 계정에 로그인한다. (이것은 모두 자동화로 이루어질 것이다.) 하루 이틀 사이에 발송되지 않을 최근 주문기록을 찾기 시작한다. (Amazon.com은 얼마동안은 정상적인 이메일 메시지를 보내지 않을 것이다.)

8. 그다음, 신용카드가 결제오류가 있을 때 Amazon.com이 정보를 수정해 달라고 고객에게 보내는 메시지처럼 보이는 이메일을 전송한다.(그림 15-2 참조)

9. 희생자가 링크를 클릭했을 때, 희생자는 다시 나쁜 녀석의 사이트로 가게 된다. 이번에는 조금 더 교묘해야 하겠지만 기본적으로는 Amazon.com처럼 보이면 된다. 필요한 정보를 얻을 수 있는 질문을 통해 주문에 대한 새로운 신용카드 정보를 캡처하고 실제로 Amazon.com에 연결되어 있다면 보게 될 내용을 보여준다.

최근에, 나는 은행 체크카드가 손상되어 카드를 새로 발급받았는데 그로 인해 Amazon.com에 주문했던 것이 처리되지 않았다. Amazon. com은 그림 15-2와 같은 이메일 메시지를 내게 보냈다.

그 이메일은 모두 텍스트이긴 하지만, 나쁜 녀석들은 링크가 실제로는 공격자 사이트를 가리키고 있더라도 마치 Amazon.com을 가리키는 것처럼 보이게 하려면 이메일을 HTML로 만들어야만 할 것이다.

작전만 잘 꾸몄다면 사람의 관여가 별로 필요없는 이런 일들을 준비하는데 그리 많은 시간 투자가 필요하지 않다. 충분히 기술적으로 숙련된 사람이라면 일주일 안에 쉽게 해치울 수 있다. 더욱 전문적인 범죄꾼이라면 모든 작업을 확실하게 만들기 위해 좀 더 시간을 들일 것이다. 게다가 선량한 사람들이 무슨 일이 벌어졌는지 알아채고 공격을 막기 시작하는 것을 더 어렵게 만들기 위해 봇넷 인프라구조까지 구축할 수도 있다. (이 경우에 나쁜 녀석들은 피싱 작업용 웹서버를 해킹해 놓은 장비들 간에 옮겨가면서 범죄를 시도할 수 있다.)

```
From:    "Amazon.com Customer Service" <payments-update@amazon.com>
Subject: Important Notice: Your Amazon Order # 102-1729097-9127453
Date:    November 10, 2008 3:18:22 AM EST
To:      "viega-amazon@zork.org" <viega-amazon@zork.org>
Cc:      "payments-mail@amazon.com" <payments-mail@amazon.com>


Regarding Order 102-1729097-9127453 from Amazon.com

1 of Absolute Sandman Vol. 04
1 of Entropy in the UK (The Invisibles, Book 3)
1 of The Invisibles Vol. 1: Say You Want a Revolution
1 of The Absolute Sandman, Vol. 3
1 of The Absolute Sandman, Vol. 2
1 of Bloody Hell in America (The Invisibles, Book 4)
1 of Counting to None (The Invisibles, Book 5)
1 of Apocalipstick (The Invisibles, Book 2)
1 of The Invisible Kingdom (The Invisibles, Book 7)

Greetings from Amazon.com,

Your credit card payment for the above transaction could not be completed.
An issuing bank will often decline an attempt to charge a credit card if
the name, expiration date, or ZIP Code you entered at Amazon.com does not
exactly match the bank's information.

Valid payment information must be received within 3 days, otherwise your
order will be canceled.

Once you have confirmed your account information with your issuing bank,
please follow the link below to resubmit your payment.

We recommend you select an option to create a new payment method when
prompted and enter the complete information for the payment method you
wish to use.

http://www.amazon.com/gp/css/summary/edit.html/?orderID=102-1729097-9127453

To view your transaction status online, please visit:

http://www.amazon.com/gp/css/history/view.html

We hope that you are able to resolve this issue promptly.

Please note: This e-mail was sent from a notification-only address that
cannot accept incoming e-mail. Please do not reply to this message.

Thank you for shopping at Amazon.com.

Amazon.com Customer Service
http://www.amazon.com
```

그림 15-2 ▶ 신용카드 지불이 이루어지지 않았다고 알려주는 Amazon.com에서 온 정상적인 메시지

이와 같은 시나리오를 만들어보는 것이 아마존(Amazon)을 위험한 곳이라고 말하고 싶어 그러는 것은 아니다. 내가 앞서 말했던 것처럼, 아마존은 훌륭한 보안 시스템을 가지고 있다는 것을 안다. 난 아마존의 충성고객이고 그곳이 잘 운영되고 있다는 것을 알기 때문에 보기로서 언급했을 뿐이다. 진짜 교훈은 나쁜 녀석들이 피싱을 통해 돈을 벌 수 있는, 알려지지 않은 방법들이 자꾸 생기고 있으며 그로 인해 잠재적인 피싱 후보들이 늘어난다는 점이다.

잡을만한 물고기들이 가득한 거대한 호수가 있다고 하자. 아직까지 누구도 거기서 낚시를 하지 않았다. 그렇기 때문에 누구라도 거기서 낚시를 하면 많은 돈을 벌 수 있지만 낚시꾼들이 몰려들기 시작하면 물고기는 금방 바닥날 것이다.

사람들이 우리의 피싱 공격 예제로 피해를 입게 된다면, 특히 Amazon.com에 대한 공격 시도가 늘어나는 것만큼 사람들의 경계심이 확대되기 시작될 것이다. Amazon.com은 자신들의 이메일 메시지를 명백하게 만들기 위해 (누락된다면 쉽게 눈치 챌 수 있도록 사용자의 실명을 포함한 분명한 머리말 같은) 몇 가지 수단을 구현하려 할 것이다. 결과적으로 이러한 공격이 마침내는 잘 먹혀들지 않게 될 것이다. 사람들은 Amazon.com 이메일 메시지를 매우 의심스러워 할 테고 이메일 메시지 내의 링크를 클릭하는 대신 Amazon.com 사이트를 직접 열어보려고 할 것이다. 아니 그러길 바라야만 한다.

그렇더라도 피싱으로 돈을 벌 수 없다고 말하는 것은 옳지 않다. 나쁜 녀석들이 기술적으로 혁신적이라면 돈을 벌 수 있는 이와 같은 기회들은 여전히 많이 존재한다.

CHAPTER 16

슈나이어(Schneier) 숭배

브루스 슈나이어(Bruce Schneier)가 세계적인 IT 보안 전문가라는 데는 의심의 여지가 없다. 물론, 브루스 슈나이어가 누구나 아는 이름은 아닐지 모르나 그는 확실히 그 분야에서는 누구보다 더 잘 알려져 있다.

브루스는 확실히 인정받을 만하다. 그는 1998년 Crypto-Gram이라는 메일링 리스트를 운영하기 시작한 이래로 단연코 가장 많은 저술활동을 하고 있는 보안 권위자였다. 그는 이후 매우 인기 있는 블로그를 추가하였다. 그는 보안업계에 대한 대중들이 접근하기 쉬운 몇 가지 훌륭한 책도 썼다. '디지털 보안의 비밀과 거짓말 *Secrets and Lies* (John Wiley& Sons)' 같은 책은 평범한 사람들도 읽기 쉽게 쓰였다. 브루스는 IT 보안 분야에서 일어나는 대부분의 일들을 설명하고 있는데 그 내용은 아주 훌륭했다. 그렇지만 수년간 내가 개인적으로 동의 할 수 없었던 그의 입장에 대한 몇 가지 이슈는 훌륭한 이력에서 제외했으면 싶다.

브루스는 지금까지도 IT관련서적 베스트셀러 중의 하나인 *Applied Cryptography* (John Wiley & Sons)'를 쓴 이후로 컴퓨터광들 사이에서는 록스타 같은 지위에 올랐다. 틀림없이, 그 책은 전대미문의 IT 보안 서적이다. 그 책의 두 번째 개정판이 1996년에 나왔고 그 이후로 갱신되지 않았는데도 계속 인쇄되고 여전히 잘 팔리고 있다.

개인적으로, 브루스에게는 확실히 감사할 일이 있다. 난 2001년 초반 내 첫 번째 책을 (게리 맥그로우와 함께 쓰고 Addison-Wesley에서 출판된 'Building Secure Software') 위해 그가 써준 추천사가 우리와 그 책, 심지어 이제 막 출발하는 소프트웨어 보안 분야에 대해 사람들이 많은 관심을 가지도록 도왔다고 믿는다. (실제로 그 당시에는 소프트웨어 보안과 관련한 정보를 얻을 수 있는 곳은 버그트랙_bugtraq 메일링 리스트 정도가 전부였다.)

브루스는 그 영역에서 가장 많이 인용되는 전문가이고 언제나 매우 좋은 의견을 피력했다. 또한 많은 컴퓨터광들이 'Applied Cryptography' 책을 매우 훌륭하다고 생각하기 때문에 (암호학의 바이블로 수없이 불리며), 컴퓨터광들은 그를 존경하고 있다. 사람들은 브루스가 의견을 개진하면 모세가 시나이(Sinai) 산에서 또 다른 계율을 가지고 내려온 것처럼 생각한다.

비록 스스로 생각할 줄 아는 사람들이 많아지는 것이 좋긴 하겠지만, 브루스를 존경하며, 보안과 관련된 그의 모든 견해가 타당하다고 가정하는, 슈나이어 숭배에 동참하는 것이 크게 잘못된 것은 아니라고 생각한다. 앞서 말했던 것처럼, 그는 IT 보안의 최고 권위자로서 평판을 받고 있기 때문이다.

그러나 경전에 기반을 둔 모든 훌륭한 종교에서처럼, 성스러운 문구를 해석하는데도 차이가 있을 수 있다.

소프트웨어 시스템들의 보안 평가 일을 몇 년 해본 뒤에, 나는 사람들이 브루스를 유명하게 만든 그 책을 시스템의 암호화 관련 기능을 설계할 때 참고하는 것에 반대해야겠다고 확고하게 생각을 굳혔다. 사실, 그 책이 암호 기능을 설계할 때 사람들이 참고하는 주된 자료가 되었다 해서 보안 시스템이 산으로 가는 것은 아니다. 덧붙여 사람들이 버퍼 오버 플로우(buffer overflows)에 관해 잊어버렸다고 말하는 것도 아니다. 내말의 의미는 그 암호화 책이 그리 도움이 안 된다는 것이다.

소프트웨어 개발팀에 주고 싶은 나의 규칙은 단순하다. 시스템 설계에 'Applied Cryptography' 책을 이용하지 말 것. 그 책은 읽기에 좋고 재미있다. 단, 그것을 참조해 개발하지 말 것.

슈나이어를 숭배하는 정통파 신도들은 이러한 규칙을 이단으로 취급할 것이다. 정통파의 시각에 의하더라도 난 일반적으로 받아들여지는 가장 대중적인 믿음을 말하려 한다. 슈나이어가 그의 책 '슈나이어의 크립토 그라피 Practical Cryptography' 서문에서 스스로 말하길 그의 이전 책에 기초해 개발했던 시스템들이 손상되는 경우가 많았다고 했다. 사실, 그는 그 문제들을 바로잡아 볼 생각으로 '슈나이어의 크립토그라피 Practical Cryptography'라는 책을 다시 썼다.

그러므로 비록 내가 슈나이어 숭배자들의 소수파에 속할지라도 내 믿음이 경전에 의해 뒷받침 될 수 있다고 생각한다.

어떻게 그럴 수 있을까 미심쩍어 하는 세뇌당한 정통파 신도들이 많이 있을 거라 확신한다.

브루스의 책을 개발자에게 주는 것은 일반적인 성인에게 다양한 공구들이 들어있는 커다란 공구함을 내용물에 대한 조작 매뉴얼과 함께 주고 그에게 집을 짓도록 만드는 것과 같다. 그는 다양한 망치, 드라이버 같은 공구들과 다양한 종류의 못과 나사를 얻은 것이다. 게다가 그 모든 부속들을 사용하는 방법에 관한 자세한 정보도 얻었다. 그렇지만 거기엔 집

짓기에 대한 전체적인 안내가 없다. 어떻게 비가 새지 않는 지붕을 만들 것인가? 어떻게 창문과 문짝을 만들어 넣고 단열재를 채울 것인가? 공구함과 매뉴얼은 어떤 사람이 집과 닮은 무언가를 실제로 만드는 데는 충분할지 모른다. 그러나 우리가 보통 기대하는 충분한 품질을 갖춘, 비를 피할 수 있는 집을 완성하도록 하는 것은 거의 불가능하다.

비슷하게, 슈나이어의 책은 암호학의 기본 구성 요소에 관해 얘기한다. 그렇지만 요소 간에 안전하고 인증된 연결을 만들도록 모든 요소를 함께 구성하는 방법에 대해서는 다루지 않고 있다.

게다가, 그 책이 개정된 뒤로 거의 13년 동안, 우리의 암호학에 대한 이해는 크게 변화되었다. 그 책에는 그 당시에는 진실이라고 여겨졌으나 나중에는 거짓으로 판명된 내용들도 있다. 예를 들어, (기술적인 내용으로 빠져 들어가는 것이 미안하다; 용어는 그 점에서 중요한 것이 아니다.) MD5[34]는 그때 당시에는 아주 강력한 것으로 간주되었으나 지금은 많은 용도에서 안전하지 못한 것으로 알려졌다. 또한, 그 책은 메시지 무결성을 위해 CBC(cipher-block chaining) 모드를 사용하고 평문의 마지막 블록으로서 평문 전체에 대한 암호화하지 않은 체크섬을 사용하라고 권고하고 있다. 그 당시에는 그것이 당연한 것으로 생각되는 보안이었지만, 지금은 안전하지 못한 것으로 알려졌다.

13년이라는 공백으로 인해, 그때는 언급되지 않았던 것들 중에도 개

---

34) 역자주_MD5(Message-Digest algorithm 5)는 128비트 암호화 해시 함수로 RFC 1321로 지정되어 있으며, 주로 프로그램이나 파일이 원본 그대로인지를 확인하는 무결성 검사 등에 사용된다. 1991년에 로널드 라이베스트가 예전에 쓰이던 MD4를 대체하기 위해 고안했는데 1996년에 MD5의 설계상 결함이 발견되었다. 2004년에는 더욱 심한 암호화 결함이 발견되었고. 2006년에는 노트북 컴퓨터 한 대의 계산 능력으로 1분 내에 해시 충돌을 찾을 정도로 빠른 알고리즘이 발표되기도 하였다. 현재 MD5 알고리즘을 보안 관련 용도로 쓰는 것은 권장하지 않으며, 심각한 보안문제를 야기할 수도 있다고 한다. 그리고 2008년 12월에는 MD5의 결함을 이용해 SSL 인증서를 변조하는 것이 가능하다는 것이 발표되기도 했다. (출처 : 한글 위키피디아) http://ko.wikipedia.org/wiki/MD5를 참조.

발자가 알아야만 하는 많은 것들이 있다. 예를 들어, 거기엔 SSL/TLS (Transport Layer Security) 프로토콜이나 HTTPS(HTTP over SSL) 프로토콜에 대한 내용이 없다. 실무 보안 시스템을 개발하는 방법을 쉽게 다루는 괜찮은 책이라면 이러한 것들을 바르게 사용하는 방법을 다뤄야만 한다. (그렇지만 그런 기술들은 이름만큼이나 다루기가 어렵다.)

암호학의 까다로운 표현을 좋아하는 사람들에게, 내가 이러한 호언장담을 하는 것은, 메시지 인증도 없이 암호화를 시도하는 또 하나의 시스템을 봤기 때문이다. 그 시스템의 개발자는 ECB(electronic codebook) 모드 대신에 CBC 암호화 모드를 사용하고 있는 것에 대해 ECB 모드가 쉽게 공격 받을 수 있었다는 이유를 말하며 뿌듯해 했다. 그러나 (거의 모든 경우에) 메시지가 손상되지 않도록 하는 것에 조심해야 한다면 CBC 모드에 대한 쉬운 공격도 있다는 것을 알아야 한다. 'Applied Cryptography' 책은 몇 년간 기밀성과 메시지 인증 양쪽에 제공된 암호화 모드에 대한 작업들을 앞당기도록 영향을 미쳤다. 뿐만 아니라 CCM(CBC+CTR 모드)[35] 과 GCM(Galois-Counter 모드)[36]에 대한 미국표준기술 연구소(NIST_National Institute for Standards in Technology)의 표준화를 10년가량 앞당겼다. 그러나 개발자가 이러한 고급 모드들 중에 하나를 선택한다 하더라도, 그 개발자는 잘못 사용하기 쉽다.

(비록 돌을 던질지라도) 슈나이어 추종자들에게 브루스 슈나이어가 전적으로 사실인 것처럼 썼던 모든 말들을 그대로 받아들이지는 말라고 간청하고 싶다. 어쩌면, 그 사람은 어쩌다 한번 의견을 표현한 것일 수 있다! 어쩌면 거의 십 년마다 그 사람이 틀렸을 수도 있다. 뿐만 아니라 가장

---

35) 역자주_CCM – 무선 LAN 보안 표준에서 사용되는 블록 암호화 방법. 출처) '무선 LAN 보안 프로토콜' 교학사, 윤종호 저, 2005년
36) 역자주_Galois/Counter Mode – 대칭키 블록 암호화 방법의 하나. http://en.wikipedia.org/wiki/Galois/Counter_Mode 참조.

중요한 것은 그가 오늘날 옳았다고 해서 내일도 항상 옳을 수 있는 것은 아니라는 것이다.

CHAPTER 17

인터넷상에서 다른 사람들이 안전하도록 돕기

기술에 문외한인 내 지인들은 가끔 인터넷을 안전하게 사용하는 방법에 대해서 내게 묻곤 한다. 여러분이 이 책을 읽고 있다면 여러분은 해야할 것과 하지 말아야 할 것을 구별할 수 있는 제법 괜찮은 직관력을 개발할 수 있을 것이다. 그렇지만 여러분만큼 유식하고 기술적이지 못한 여러분의 친구들과 가족들이라면 어떻게 해야 할까?

여기 여러분이 그들에게 줄 수 있는 몇 가지 조언이 있다.

- 컴퓨터를 사용 중에 운영체제, 웹브라우저, 그 밖에 인터넷 사이트를 접속하는 데 사용되는 프로그램들에 대한 업데이트 설치가 필요하다고 표시되면 가능한 빨리 업데이트 하라! 이것이 중요한 이유는 나쁜 녀석들은 여러분이 실행하는 소프트웨어의 결함을 이용해 여러분의 컴퓨터를 탈취할 수 있기 때문이다.

- 파일 공유 프로그램으로부터 다운로드 받은 소프트웨어를 사용하지 말 것. (예를 들어, 라임와이어_Limewire, 카자_Kazaa, 베어쉐어_Bearshare

그 밖에 여러분이 인터넷에서 음악이나 프로그램을 다운로드 받을 수 있게 해 주는 프로그램들의 사용에 주의해야 한다.) 그런 소프트웨어들을 통해 다운로드 받은 것에는 종종 맬웨어가 포함되어 있다.

- 여러분이 이미 친숙한 회사나 제품에 대한 광고가 아니라면 클릭하지 말 것. 재미있어 보이는 광고나, 그 내용이 사실이라면 너무 괜찮아 보이는 광고들은 (예를 들어 공짜 아이팟 경품 광고) 거의 언제나 사기이며 드물긴 하지만 컴퓨터로 해로운 파일을 자동 다운로드 하기도 한다.

- 합법적인 업체라고 확신이 들지 않는 한, 개인 정보를 제공하는 것을 피할 것. 어떤 사이트들이 믿을만한 곳인지 아닌지 파악하는 데 도움을 얻을 수 있는 괜찮은 공짜 도구는 사이트어드바이저 (SiteAdvisor, www.siteadvisor.com)이다. 그것은 여러분이 접속하려 하는 각각의 사이트를 빨강, 노랑, 녹색 같은 색깔 구분으로 보여준다.

- 모르는 사람에게서 온 이메일의 첨부 파일을 함부로 열어보지 말 것.

- 여러분에게 보내진 것이 확실한 경우에만 이메일 첨부 파일을 열어 볼 것. (바이러스들 중에도 이메일을 발송하는 것들이 있다.)

- 안티바이러스를 실행하고 등록된 이용기간이 만료되지 않았는지 확인할 것.

- 다운로드 파일에 해로운 파일들이 섞여 있는 소프트웨어를 배포하는 웹사이트들이 많이 있다. 뿐만 아니라 정상적으로 보이는 소프트웨어가 해로운 것으로 돌변하기도 한다. 다음과 같은 조건에 맞는 소프트웨어만 설치할 것.

  - 평판이 괜찮은 출처를 통해 그것이 스파이웨어가 아닌지 결정한다. 특히, download.com 같은 데서 찾은 소프트웨어라면 스파이웨어가 아닌지 테스트 되었는가를(tested spyware free) 확인해야

만 한다.

- 주의 깊은 웹 검색은 나쁜 프로그램에 엮이지 않게 해 준다. 예를 들어, 여러분이 FrobozCo WidgetWare에 대해 검색하고 있다면 'FrobozCo malware', 'FrobozCo spyware', 'FrobozCo adware', 'WidgetWare malware', 'Widget-Ware spyware', 'WidgetWare adware'하는 식으로 여러 가지 가능성을 확인할 수 있게 검색해 볼 것.

● 나쁜 녀석들이 컴퓨터에 있는 문제점을 쉽게 이용하지 못하도록 적당한 종류의 장치들 뒤에 컴퓨터를 둘 것. 컴퓨터의 윈도우 운영체제에서도 실제로 이런 효과를 낼 수 있는 기능을 사용할 수 있다.

1. 시작 메뉴에서 '모든 프로그램' → '보조프로그램' → '명령어프롬 프트'를 실행한다.

2. 창이 열리면, ipconfig라고 입력하고 엔터키를 누른다.

3. 무선으로 연결되어 있다면 'Ethernet Adaptor 무선 네트워크 연결' 항목을 살펴보고, 유선으로 연결되었다면 'Ethernet Adaptor 로컬 영역 연결' 항목을 살펴보라. 적당한 항목에서 'IP Address'로 시작하는 라인을 보라. 그 라인의 숫자가 10이나 192.168이나 172로 시작하면 괜찮은 것이다. 여기서 172로 시작한다면 이어지는 숫자는 16에서 31까지 사이의 숫자이면 된다.

4. 여러분의 상태가 이와 다르면, 컴퓨터 전문가가 정말 필요하다. 전문가에게 NAT 뒤에 있도록 설정해달라고 부탁해야 한다.

● 비밀번호를 필요로 하는 무선 시스템에만 연결하라. 무선 네트워크가 비밀번호를 요청하다가 요청하지 않는 것으로 변화되었다면 연

결을 계속하고 있지 말아야 한다. 또한, 공중 무선 접속 포인트는 되도록 피하도록 하라.

다음은 내가 자녀들에게 주는 안전 규칙들이다. (자녀들에게는 설명이 반드시 필요하다는 것을 알게 되었다.)

- 비밀번호를 부모가 아닌 사람에게는 알려주지 마라. 친한 친구들에게도 안 된다.

- 부모 허락 없이 어떤 프로그램이든 다운로드하거나 설치하면 안 된다. 나쁜 파일들은 괜찮은 프로그램들에 섞여 있곤 하기 때문에 안전한지 확인하고 나서 다운로드를 허락해 줄께.

- 부모 허락 없이 어떤 광고도 클릭하면 안 된다. 재미있어 보이거나 공짜로 무언가를 준다고 해도 안 되는 거야.

- 부모 허락 없이 이메일 첨부파일을 열어 보면 안 된다. 알지 못하는 사람에게서 온 메일이라면 위험하기 쉽고, 아는 사람에게 온 것이라도 바이러스일 가능성이 있단다.

- 부모 허락 없이 실제로 알지 못하는 외부 사람들에게 너에 대한 개인 정보를 주지 마라. (특히, 이름이나 주소, 전화번호 같은 걸 함부로 알려주면 안 된단다.)

- 광고 같아 보이지 않으면서 클릭하도록 꼬시는 광고들이 많이 있단다. '누군가 네게 반했데!' 같은 것을 보더라도 클릭하지 마라.

- (사이트어드바이저가 설치되었을 경우) 녹색 웹사이트에만 접속해라. 어찌어찌 해서 빨강색 웹사이트에 접속한 걸 알았다면, 즉시 브라우저 창을 닫아야 한다.

- 그 밖에 뭔가 의심스러운 것이 있다면 아빠에게 물어볼 것.

CHAPTER 18

엉터리 만병통치약(Snake Oil) : 합법적인 업체들도 판다

전통적으로, 보안 전문가들이 엉터리 만병통치약 같은 제품들에 (실제로는 보안기능이 충분치 못한 보안제품) 대해 토론을 시작하면, 그들은 (거의 언제나 암호학과 관련된) 분명히 틀린 주장을 하고 있는 수상쩍은 회사들이 내놓은 제품들에 대해 결투신청이라도 할 것처럼 용감하게 비난을 한다. 하지만 관리팀에 유명인사가 있는 기업들의 후원을 받는 벤처기업들에는 시비를 거는 사람이 거의 없다.

이것은 대부분의 제품들에 대해 판단을 할 때, 쓸모없는 프로그램인지를 분명하게 구분할 수 없다는데 부분적으로 기인한다. 즉, 회사의 마케팅 부서는 언제나 그 제품으로 행복해할 사람들을 찾아낸다. 그러다 보니 그곳은 진실과 자기소신의 싸움터로 변한다. 기술적인 가치는 두 번째로 밀린다. 더욱 일반적인 문제는 그 제품이 뭔가 도움이 될 만한 일을 하긴 하지만 그 업체가 여러분에게 광고한 것처럼 멋진 도움이 되지는 않는다는데 있다.

결국, 엉터리 만병통치약 제품이라는 정의를 '마케팅을 통해 고객에게 광고한 것과는 다른 제품'이라고 한다면, 대부분의 평판 좋은 보안 기업들도 모두 엉터리 만병통치약을 팔고 다니는 것이다.

트러스티어(Trusteer)[37]라는 회사를 예로 들어보자. 그곳은 벤처 투자사인 U.S. 벤처파트너즈(U.S. Venture Partners)의 뒷받침을 받는 곳이다. 그곳은 경험 많은 베테랑들로 이루어진 팀을 가지고 있고 스마트한 직원들도 있다. 뿐만 아니라 그들과 관계가 좋은 ING Direct라는 큰 고객도 하나 있다.

그런데 트러스티어의 제품은 엉터리 만병통치약이다.

그들은 마케팅 자료에서 그들의 제품인 'Rapport'가 '...컴퓨터가 맬웨어에 감염되었더라도 데스크탑에서부터 웹사이트까지 로그인용 증명서와 통신 처리를 보호한다.'고 주장한다. 내가 처음 이러한 주장을 들은 것은 그 회사의 사장이 자기 입으로 그 회사가 무엇을 하는지 설명할 때였다. (여담이지만, 난 그가 진심으로 마케팅 부서의 말을 믿는 착한 사람이라고 생각했다.) 나는 '맬웨어 만드는 사람들이 당신들의 소프트웨어를 목표로 삼았을 때조차 잘 작동한다고요?'라고 물어봤다. 그는 '그렇소!'라고 대답했고 그 회사의 기술은 컴퓨터가 어떻게 감염이 되더라도 개인 정보를 보호할 것이라고 했다.

그런 주장을 할 수 있고 그 주장이 정당하다고 인정될 수도 있겠지만, 그가 내게 설명한 솔루션은 정말 그렇게 할 수 있을 것 같지가 않았다. 본질적으로 트러스티어는 그들의 코드를 컴퓨터에 설치하는 것이었고 그러한 코드는 상황을 언제든 악화시킬 수 있다. 제대로 마음먹은 공격자라면 결국 그 코드가 수행하는 일이 무언지 알아낼 것이고 그것을 되돌리거나 불가능하게 만들 수 있을 것이다.

---

[37] 역자주_트러스티어(Trusteer)의 홈페이지는 http://www.trusteer.com/이다.

솔직히 나는 트러스티어가 '그러니까, 우리는 커널에 코드를 올리기 때문에 맬웨어가 일반적인 사용자 권한으로 실행되는 한 코드를 건드릴 수 없습니다.'라고 기술적 주장을 담은 대답을 하기를 기대했다. 그러나 실제로는, 커널 내부로 침투하는 맬웨어도 많이 있다. 가끔 나쁜 녀석들은 관리자 권한으로 무언가를 설치할 수 있도록 사용자를 속이기도 한다.

몇 년 전, 어떤 친구가 내게 트러스티어의 보호장치를 문제없이 부수는 특별히 만든 맬웨어를 보여 주는 동영상 링크를 보내주었다.[38] 결국 그 제품은 회사가 주장하는 일을 해내지 못했다.

내가 트러스티어의 직원이었다면 '그러니까, 우리는 소비자들이 우리 제품을 언제나 잘 작동하는 제품이 아니고 단지, 대부분의 경우에 잘 작동한다고 기대할 것이라 예상합니다.'라고 말하면서 이런 엉터리 만병통치약 같은 주장을 취소했을 것이다. 그 회사의 고객인 ING Direct가 그 제품을 공급받기 시작했을 때 그 사실을 알았는지는 잘 모르겠다. 지금은 ING Direct는 그들의 고객들이 더 이상 감염되었는지를 걱정할 필요가 없게 할만한 제품을 사용한다. 왜 아이디 도용 같은 것을 걱정하게 될 때만 안티바이러스를 구매하는지 잘 모르겠다.

트러스티어의 마케팅 주장이 그들의 기술적 사실을 반영한다 하더라도, 난 그 주장이 보안에 대한 잘못된 인식을 확대시킨다고 생각한다. 요약하면, 이 제품이 주장한 데로 작동한다고 믿는 것은 사용자를 위험에 빠뜨리게 되는 것이다. 특히 감염이 된다면 무언가에 의해 손쉽게 트러스티어의 제품도 동작하지 못할 수 있다고 생각하는 게 맞기 때문이다. 사실, 많은 사람들이 트러스티어의 제품을 사용했다면, 분명히 그런 종류의 맬웨어가 일반화되었을 것이다.

---

38) 저자주_http://epifail.narod.ru/rapport.html

그렇지만 여러분이 그러한 위험을 이해하고 있다면 이 제품은 없는 것보다는 낫다고 생각한다. 여러분이 감염될 위험이 있다고 생각한다면 감염될 걱정에 온라인 뱅킹을 전혀 사용하지 않을 것이다. 그러나 감염 위험이 없다고 생각한다 하더라도 이 제품은 실제로 감염 판정 시간을 절약시켜줄 것이다.

여러분이 알 수 있는 것처럼, 엉터리 만병통치약 제품과 정상적인 제품 간의 구분은 전적으로 마케팅에 달려있는 경우가 대부분이다. 일반적인 경험법칙으로 봤을 때, 보안회사는 소비자가 가능한 안전하다고 여기도록 만들고 싶어한다. 그들 중 많은 사람들이 (결국 나쁜 상황에 빠질 수 있는데도) 실제보다 더 안전하다고 믿게 만들려 한다.

따라서 구매하려는 보안제품에 대해 알아보는 노력을, 적어도 그 기술의 장점과 단점에 대한 대략적인 이해를 확실히 하는 것이 일반적으로 중요하다.

CHAPTER 19

두려움 속의 삶?

미드 '24시'를 시청했다는 것을 인정하자니 약간은 쑥스럽다. 과장된 줄거리와 액션이 재미있긴 했지만 실제로 가장 좋아했던 건 주로 그 외의 것들이었다.

'24시'는 미국의 국토 안보에 관한 드라마였다. '24시'에서 그리는 것은 우리가 가지각색의 테러리스트 활동에 운이 좋아서 겨우 살아남는 세상에 살고 있다는 것이다. '24시'에서는 주로 선량한 사람들이 관료체제에 의해 질식당하며, 규칙을 바꾸려는 사람들만이 좋은 결과를 얻게 된다고 보여 주는 것으로 미국의 국토 안보가 효과를 거두지 못하고 있다고 세상을 묘사한다.

그 드라마의 세계에서 등장인물들은 컴퓨터 보안에 관해 많이 얘기한다. 악당들은 정부기관의 컴퓨터를 해킹하기도 하지만 선량한 사람들도 정부기관의 컴퓨터를 해킹한다. 생각해 보면 말도 안 되는 보안 얘기와 기술 얘기를 보면서 비웃어줄 수 있었던 것을 좋아했던 게 아닌가 싶다.

예를 들어, '24시'의 세계에서 정부기관들은 모두 하나의 큰 파이어월에 의해 보호되고 있다. 악당들이 파이어월을 컨트롤 하면, 미국 정부의 어떤 컴퓨터에서든 그들이 원하는 모든 것을 할 수 있다. 최근의 에피소드 중 하나에서는 악당들이 연방 항공국의 비행 시스템을 접수하려는 시도가 있었다.

그 시나리오에는 많은 오류가 있다. 첫째, 파이어월을 우회했다고, 파이어월 뒤에 있는 컴퓨터의 완전한 접근권한을 자동적으로 얻는 것은 아니라는 점이다. 우회에 성공해도 파이어월 뒤에 그런 컴퓨터들이 있다는 것을 볼 수 있게 되는 것뿐이다. 여전히 컴퓨터 자체에 침입할 방법을 찾아야만 한다.

게다가, 어떻게 인터넷 공중망에 접근할 수 있는 시스템과 연방 항공국의 항공 교통 통제 시스템이 연결될 수 있을 거라 예상하는가? 물론, 규칙에 반한 행동을 하는 사람들이 있기 때문에 그 네트워크에 진입할 수 있는 몇 가지 방법이 있을지도 모른다. 이것은 인터넷을 통해 자유로이 연방 항공국을 해킹하는 것이 가능할지도 모른다는 것을 의미하지만 그런 실수를 이용해 보려는 시도 자체는 엄청나게 어려울 것이다. 어느 컴퓨터가 연방 항공국에 접근할 수 있는지를 악당들이 어떻게 알 수 있을까? 미국 내에 있는 침입 가능한 모든 컴퓨터들을 침입해서 확인해 볼 것인가? 악당들에게는 연방 항공국 직원들이 시스템을 쓸 수 있게 협조하도록 폭력을 써보는 게 더 쉬운 일일 것이다. 게다가 그렇게 했다 하더라도 합법적인 사용자조차도 시스템을 악용할 수 없게 만든 위험방지시스템들이 있다는 것을 보증할 수 있다.

자! 이제는, 선량한 사람들이 악당들의 컴퓨터에 침입을 시도한다. 나는 미국 정부기관 쪽에서 일하는 사람들을 좀 알고 있다. 그들은 정부가 전략적으로 활용할 수 있는 소프트웨어의 보안문제를 찾기도 한다. (그들이 이런 종류의 것들을 미국시민들에게 사용하지 않으면 좋겠다.) 그렇지만, '24시'

같은 드라마에서 보여 주는 수준의 규모로 수행되는 것들은 특별히 내부자가 연관되지 않고서는 지극히 어렵다.

내가 재미있어하는 또 다른 사례는 '24시'의 주인공들이 평범한 사진이나 비디오를 구해 (예를 들어 감시 카메라로부터 얻은), 완전한 세부사항이 표시되도록 '화질을 높이는' 일을 하는 경우다. 사진에 약간의 화질개선을 하는 것은 가능할지 몰라도 '24시'에서처럼 묘사되는 경우는 마법을 써야 실현 가능하다.

난 이 드라마가 세상이 실제보다 위험하다는 인상을 사람들에게 심어주어 9·11 이후의 공포심을 조장하고 있다고 생각한다. 테러리스트들이 '24시' 옛날 시즌에서 했던 것처럼 미국 내의 핵발전소들을 전부를 날려버리려 시도한다고? 아마도 불가능 할 것이다. 그것은 테러리스트 그룹의 크기로 봤을 때 비현실적이다. 작은 그룹이라면 단일 장애점(single point of failure)[39]을 노려야만 가능하다. 그 드라마에서는 모든 핵발전소의 발전기에 접근할 수 있는 몇 가지 마법 같은 장치를 보여 주기도 한다. 그것은 순전히 판타지라고 할 수 있다!

규모가 큰 테러리스트 그룹이 대규모 공격을 시도한다면 관련된 사람이 많기 때문에 실패할 위험이 늘어난다. (9·11처럼 악당들 개개인이 마지막 순간까지 그들의 목표를 모른다고 하더라도) 테러리스트 네트워크에서 주요 참가자를 알고 있는 누군가가 있을 수 있고 공격 시도가 방해 받을 수 있는 위험이 존재한다. 고작 20개 발전소를 폭발시키려는 것조차도 지나치게 야심적인 것이고 실패하기 쉽다.

내가 테러리스트였다면,[40] 한두 개 날려버리고 세상에다 우리가 다른

---

39) 역자주_단일 장애점(single point of failure) - 장치의 한 구성요소나 네트워크상의 단일 포인트의 문제가 장치 자체나 전체 네트워크의 장애를 유발하기 쉽다는 원리를 말한다.

수십 개의 발전소에도 얼마 지나지 않아 똑같이 하겠다고 말하는 것으로 만족할 것 같다. 그렇게 하는 것이 테러리스트가 공격을 성공시키고 공포를 퍼뜨리는 가장 효과적인 방법이다.

9·11 때도 테러리스트들이 오직 몇 대의 비행기만을 탈취해 소수의 기념비적 건물에 충돌했다. 이는 일반 대중들에게 공포심을 주기에 충분했다. 만약 테러리스트들이 40대의 비행기를 구해 시도했다면, 그들은 자살공격을 수행할 의지가 있는 미국 내의 훈련 받은 충분한 조종사를 찾는 어려움부터 시작해 여러 가지 복잡하고 어려운 상황에 빠지게 되었을 것이다.

테러리스트들이 게릴라전을 수행하기에 좋은 위치에 있다면, 군이 (테러 가치가 높더라도) 기회를 만들기가 어려운 테러 목표에 관심을 둘 필요가 없다. 그렇게 하려면 일이 너무 많아진다!

대신에 테러리스트들은 단독 활동이나 독립된 작은 그룹 활동으로 약간의 게릴라전만을 수행할 것이다. 테러리스트들은 사람들이 이동할 수 없도록 주 경계에 위치한 교량들을 날려 버릴 것이며 기차가 탈선하도록 철로를 폭파시킬 것이다. 아울러 많은 사람들이 있어 보안이 철저할 수 없는 (예를 들어 여름날 타임스 광장 같은) 도시의 특정 장소에서 폭탄을 터뜨릴 것이다. 이런 종류의 전쟁은 특히 도시지역에서 큰 두려움을 일으킬 수 있다. 게다가 이런 공격은 우리 사회가 손실을 복구하고 미래의 공격을 막기 위해 보안 수단을 갖추는데 많은 돈을 지출하게 만든다.

그러나 나쁜 녀석들은 이런 종류의 행동을 잘 하지 않는다. 난 미국을 그렇게 만들려는 사람들은 그리 많지 않다고 믿는다. 우리와 아주 다른

---

40) 저자주_원고 교열 편집자는 내가 '훌륭한 테러리스트를 만들 것'이라고 말했다. 내 생각에 그것은 내가 그녀의 일을 너무 어렵게 만들고 있다는 의미인 것 같다!

이데올로기를 갖는 나라에서 오는 사람들은 비자를 얻기가 무척 어려워졌다. 비자를 얻는 압도적인 대다수의 사람들은 일자리를 구하거나 가족을 만나려는 사람들이다. 그런 사람들은 정치적 목적을 위해 모든 관심사를 포기하는 것보다 (특히 사람들과 서로 영향을 끼치고 우리의 문화가 서로 다르다는 것을 배우면서) 보통 자신들의 삶에 더 많은 관심을 갖는다. (세상의 다른 곳들과 마찬가지로) 여기에는 좋은 사람들이 많이 있다. 물론, 국경 보안은 결코 완벽해질 수 없을 것이다. 게다가 빠져나가는 소수의 사람들은 항상 있을 것이다. 지속적으로 혼란을 일으키는 진정한 불평분자들이 있으려면 대단히 많은 반미주의자들이 생겨나야 하지만 그 정도 수준까지 가기는 어렵다.

여러 가지를 고려해 봤을 때, 세상은 점점 더 안전한 장소가 되어가고 있다. 폭력 범죄율은 지금까지 오랫동안 계속해서 낮아지고 있다. 아직 보안 이슈에 관한 걱정이 훨씬 많긴 하지만 우리는 더욱 많은 보안 수단을 갖게 되었다. 우리는 자녀들이 16살이 될 때까지는 늘 관심을 갖고 지켜본다. 예를 들어, 내가 여덟 살 때, 부모 몰래 내가 자랐던 마을 전체를 자전거를 타며 돌아다니곤 했었는데, 오늘날 그런 행동은 아이들을 위험에 빠뜨리는 것이다. 놀이공원 내 식당 밖에 혼자서 기다리는 8살 되는 아이 때문에 여러 사람들이 단체로 아이의 부모를 찾느라 소란을 피우는 것을 본 적이 있다. (그 부모는 화장실을 이용하기 위해 식당 안에 있었다.)

이런 편집증에 가까운 문화가 우리가 겪었던 끔찍한 일들에 의해 만들어졌다고 생각한다. 그런 문화는 뉴스와 '24시' 같은 드라마를 지배하고 있다. 사람들이 통계자료를 통해 우리가 안전하다는 것을 이해한다 하더라도 우리는 더 이상 안전하다고 느끼지 않는다. 그것은 우리가 TV, 잡지, 인터넷 같은 것들에 과잉 노출되었기 때문이다.

지금까지의 주장에서, 나는 기본적으로 국가 안보가 대부분 비효율적이라고 암시해왔다. 난 그 암시가 진실한 표현이라고 생각하지만, 그것이 전부는 아니다. 그렇다. 악당들은 언제나 교량이나 군중들 같은 쉬운 목표를 찾을 수 있기 때문에 그것은 비효율적이라고 할 수 있다. 그렇지만 그런 결론을 보충할 중요한 질문이 몇 가지 더 있다.

- 우리가 이뤄낸 보안 때문에 우리가 한결 더 형편이 좋아졌는가?
- 더 나은 보안을 갖기 위해 비용을 들이는 것이 가치 있는 것인가?
- 우리가 더 보호 받을 수 있도록 보안에 대한 기존 지출을 보다 더 늘릴 수 있는가?

첫 번째 질문에 대해서, 많은 사람들은 우리의 보안이 단지 '연극' 같다고 주장할 것이다. 항공시설 보안을 생각해 보자. 그것은 인상적으로 보이지만 분명히 기대한 만큼 잘 이루어지지 않는다. 나는 여러 번이나 사람들이 (보통 보안 검사가 얼마나 효과적인지 확인하기 위해) 총기를 몰래 소지하고 성공적으로 보안 검사를 통과했다는 뉴스 기사를 봤다. 악당들이라면 검문소를 철저하게 멀리할 것이다. 차라리 수하물 운반하는 사람들이나 활주로에 접근 가능한 다른 직원들을 이용할 것이다.

개인적으로 이러한 관점은 약간 지나칠 정도로 냉소적이라 생각한다. 그렇다. 공항 보안은 잘 이루어지지 않지만 가능성이 있는 종류의 일들을 충분히 탐지할 수 있다. 예를 들어 악당들도 가방 안에 장전된 피스톨을 가지고 검문소를 통과하기 위해 걸어 들어가는 위험을 택하지는 않을 것이다. 비록 많은 허점들이 있지만, 우리가 가진 시스템으로 인해 악당들은 위험을 줄이고 성공확률을 높이기 위해, 더 힘들고 더 많은 비용을 들여야만 하는 상황이 되었다.

극단적인 사례로, 항공여행 보안 심사를 모두 없애버렸다면 테러리스트들의 자살 테러나 항공기 납치가 더 쉬워졌을 것이다. 그랬다면 사건 발생 수치는 늘어났을 것이다. 항공기 납치가 아주 일상적으로 발생하던 날들을 기억하는가? 난 내가 어렸을 때 항공기 납치가 많이 일어났던 것으로 기억한다. 희한하게도, 항공기 납치는 보안 검색이 있었던 미국에서 일어나지 않았고 검색이 없는 다른 나라에서 일어났었다. 이제 기본적인 보안 검색은 전 세계적으로 이루어진다.

몇몇 사람들은 내게 동의하면서도 여전히 우리가 신발을 벗고 노트북을 꺼내고 대부분의 액체류를 확인해야만 하는 이유를 물을 수 있다. 그런 종류의 검색은 비용 대비 효과가 큰 것으로 보이지 않는다. 그런 검색은 실제 위협이 얼마나 큰지를 확인시켜주지는 않지만 아마도 그리 큰 위협이 아닐 것이다. 아직도, 그러한 검색 방법은 모든 사람들을 크게 불편하게 한다.

어쩌면 그것이 사실일지도 모른다고 생각하는데 어떤 보안 전문가들은 이런 종류의 것들을 '보안 연극'이라고 부른다. 미국 교통안전청(TSA_Transportation Security Administration)은 검문소에서 멋진 쇼를 하고 있지만, 실제로 9·11 이전보다 항공 여행하는데 있어서 더 안전해진 것은 아니다.

그러나 여기엔 감춰진 어떤 가치가 있다. 그것은 사람들이 안전하다고 느끼게 만든다는 것이다. 잘되거나 못되거나 아무것도 안 하는 것보다는 좋은 것이고 사람들이 안전함을 느낄 수 있게 만든다는 것이 중요하다.

미국이 국토 안보에 아주 효과적으로 비용을 쓰고 있는지는 대답하기 매우 어려운 질문이다. 이론적으로, 비용 대비 효과가 큰 개선을 이루는

수많은 방법들이 있을 것이지만 실제로는, 정부 관료 제도와 큰 조직을
운영해야 하는 현실은 그것을 지극히 어렵게 만든다.

CHAPTER 20

애플이 정말 더 안전할까?

이번 장은 사람들이 두 편으로 나뉘어 매우 감정적으로 반응하는 무척 재미있는 주제이다.

나의 의견을 쓰기 전에, 나는 2001년 초반에 OS X가 나온 이래로 거의 맥(Mac) 컴퓨터만을 사용해 왔다는 것을 분명히 밝힐 필요가 있을 것 같다. 난 유닉스를 쓰면서 커왔고 윈도우를 쓰면서 부족한 사용성 때문에 결코 좋아할 수 없었는데 맥은 딱 들어맞았다. 그렇지만, 난 애플을 실제보다 (특히 보안성에 관해서라면) 더 부풀려 말하는 것에는 특별한 관심이 없다. 그렇기 때문에 나 자신을 '팬보이_fan boy'[41]라고 생각하지 않는다. 그러나 많은 사람들이 애플에 대해 그런 성향을 보인다는 것을 안다. 게다가 나는 애플의 제품 보안팀이 어떻게 일을 하고 있는지 꿰뚫어 볼 수 있다.

애플과 애플의 팬보이들은 맬웨어가 거의 없다는 이유로 애플 플랫폼이 더 안전하다고 말하곤 한다.

---

41) 역자주_팬보이(fan boy) – 만화 · 영화 · SF · 게임 등에 광적으로 집착하는 남성팬들을 지칭한다.

보안 관련 종사자들은 OS X에 대해 공개된 취약점이 얼마나 많은지 그리고 다른 운영체제에 비해 본질적으로 더 안전한 것이 아니라는 것을 확실히 말할 수 있다.

둘 다 옳다! 그렇다 OS X에는 많은 취약점이 있다. 그것이 과장된 숫자라고 말하지는 않겠다. 우리 모두는 안전한 소프트웨어를 만드는 것이 아주 어렵고 늘 문제가 있어왔다는 것을 이해한다. 그리고 운영체제 같은 큰 규모에선 항상 더 많은 보안 결함을 찾을 수 있어 왔다. 그러나 중요한 것은 애플이 결함을 심각하게 취급하며 결함이 공개되면 적시에 수정판을 내는 것이라고 생각한다. (결함공개는 맬웨어가 나타나면 이뤄지곤 한다.)

동시에, 내가 보아왔던 것에 의하면 애플에서는 (Leap 웜과 RSPlug 트로이 목마와 OSX_LAMZEV 백도어를 포함해) 진짜 독특한 맬웨어 17개 정도만이 있다는 것은 사실이다. 비록 많은 취약점이 있더라도 실제 맬웨어에 의해 이용되는 것은 거의 없었다. 비록 OS X 사용자가 안티바이러스를 실행하지 않더라도 또한 마이크로소프트가 보안성을 향상시키기 위해 막대한 돈을 퍼붓고 있더라도 OS X 사용자가 윈도우 사용자보다 훨씬 덜 위험하다는 것은 현재까지는 분명한 사실이다.

왜 그럴까??!! 왜 나쁜 녀석들이 OS X에 큰 관심을 두지 않을까? 이것은 정말 흥미 있는 질문이다. (시장조사기관인 가트너는 애플의 시장점유율이 6%라고 주장하고 있긴 하지만) 이제 미국에서 팔리는 새로운 컴퓨터의 20% 이상이 맥(Mac)이라는 시장 점유율은 외관상으로는 매우 높아서 OS X는 나쁜 녀석들의 확실한 목표가 되어야만 할 것처럼 보인다. 어느 쪽의 시장점유율 조사가 더 확실하다고 주장하더라도, 과감하게 예상해 보면, (적어도 미국에서는) 수시로 사용되는 실질적인 컴퓨터의 7~10% 가량이 애플이라고 말할 수 있다. 비록 점유율이 고작 3%라고 하더라도, 나쁜 녀석들이 스팸작전과 광고 배달 등에 사용할 감염된 컴퓨터 군단을 만들기 위해 찾아 헤매는 매력 있는 목표인 PC의 거대한 기지처럼 보일 수 있다. 특히나 맥을 사용하는 나를 포함한 대부분의 사람들이 안티바이러스를 실행하지 않는 것을 생각해 보면 더욱 그렇다.

보고된 매출 기록을 자세히 살펴보면, 애플은 6백만 대의 노트북과 4백만 대의 데스크탑을 2007년도에 팔았다. 뿐만 아니라, 대부분의 맥 사용자들은 나와 비슷하게 주요 장비로 노트북을 사용하지만 여전히 별 할일이 없는 데스크탑을 한두 대 가지고 있는데 모든 사진, 음악, 영화 같은 미디어 편집용으로 큰 용량의 하드디스크를 달아놓고 있을 것이라고 생각해 볼 수 있다. 그러나 데스크탑으로는 실제로 인터넷에서 받은 많은 소프트웨어를 설치하거나 웹 서핑을 하는데 많은 시간을 보내지 않는다. 나는 두 대의 애플 데스크탑을 사용해 봤는데 거의 미디어용 PC로 사용했다. (아이들이 주위에 있을 때면, 그들은 내가 감독하는 동안 Disney.com이나 webkinz.com 같은 사이트에 접속하곤 했다.) 거기다 평상시에는 꺼놓고 있는 테스트용 컴퓨터가 몇 대 있었다.

그러한 데스크탑들은 대부분의 사람들에게 보조 컴퓨터이기 때문에 일반적으로 그리 위험할 일이 없다. 우리가 인터넷의 위험한 곳을 서핑하는 데 사용하는 것은 노트북이다. 매일매일 인터넷을 사용하는데 쓰이는 대부분의 맥은 노트북이다. (80% 이상일 것 같다.)

내가 나쁜 녀석이라면, 접속 위치도 자주 바뀌고 빈번하게 꺼놓기도 하는 노트북 컴퓨터에 침입하는 것에는 흥미를 별로 못 느낄 것 같다. 그런 노트북에 침입하고 범죄활동에 이용하는 등의 활동은 매우 어려울 것이다. 실질적으로 이용되고 있는 데스크탑은 별로 없기 때문에, 애플은 공격자들에게 유용한 컴퓨터의 개념에서 보면 시장점유율이 훨씬 작다고 보는 것이 맞을 것 같다.

게다가, OS X용으로 맬웨어를 만들기에는 맬웨어 작성 도구들에 들어가는 비용이 더 크다. OS X 용으로는 맬웨어 제작 도구인 'Pinch'를 아직 본적이 없다. 그러므로 나쁜 녀석이라면, 전에는 어떤 특별한 기술이 없어도 괜찮았던 데 반해 애플을 이용하려면 별도로 개발 기술을 익혀야만 한다.

결국, 애플이 쉽게 딸 수 있는 과일이기는 해도 여전히 탈취할만한 윈도우 PC가 지천인 상황인 것이다. 그리고 대부분의 사람들에게는, 그런 PC를 이용하는 것이 비용적으로 싸게 먹힌다. 그렇기 때문에 단순한 맬웨어 경제학으로 봤을 때, 맥 사용자들은 안티바이러스 없이도 견디기에 괜찮은 상황이다.

난, 점차 맥이 나쁜 녀석들의 목표가 될 만큼 비용 대비 효과가 커질 것이며, 나쁜 녀석들이 아직 공격당하지 않은 윈도우 PC를 찾기 어려워지는 상황이 올 것이라고 확신한다. 그 날이 와서 OS X에 대한 실제 위협이 발생하면 그때는 맥에서도 맬웨어의 위협을 막아내는 것이 중요해질 것이다. 그때까지는, 나에게 맥은 쓸 만한 물건이다!

CHAPTER 21

휴대폰은 보안성이 충분한가?

보안업체들은 나쁜 녀석들이 곧 휴대폰을 목표로 삼게 될 것이라고 오래 전부터 예언해 왔다. 그로 인해 늑대가 나타났다고 소리치는 '양치기 효과'가 나타났다. 사람들은 그 예언을 너무 많이 들어왔기 때문에 믿지 않게 된 것이다.

내가 말할 수 있는 건 이 예언이 2000년에 처음 출현했다는 것이다. 안티바이러스업체들은 휴대폰용 제품을 2003년이나 어쩌면 그보다 이른 시점부터 가지고 있어 왔다. (Airscanner는 내가 찾을 수 있는 가장 오래된 휴대폰용 보안제품으로 보인다. 그것은 분명히 2003년 이후에 나오지는 않았다.) 해마다 새로운 예언과 새로운 제품이 나온다. 아직 휴대폰에서 작동하는 진정한 맬웨어는 거의 없다. 실제로 암울한 운명에 대한 예언을 들어야 할 이유는 없다.

여기서 가장 큰 질문은 왜 나쁜 녀석들이 모바일 플랫폼으로 이동하지 않았는가이다. 마침내 스마트폰의 판매량이 작년부터 거의 노트북 컴퓨터 판매량에 육박했는데도 말이다. (둘 다 1억2천만에서 1억2천5백만 대의 범위다.)

몇몇 사람들의 믿음에도 불구하고 해킹 폰을 통해 만들어지는 돈이 있다. 나쁜 녀석들은 스팸 메시지를 보내는 것처럼 휴대폰상에서 동작하는 맬웨어를 이용할 수 있다. 그러나 나쁜 녀석들이 할 수 있는 또 따른 것들도 있다. 예를 들어 유럽에서는 SMS를 통한 지불(pay-by-SMS)이라 불리는 광범위하게 적용된 기술이 있다. 이를 이용하면 텍스트 메시지를 보내는 것만으로 물건에 대한 값을 지불할 수 있다. 이런 방식으로 온라인 구매에서 지불도 가능하며 자판기에서 탄산음료를 살 수도 있다. 이것은 나쁜 녀석들이 독일에서 휴대폰에 침입해, SMS를 통한 지불 기술을 사용해 핀란드에서 탄산음료를 살 수도 있다는 것이다.

비교적 대중적인 스마트폰 OS이며 노키아와 소니에릭슨 휴대폰에서 많이 사용되는 심비안 스마트폰 운영체제에서 작동하는 맬웨어가 실제로 있었으며 그런 종류의 범죄에 악용될 수 있다.

아직까지는 휴대폰용 맬웨어는 전염성도 없고 겨우 몇 가지 종류만이 있다 하지만 앞으로 무슨 일이 생길지 어떻게 알겠나?

다행히도 나쁜 녀석들의 인생을 힘들게 만들 장애물들이 많이 있다.

- 이동통신 사업자들은 휴대폰에 대해 제법 괜찮은 네트워크 보안을 제공한다. 나쁜 녀석들은 네트워크 주소로 특정한 휴대폰을 찾을 수 없다-휴대폰은 자기들끼리 능동적으로만 통신하게 되어 있다. 대부분의 스마트폰들은 (예를 들어 아이폰_iPhone 같은) 응용프로그램이 연속적인 통신을 하기 힘들게 만든다. 나쁜 녀석들이 많은 휴대폰으로 봇넷(Botnet)을 구성한다 해도 제때에 봇(Bot)들과 접속하기가 어려워진다. 그러나 또 한편으로는 적당한 규모에서라면 이런 어려움이 장애가 될 것인지는 확실치 않다. 게다가 아이폰이 마지못해 지원하게 된 푸시 기술은 응용프로그램이 주기적으로 처리해야 하는

서버로부터의 메시지를 수신하기 위해 능동적으로 실행되고 있어야만 할 필요가 없게 한다.

- 휴대폰은 전통적으로 처리 능력이 좋지 않다. 이것은 맬웨어가 실행되고 있다면 사람들이 느려진 사용자 환경을 쉽게 눈치챌 수 있게 만든다. 그러나 요즘 만들어진 맬웨어들은 사용자 몰래 동작하도록 잘 만들어지고 있다. 물론 모바일 기기의 처리 능력도 더 좋아지고 있으며 최신 플랫폼에서는 이미 처리 능력이 문제가 아니다.

- 대부분의 휴대폰 플랫폼에서는 (피싱 같은 게 일어나는 경우처럼) 사용자가 눈치채지 못하게 모바일 응용프로그램을 설치하고 실행시키는 것은 매우 어렵다. 예를 들어 아이폰에서는 휴대폰에 (기반 소프트웨어의 결함이나 '탈옥' 같은 유도된 결함처럼) 광범위한 보안문제가 있지 않는 이상 앱 스토어에서 가져오지 않은 응용프로그램을 설치할 실질적인 방법은 없다. 그렇기 때문에 나쁜 녀석들은 그런 결함을 어떻게든 찾아내거나 최종 사용자가 기꺼이 설치하도록 독자적인 응용프로그램을 만들어야만 한다.

- 이동통신 공급자의 네트워크 보안 때문에 사용자의 허가 없이 휴대폰에 맬웨어를 설치하는 것은 거의 불가능하다. 나쁜 녀석들이 사회공학자가 쉽게 되지 못하는 것처럼 대다수의 스마트폰 사용자들은 실제로 인터넷을 그렇게 많이 사용하지 않는다. (미국에서는 사용자 중 대부분의 사람들이 텍스트 메시지를 주고받는 방법조차도 모른다.)

- 나쁜 녀석이 어떤 휴대폰에서 거점을 마련했다고 다른 종류의 휴대폰을 공격하는 능력이 뚜렷하게 향상되는 것은 아니다. 이동통신 환경은 나쁜 녀석들이 어떤 장비를 해킹하고 같은 서브넷상에서 비밀번호를 훔쳐보고 파이어월 저편의 다른 장비상에서 취약한 서비스를 훑어보는 것이 가능한 기업 환경과는 다르다.

- 휴대폰 운영체제에서는 다른 응용프로그램을 망가뜨리기가 매우 어렵다. 예를 들어, 나쁜 녀석이 위험한 프로그램을 설치한 사용자를 발견했다 해도 모바일 웹 브라우저에 입력하는 비밀번호를 엿보는 것은 여전히 불가능 할 수 있다.

이런 요인 모두를 봤을 때, 맬웨어를 휴대폰상에 침투시키고 실행시키기는 일반적으로 어렵다는 게 분명해졌다. 이것은 부분적으로는 매우 적은 사용자가 이유이고 또 일부는 사용성 문제가 이유이며, 또 다른 일부는 기술적인 어려움에 이유가 있다.

물론, 스마트폰에도 늘 이따금씩 바이러스가 나타나기도 하지만 전염성이 있는 것은 보지 못했다. 그렇지만 결국에는 나쁜 녀석들도 쉽게 딸 수 있는 과일을 찾을 것이다. 아직까지는 전통적인 PC나 노트북을 공격해 돈을 버는 게 더 쉽다. 휴대폰은 그다음이다. 이 순서는 결국 변할 수 있겠지만 아직은 두려워할 필요가 없다.

CHAPTER 22

안티바이러스 벤더들이
직접 바이러스를 만든다고?

내가 자주 마주치는 (대개는 진지한) 질문 중에 하나는 맥아피에 자사 제품을 더 판매하는데 도움이 되도록 바이러스를 만들고 퍼뜨리는 일을 하는 직원들이 있냐고 물어보는 것이다.

아는 사람 중에서 큰 안티바이러스 회사를 위해 일하는 사람조차 그런 질문하는 것을 본 적이 있다. 가끔은 화가 나서 '당연히 아니죠'라고 대답하는데 원래 그것은 불법적인 일이기 때문이다. 대부분의 사람들 마음속에, 그런 일은 방어적인 태도이며 죄가 될 수도 있다고 받아들여진다.

개인적으로, 난 스스로 윤리적이라고 생각하며, 맥아피가 명백하게 불법적인 무언가를 했다면 내게는 그것을 밝힐 큰 책임이 있다고 느낀다. 만일 그랬다면 난 절대로 그 회사에 다시 복직하지 않았을 것이다

짧게 대답한다면 절대 그런 일은 없다. 최소한 맥아피에서 (그리고 바라건대 다른 어느 회사에서도), 그런 일은 발생하지 않는다. 그렇지만 더 정확하게 대답한다면 회사가 용납하지 않더라도 조직 내 어딘가에서 누군가가 회사와 무관하게 맬웨어를 만들 수 있는 아주 희박한 확률이 있을 수 있다.

만약 그런 일이 발생했다 해도, 그것은 회사의 성과를 늘려주는 동기가 되기에는 크게 부족해 보인다. 훌륭한 기술자들이 맬웨어를 작성하는 것은 회사에게 이득이 되기에는 정직하지 않은 방법이며 기술자들도 그 일이 비윤리적이라는 것을 사전에 판단할 수 있다. 직원이 그런 일을 지시받아 수행할 정도로 비윤리적이라면, 차라리 개인적인 이익을 위해서 그런 일을 할 생각이 있을 것이고 그랬다면 큰 회사에 몸담고 있다는 것은 부차적인 사실이라고 보아야 한다.

분명히 이런 종류의 일들이 보안업계의 역사 속에서 발생한 적도 있을 테지만 내가 알기론 주요 안티바이러스업체들은 그런 종류의 일들을 묵인한 적이 결코 없다. (비록 몇몇 작은 회사들이 큰 회사들과 경쟁하며 좋은 평판을 얻기 위해 그런 일을 몰래 했다는 소문을 들은 적은 있지만 이런 소문이 정말 확실한 것인지는 확인하지 못했다.)

사실, 맥아피는 회사 내부로부터 뜻하지 않게 맬웨어가 퍼지지 않도록 책임지는데 크게 성공했다. 모든 맬웨어 샘플은 에어 갭 처리된 실험실(air-gapped lab)에서만 분석되도록 되어 있다. (에어 갭 실험실이란 외부로 네트워크 연결이 없고 사람들이 들여오고 들고나가는 것 전부를 엄격하게 통제하는 것을 의미한다.) 샘플이 에어 갭 처리된 실험실에 있지 않다면, 그 샘플은 실행할 수 없는 형식으로 보관된다. 일반적으로, 이것은 비밀번호로 보호되는 ZIP 파일에 샘플을 저장한다는 것을 의미한다. 비록 비밀번호가 항상 같았고 잘 알려져 있긴 했지만 이러한 규칙은 사람들이 우연하게라도 감염된 파일을 실행시키는 것을 방지했다.

그렇다, 어떤 보안업체도 스스로 맬웨어를 만들 필요가 결코 없었다. 다른 일반 사람들이 맬웨어를 만드는 데는 분명히 괜찮은 이득이 있다. (시장 규모를 짐작해 보는 것은 어렵지만 경험에 근거해 보면 수십억 달러 규모의 사업이라는데 대부분 동의하는 것으로 보인다.) 게다가, 안티바이러스를 동작하지 않게 하고, 비밀번호를 탈취할 수도 있는 복잡한 맬웨어를 만드는 것은 믿을 수 없을 만큼 쉽다. 그것은 매우 단순하여 프로그래밍하는 방법을 알 필요도 없다. 맬웨어를 작성하길 원할 만큼 질 나쁜 사람이라면 누구나 가능한 일이다. 진짜 필요한 기술은 만들어진 소프트웨어를 (역추적 당하지 않고 다른 사람들이 그것을 설치하게끔 만들어) 퍼뜨리는데 있다.

진입 장벽은 본질적으로 없으며 특별히 능력 있는 사회 공학 엔지니어에게 특히 유리하다. 맬웨어 범죄는 위험 수준이 매우 낮은 편이기 때문에 돈이 있는 곳을 쫓아다닌다. 뒤쫓는 단속기관을 크게 걱정할 필요 없이 불법적인 행위를 할 수 있는 많은 나라들이 있기 때문에 안전한 공중 인터넷망 단말기 앞에서 맬웨어 공격이나 스팸 공격을 시작할 수 있다.

CHAPTER 23

안티바이러스 업계를 위한 간단한 개선사항 하나

내가 안티바이러스 업계 전체가 고객들에게는 매우 훌륭한 보호를 제공하면서도 맬웨어 연구에 대한 운영비용을 감소시킬 수 있다고 말한다면 여러분은 어떻게 받아들일까? 허무한 공상처럼 들릴 수도 있겠지만, 난 꼭 그렇지는 않을 거라고 말할 수 있다. 안티바이러스 업계가 꼭 해야만 할일은 '은폐 문제_the packer problem'를 해결하기 위해 스스로를 조직하는 것이다.

우선, 나는 안티바이러스 업계의 대부분이 만신창이로 어려운 상황에 빠져있다고 생각한다. 오늘날 조사 기관들은 하루에 수천 가지의 독특한 맬웨어 샘플을 얻는다. (실행파일로 구분한다면 2~6천 개 가량) 그리고 많은 샘플들이 자동으로 탐지될 수 있긴 하지만 모든 샘플을 그렇게 찾아낼 수 있는 것은 아니다. 대부분의 벤더들에게 안티바이러스 연구를 하는 고작 수십 명의 사람들만을 가지고는 그 일을 유지하기 힘들다. 우리는 안티바이러스 기술이 최소한이라도 향상되기를 기다리고 있지만 탐지율은 떨어지고 있고 운영비용은 현상유지만을 하는데도 늘어나고 있다.

어쩌면 안티바이러스 분야에서 가장 커다란 문제일 수 있는 은폐 문제를(packer problem) 언급해 보자. 나쁜 녀석들은 맬웨어 탐지를 어렵게 하려고 압축 소프트웨어와 암호화 소프트웨어를 이용한다. (안티바이러스 소프트웨어에서 대부분의 정확성 문제에 대한 책임이 있는) 그런 문제들에 대한 대략적인 개요를 알려주고 그다음 그에 따른 영향과 안티바이러스 업계가 대응해야만 하는 것을 얘기하려 한다.

압축 소프트웨어는 기본적으로 이진 파일을 암호화하여 더 작게 만든다. 그 결과 원래의 이진 파일이 실행되기 전에 스스로 압축을 풀어내야 한다. 압축된 이진 파일은 대부분 이해할 수 없는 내용처럼 보일 것이다.

소프트웨어가 변형되지 않은 상태인 경우만을 관찰하는 안티바이러스 벤더들이라면 그런 파일들은 어떤 종류의 암호화가 된 상태라고 말할 것이다. 그렇지만 거기엔 그보다 더 큰 의미를 갖고 있는 커다란 문제점들이 있을 가능성이 높다.

실행파일 내부의 압축을 푸는 루틴을 살펴보는 것으로 무엇이 압축되어 있는지 알아볼 수 있는데 벤더는 압축을 풀고 이진 파일을 분석할 수 있다. (물론 그런 경우 여러 번 압축이 되어 있을 수도 있다.) 일단 안티바이러스 벤더가 원래의 이진 파일을 분석할 수 있다면 작업은 보통 훨씬 간단해진다.

여기서 나쁜 녀석들은 선량한 사람들이 맬웨어를 압축 해제하거나 복호화하는 것이 가능한 어렵도록 머리를 쓴다. 나쁜 녀석들에게 한 가지 기본 맬웨어를 사용해 반복해서 포장을 달리하는 것은 아주 쉬운 일이다. 한편 벤더 입장에선 어떤 특정한 실행파일을 나쁜 것이라 식별해도 그 실행파일을 재포장한 버전을 잡아내는 것은 어렵다. 나쁜 녀석들은 정기적으로 소프트웨어를 압축하는 것을 바꿔가며 정말 교묘하게 만들어 낸다. (말하자면, 매시간이나, 100번 다운로드될 때마다, 심지어는 실행될 때마다)

'정말 말도 안 되는 소리네요! 정상적인 벤더라면 같은 종류의 일을 할 필요가 없습니다. 안티바이러스 벤더는 무엇이 압축되어 있는지 알 수 있어야만 하고 그런 반복되는 일을 하지 말아야만 합니다.' 이것이 많은 전문가들이 말하는 포인트이다. 불행하게도 세상은 그보다 훨씬 복잡하다. 많은 합법적인 소프트웨어 벤더들도 그들의 영업 비밀을 경쟁사들이 엿볼 수 없게 한다. 그러기 위해 자신들의 프로그램 코드를 알 수 없도록 하는데 맬웨어들이 이용하는 것과 같은 도구와 기술을 사용하고 있다. (현실적이 돼야 한다. 저장되는 이진 파일이 차지하는 디스크 공간을 줄이는 것은 큰 관심사가 아니다. 실제로 메모리 내에서의 크기가 자원 제약에 더욱 중요한 것이다.)

선량한 사람들도 나쁜 사람들이 사용하는 것과 같은 도구를 사용하는 이유는 다른 사람들이 소프트웨어 내용을 알 수 없도록 가능한 무슨 일이든 하려하기 때문이다. 그렇기 때문에 어떤 도구가 사용되었는지 알아낼 수 있더라도, 안티바이러스업체는 그 도구로 만들어진 모든 것들을 무조건 막을 수는 없다. 벤더는 소프트웨어를 압축 해제하고 그것이 실제로 위험한 것인지를 확인할 필요가 있다. 벤더가 압축해제/복호화를 자동화해 놓더라도 나쁜 녀석들은 그런 준비를 무용지물로 만드는 새로운 압축/암호화 방식을 간단하게 만들 수 있기 때문에 실제로 내용물을 확인하기란 쉽지 않다. 그 뿐 아니라 일반화된 압축해제/복호화 방법을 만드는 것은 근본적으로 불가능하다.

안티바이러스 벤더가 사용하는 한 가지 접근법은 압축된 샘플을 구해서 그것이 무엇인지 알아내려 시도하는 것이다. 이런 접근법에는 다양한 방법이 있을 수 있다. 다음은 예상해 볼 수 있는 몇 가지 아이디어이다.

- 실제로 (실제 하드웨어나 가상 머신에서) 맬웨어 샘플을 실행해 보거나 특별한 에뮬레이터에서 그것들을 실행해 볼 수 있다.

- 샘플이 완전히 압축이 풀린 것을 확인하고 메모리상에서 변형되지 않은 상태를 분석하려고 시도할 수 있다. 혹은 그런 것은 그냥 무시하고 위험한 행동의 조짐을 관찰하려고 노력할 수 있다.
- 회사의 백엔드 시스템에서 이러한 모든 것을 시도해 보거나 고객의 PC에서 시도해 볼 수 있다.

대부분의 회사들은 이런 아이디어들을 활용하기 위해 몇 가지 조합으로 짜맞춘다. 예를 들어, 어떤 데스크탑 안티바이러스 제품들은 압축을 풀고 결과를 분석해 보는 에뮬레이션 엔진을 포함하기도 한다. 기업들은 맬웨어 샘플의 행동을 분석 처리하는 백엔드 가상 시스템을 도입하기도 한다.

그러한 것들이 만족스럽고 괜찮은 것처럼 들리지 모르지만 이러한 시스템들은 누구나 만족할 만큼 성공률이 높지 않다고 판명되었다. 안티바이러스 벤더가 최종 사용자 컴퓨터에서 에뮬레이터를 실행 시킨다고 예를 들어 보자. 나쁜 녀석들이 리버스엔지니어링을 못하게 할 수 있는가? 아니면 최소한 맬웨어가 탐지되지 않기 위해 에뮬레이터에 대응해 테스트하는 것을 막을 수 있는가? 일반적으로 이러한 시도들은 안티바이러스가 갱신되기 전까지 탐지를 피할 수 있게 해 주는 좋은 방법이다. 게다가 나쁜 녀석들에게는 백엔드 시스템상에서 분석될 때 작동되는 것을 방지하기 위해 사용할 수 있는 여러 가지 속임수들도 있다. '가상머신에서 실행된다면 맬웨어 행동을 보여 주지 말 것', '매월 첫째 금요일에 10분 동안만 행동할 것.'처럼 단순한 것들로 시스템에 따라서는 아주 잘 먹혀들기도 한다.

결과적으로 지금은 군비 경쟁이 진행 중이며 나쁜 녀석들이 훨씬 더 앞서 있다.

안티바이러스 업계는 업체들이 모두 단결한다면 그들의 문제를 공동으로 해결할 수 있다. 난 그들이 보안 기술을 사용하는 정보 처리 상호 운영 컨소시엄(CIST_Consortium for Interoperability with Security Technology)을 만들기를 제안한다. (그것은 불필요한 혹이 아니다.) 대략적인 계산을 해 보면, 아마도 2010년 이후에는, 모든 압축/암호화되어 있는 소프트웨어들은 다음 중 하나에라도 해당되지 않으면, 비정상적으로 스스로 변형되는 소프트웨어들과 같이, 맬웨어로서 자동적으로 분류될 것이다.

- 응용프로그램은 벤더에 의해 서명되고 서명 인증서는 CIST에 등록된다.
- 응용프로그램은 개별적으로 CIST에 등록된다.

대부분의 응용프로그램은 암호화되거나 압축되지 않을 것이기 때문에 디지털 서명이나 어떤 종류의 등록을 필요하지 않을 것이다. 자신들의 기술을 보호하기 위해 업체가 암호화나 압축을 하려 한다면 코드서명 인증서와 기업 인증서를 등록하기 위해 작은 비용을 부담해야 할 것이다. 뿐만 아니라, 등록된 기업들은 예기치 않게 맬웨어로서 취급돼서는 안 될 한 세트의 기존 응용프로그램들을 CIST에게 제공할 수 있다.

이렇게 하는 데는, 모든 코드에 서명할 필요가 있는지, 서명할 것들을 어떻게 결정할지 같은 사소한 기술적 이슈가 틀림없이 있을 것이다. 난 개인적으로 실행 파일마다 그것이 사용하는 공유라이브러리들과 그러한 요소들 전부에 대한 서명을 나열하는 목록이 있었으면 한다. 그렇지만 이것은 관심이 필요하긴 하지만 사소한 이슈들이다.

물론, CIST는 실제로는 맬웨어를 팔고 다니는 사람들을 발견하면 그 사람들의 인증서를 취소할 수 있어야 한다. 등록이 적절히 되었다면 이 시스템은 몇 가지 실질적인 의무를 도입할 것이다. 그래서 누군가 시스템에 도전을 시도했을 때, 그를 추적하고 그의 쓰레기 같은 프로그램을 쫓아내는 것이 더 쉬워진다.

안티바이러스 업계는 자신들의 이익을 위해서 이렇게 할 필요가 있다. 모든 선량한 사람들을 위해 압축/암호화된 응용프로그램에 대한 중앙 등록처가 있어야 할 필요가 있다. 은폐 문제는 탐지 비용이 많이 들어갈 뿐 아니라, 잘못된 탐지로 인해 안티바이러스업체의 평판을 해치기 시작했다. 하루에 (일부분만 약간 변형되어 쉽게 구별할 수 없는 맬웨어가 아닌) 진짜 독특한 몇 개의 맬웨어만 볼 수 있었던 시절로 우리가 돌아갈 수 있다면 좋지 않을까? 우리가 '은폐 문제'를 제거할 수만 있다면 지금도 어느 정도는 지낼만할 것이다.

CHAPTER 24

오픈 소스 보안 : 눈가림용 거짓정보

여러분이 이 책을 읽는 중이라면, 최소한 오픈 소스 운동에 친숙해질 좋은 기회를 갖게 된 것이다. 오픈 소스 진영에선 학생들부터 전문가들까지 많은 사람들이 파트타임으로 무료 소프트웨어를 개발한다. 이 무료 소프트웨어는 원한다면 누구든 사용할 수 있고 수정할 수도 있다. 놀랍게도 거인 IBM을 포함한 많은 수의 기업들이 오픈 소스 소프트웨어에 주요한 기여를 하고 있다. 여러 중요한 소프트웨어들이 오픈 소스로 이루어져 있다. 일례로 제일 선호되는 웹서버 플랫폼인 아파치(Apache)가 있다. (인터넷상에서 절반가량의 웹사이트가 아파치를 사용한다.)

10년 전쯤에 에릭 레이몬드(Eric S. Raymond)라는 사람이 오픈 소스를 슈퍼 괴짜들의 세상 밖에 있는 기업 세계와 정부기관 등에 알리기 시작했다. 그의 주장 중에 하나가 오픈 소스 소프트웨어는 소스가 공개되지 않는 일반 소프트웨어에 비해 더욱 안전하다는 것이었는데 그 이유로 '많은 눈동자' 이론을 들었다. 그는 소스가 자유롭게 사용되기 때문에 영리목적의 세상에서는 이루어질 수 없는 방식으로 많은 사람들이 내부의 보안 결함을 찾게 될 것이라고 믿었다.

나는 그러한 주장은 헛소리라고 지난 십 년 동안 아주 큰소리로 말해 왔다.

오해하지는 마시라. 난 오픈 소스 소프트웨어를 좋아한다. 그렇지만 이런 주제로 글을 쓰면, 사람들은 '분명히 당신은 오픈 소스에 관해 아무 것도 모르오. 알고 있다면 오픈 소스가 상업적인 소프트웨어보다 훨씬 좋다는 것을 이미 깨달았을 것이오.'라는 식으로 말할 것이다. 그렇다면 내가 (지난 12년 이상 인기를 지속하고 있는) 손꼽히는 메일링 리스트 관리 프로그램인 메일맨(Mailman)을 포함해 많은 오픈 소스 소프트웨어를 개발했었다는 것을 말해야겠다.

오픈 소스가 더욱 안전하다는 주장은 너무 성급하게 정의를 내린 것이다. '많은 눈동자' 효과가 최초 주장의 기초였었다.

그렇지만 보안 세계에서 많은 것들은 성급하게 정의될 수 없다. 어떤 프로그램이 다른 것에 비해 더욱 안전하다는 것은 무엇을 의미하는가? 여러분이 두 개의 프로그램 A와 B를 가지고 있다고 하자. 프로그램 A는 1,000개의 보안 취약점을 가지고 있고 프로그램 B는 고작 1개만 가지고 있다고 하자. 나쁜 녀석들이 프로그램 A에서 취약점을 1개도 찾을 수 없었지만 프로그램 B에서 1개를 찾았다면 어느 것이 더 안전한 것일까? 이런 것이 성급한 정의를 내릴 수도 있는 경우라고 생각한다. 내 생각에 프로그램 A가 보안 취약점을 더 많이 갖고 있지만 프로그램 B가 사용자에게는 위험성이 더 클 수 있다.

그렇다면 오픈 소스 보안에 대한 논점은 실제로 다음 두 가지 다른 질문으로 귀결된다.

- 오픈 소스 프로그램이 그렇지 않은 일반 프로그램보다 취약점이 많을까 적을까? 여기서 이 질문은 상용 소프트웨어가 훨씬 많이 존재하기 때문에 실제 버그비율에 대한 것이다.

- 오픈 소스 사용자가 보안문제로 고통 받기가 쉬울까 어려울까?

이 두 가지 질문에 초점을 맞춰 볼 것이지만 두 번째 질문이 훨씬 중요하다고 생각된다. 예를 들어, 나는 예전에 소프트웨어 서비스 하나를 담당한 적이 있었다. 내가 인계 받았을 때, 그 서비스는 부하를 처리하기 위해 200개 이상의 서버가 필요했는데 그 코드는 모두 자바로 작성되어 있었기 때문이었다. 지금은, 사용자 집단은 비록 더 커졌지만 전체 시스템은 8개의 장비로도 (더 적은 장비에서도 실행될 수 있다.) 꽤 안정적으로 실행된다. (왜냐하면 성능을 위해 C언어로 재작성 되었기 때문이다.) 새로운 시스템은 더 적은 비용으로 운용이 가능하게 되었다. 사용할 필요가 없어진 장비들로 인한 총 비용 절감은 보안 취약점을 다루기 위한 추가 비용 지출에 돌릴 수 있었다. 사실, 그 시스템은 폐쇄적인 시스템이었고 오직 한 회사 내에서만 실행되기 때문에 (그것은 서비스로서의 소프트웨어였지 최종 사용자 컴퓨터에 설치되는 것이 아니었다.) 또, 안전한 개발 관례에 투자했기 때문에, 취약점을 처리해야 하는 미래의 예상 비용은 발견될 수도 있는 커다란 보안 취약점이 있을지라도 거의 0에 가까워졌다.

앞서 언급한 두 가지 질문에 답을 줄 수도 있기 때문에 안전한 프로그램을 만드는데 필요한 몇 가지 주요 요소를 살펴보도록 하겠다.

코드를 설계하고 작성하는 사람들의 보안 지식

사람들이 보안문제들을 이해하면 할수록, 문제를 피하기는 더 쉬워진다. 이것은 오픈 소스나 사적 독점 소프트웨어 모두에게 영향을 준다.

보안문제에 관해 교육받지 못한 고등학생들이 걸출한 오픈 소스 프로젝트에서 일을 하기도 하지만 대부분의 오픈 소스 측 사람들은 프로그래밍에 열정적이고 보안에 관한 지식을 가지고 있다. (아니면 적어도 무언가를 알고 있다고 생각한다.) 상업적인 소프트웨어 세계에선 자신의 일을 즐기지 못하는 개발자들이 많다. 그런 개발자들은 오직 봉급 받는 것에만 관심이 있을 뿐이다. 반면에 독학으로 성장한 많은 오픈 소스 개발자들은 실제로 소프트웨어 보안에 관해 제대로 된 교육을 받지 못했다. 그들의 부족함은 보통 밖으로 크게 드러나지 않는다. 그렇지만 대부분의 중간규모나 그 이상의 대규모 사적 개발 조직들은 개발팀이 보안문제에 관해 배울 수 있도록 훈련시킨다.

사람들의 소프트웨어 보안 훈련에 대한 유효성 측정 자료에서 훈련이 제대로 이루어지지 않는다는 것을 암시하는 몇 가지 증거를 보았다. 높은 수준의 교사들이 가르치더라도 대부분의 개발자들이 훈련기간 동안 배웠던 것들 대부분을 6개월 안에 잊어버리는 것으로 나타났다. 내 경험에 의하면 열정적인 사람들이 훈련에서 배운 것을 더 잘 기억한다. 그러므로 보안에 관해 열정적이어야 한다는 점이 중요하다고 생각한다. 오픈 소스 세계의 사람들일지라도 개별 제품에만 열정적인 사람들은 보안에 관해 관심을 덜 보일 수 있고 실제로 배우려 하지 않을 것이다.

코드를 개발하는 사람들의 생산성 수준

이것은 보안문제에 관해 이해한 사람들일지라도 문제를 피해갈수는 없다는 것을 의미한다. 개발자로서 문제를 일으키는 특징에 초점을 맞춘다면 보안문제가 사라지게 하는 것은 아주 쉬울지 모른다. 상업적인 개발 환경은 이런 점에서 더 훌륭한 규칙을 장려할 수 있다 생각한다. 내 경험으로 보면 상업적인 환경에서는 개발자에게 보안업무를 수행하도록 명시적인 시간을 할당하거나 좋은 코딩 습관을 강제하도록 도구를 채택하기가 훨씬 더 쉽다. 예를 들어 많은 상업적인 조직들은 위험하다고 알려진 형태의 코드를 개별적인 개발자가 추가하지 못하게 막는 도구들을 가지고 있다. 그러한 것들은 오픈 소스 세계에서는 일반적이지 않은 실천 사례이다.

개발팀의 기술적 선택

예를 들어 어떤 사람들은 응용프로그램의 성능이 요구될 때 C 언어로 코드를 작성할 것이다. 상업적인 환경에서는 더 안전한 소프트웨어를 만드는 데 (비용을 들여) 도구를 적용하기가 훨씬 쉽다. 누구나 사용할 수 있는 무료 도구들도 있기는 하지만 기업들은 일반적으로 문제를 해결하기 위한 지출에 거리낌이 없다. 게다가 돈을 들여 만들었기 때문에 상업적인 도구가 무료 도구보다 대개는 더 유용하다.

보안문제점을 찾아내는 것이 쉬운가?

보안 취약성을 찾고 있는 사람이 프로그램의 소스코드를 가지고 있고 프로그램을 실행해 볼 자격을 가졌다면 그것은 최고의 시나리오이다. 소스코드가 없다면 작업은 보통 더 어려워진다. 물론, 소스코드를 살피지 않아도 비교적 쉽게 결함을 찾을 수 있는 분야가 있을 수 있다. (예를 들어 퍼즈 테스팅_fuzz testing)[42] 그렇지만 그런 테스트는 누구든지 할 수 있다. 일단 쉽게 발견될 수 있는 문제들을 다 처리하면 프로그램의 실제코드를 살펴야 한다. 소스코드는 컴퓨터가 실제로 실행할 코드

---

[42] 역자주_퍼즈 테스팅_fuzz testing - 소프트웨어 테스팅 방법론 중의 하나로 어떤 프로그램의 입력 데이터로서 무작위 데이터를 입력해 보면서 소프트웨어의 내부 결함을 찾아내는 테스팅 방법이다.

를 고수준으로 이해하기 쉽게 표현한 것이다. 소스코드가 없다면 더 저수준으로 내용들을 살펴야만 한다. 이것 역시 가능하긴 하지만 소수의 사람들만이 (리버스엔지니어링이라 불리는) 이러한 기술력을 가지고 있고, 그것을 할 줄 아는 사람이라도 엄청난 노력을 들여야 한다.

상업적인 소프트웨어를 만들기 때문에 여러 가지 목표가 있다 해도, 버그를 찾는 비용이 상승한다면 버그를 찾는 사람들은 비용을 더 투입하거나 버그를 조금만 찾아내거나 하는 선택을 해야 한다. 리버스엔지니어링은 매우 숙련도가 필요하고 그런 일을 할 수 있는 사람들은 충분치 않기 때문에 버그를 찾아내는 사람들이 소스코드를 가지고 있을 때에 비해 훨씬 적은 버그만을 찾게 되리라는 것은 명백하다.

게다가 서비스로 제공되는 소프트웨어(Software-as-a-Service) 모델이라면 리버스엔지니어링을 할 대상 프로그램도 여의치 않다.

사람들이 버그를 찾아냈을 때 취하는 행동

보안 버그를 찾아내고 세상에 알리는 보안 연구자들이 많이 있다. 그들의 그러한 행동은 사람들을 위험에 빠지게 만든다. 게다가 불법적인 목적을 위해 사용하려고 보안 버그들을 찾는 사람도 일부 있다. 어떤 기업이 스스로 감사를 하거나 누군가에게 감사해달라고 비용을 지불했을 때는, 문제점에 대해 세상에 알리지 않는 게 보통이다. 조용히 문제점들을 수정하기만 하면 된다. 그 문제에 대해 아무도 모르고 있다면 보안문제가 있더라도 자주 업그레이드를 하지 않는 것이 오히려 위험을 줄이는 것이다.

얼마나 빠르게 사용자 업그레이드가 이루어지는가?

사용자가 재빨리 업그레이드를 한다면 (소프트웨어가 새로 출시될 때마다 더 안전해질 것이라고 가정했을 때) 위험은 줄어들 것이다. 하지만 때로는 새로운 코드가 새로운 버그를 포함할 수도 있기 때문에 그 말이 반드시 사실인 것은 아니다. 나쁜 녀석들이 새로운 버전에서 버그를 발견했다면 오래된 버전이 더 안전할 수 있다. 여러분이 위험성 제거에만 관심이 있다면 일반적으로 빠른 업그레이드를 하는 것이 언제나 현명한 행동이다. (비용 측면이나 새로운 버전에서 발생하는 더 많은 버그 등의 업그레이드를 하지 않아야 될 다른 이유들도 있다.)

얼마나 많은 사람들이 보안문제를 찾는지와 그 사람들의 숙련도

오픈 소스코드에 접근하는 대부분의 사람들은 소스코드를 보지 않거나 (편하게 가져다 쓰는 것에만 관심이 있어) 그것을 충분히 이해하기 위해 필요한 노력을 들이지 않는다. 실제로 부지런히 일하는 사람들만이 버그를 수정하거나 그들이 원하는 새로운 기능을 추가하기 위해 소스코드를 살펴보고 이해하려 노력한다. 프로그램에서 버그를 찾고자 노력하는 사람들의 커뮤니티가 있지만 그들 대부분은 자신들의 평판을 끌어올리는 데만 노력한다. (어떤 이들은 악용할 의도로 결함을 찾기도 한다.) 그런데 나쁜 녀석들은 주로 보안 연구자들이 발견한 결함들을 이용한다. (보안 연구자들은 문제점들을 제거하는 것을 돕는 것이 실제로 더 안전한 소프트웨어를 만드는데 기여할 수 있다고 생각했을 것이다.) 보안 연구자들은 오픈 소스의 주요 제품들을 검토하는데 시간을 들일지도 모른다. 반복하지만, '많은 눈동자' 이론이 옳았다면 대부분의 문제점들은 잘 검토되었어야 했다. (그리고 꽤 안전해야만 한다.) 그렇다면 사용자도 별로 많지 않고 많이 알려지지도 않은 대부분의 오픈 소스 프로그램에 대해서는 (이 말은 취약점을 찾아낼 사람들을 충분히 갖출 수 없다는 것이다.), 보안문제를 찾아낼 눈동자들이 충분한 것일까? 능력 있는 보안 감사관이라면 유명한 상업 제품에 자신의 능력을 사용하지 않겠는가? 오픈 소스 업체에서 나온 것보다 폐쇄적인 소스정책의 업체에서 나온 프로그램들이 더 눈에 띄며 숫자도 더 많다. 게다가 큰 소프트웨어 기업들은 수 백 가지 제품을 갖기도 한다. 메이저 업체의 제품 중 개발 예산이 많이 할당되지 않은 제품을 구할 수 있다면 (그것은 사용자가 많지 않다는 것이기 때문에), 그 제품은 보안 버그를 찾아볼 수 있는 좋은 시작점이다. 왜냐하면 보안 관례가 그 회사의 다른 제품들의 수준에 못 미칠 수도 있기 때문이다. 게다가 오픈 소스 세계와 달리 사용자가 많지 않은 것은 중요치 않은데 메이저 업체의 소프트웨어에서 문제점을 찾았다는 이유로 여러분은 주위 사람들로부터 신뢰를 받게 될 것이기 때문이다.

그렇다. 소스코드 없이 버그를 찾는 것은 대단히 힘들 수 있다. 그렇지만 아주 불가능한 것은 아니다. 적당한 종류의 간단한 테스팅 도구를 만든다면 때로는 아주 쉬울 수도 있다. 사실은 그처럼 어려운 일을 해내면 동료들은 당신을 바라보는 눈에서 놀라움을 감추지 못할 것이다. 뿐만 아니라 실제로 상업용 소프트웨어에도 발견되기를 기다리는 많은 버그들이 있을 수 있다. 상업용 소프트웨어 프로젝트는 오픈 소스 프로젝트에 비해 보통 규모가 더 크기 때문에 (코드의 라인수가 훨씬 많기 때문에), 상업용 프로그램이 오픈 소스 프로젝트에 비해 (물론 저절로 그렇게 되는 것은 아니지만) 낮은 결함률을 가진다 해도 프로그램내의 보안 버그 수는 훨씬 더 많다.

그리고 소프트웨어의 보안문제를 찾아내는 보안 연구자처럼 활동하는 몇천 명의 풀-타임 인력들이 있다. 오픈 소스 세계에서 중요한 것은 자세히 살펴볼 수 있다는 것이지만 일반적인 대기업들은 그런 방식에 충분한 관심을 갖지 않는다. 특히 그렇게 버그를 찾아내려면 작업부하가 더 커지기 쉽기 때문이다.

게다가 기업들은 보안문제를 찾는데 기꺼이 비용을 지출한다. (기업들은 그 프로세스에 도움이 될 도구에 돈을 쓰게 되기도 하지만) 직접적으로 문제를 찾을 사람들을 고용하거나 간접적으로 그 문제에 대해 시간을 쓸 직원을 할당하거나 한다. 이런 경향에 가장 큰 영향을 주는 주체는 미국 정부다. 정부기관은 오픈 소스를 걱정스러워 한다. (그러나 다행히, 느리지만 변화가 오고 있다.) 뿐만 아니라 정부기관은 상업적인 업체들에게서 소프트웨어를 구매하기 전에 외부 보안 감사를 받을 것을 요청하기도 한다. 자체 감사를 수행하기 위해 투자하는 경우도 있다.

보통 모든 오픈 소스라 해서 반드시 더 많은 시선을 끌어 모을 수 있는 것은 아니다. 아마도 아주 유명한 프로그램들만 가능할 것이다. 그러나 메이저 업체가 만들어내는 평균적인 상업용 제품을 살펴보면 오히려 오픈 소스보다 사람들의 관심을 더 받을 만하다고 생각한다.

대부분의 경우에 소스가 오픈되었는지 독점적인지에 대한 이슈는 관심을 다른 데로 돌리기 위한 눈가림용이라 생각한다. 순수하게 서비스로 제공되는 소프트웨어(software-as-a-service)나 웹 기반 출하는 예외이다. 그런 경우에는 소스코드가 오픈되지 않도록 유지하는 것이 분명히 이점이 있다고 생각한다.

왜 눈가림용 거짓정보가 등장할까? 괴짜들이 말하는 식으로, '상호관계가 원인은 아니다' 무언가 개방되어 있거나 폐쇄되어 있다 해서 실제로 더 좋은 소프트웨어를 만들 수 있는 것은 아니다. 좋은 소프트웨어를 판단하는 더 좋은 지표는 소프트웨어를 안전하게 만들기 위해 얼마나 많은 비용을 들였는가이다.

가장 인기 있는 소프트웨어가 보통 가장 여유롭다. 가장 인기 있는 오픈 소스 소프트웨어는 다른 오픈 소스 소프트웨어보다 더 많이 검토될 수 있다. 마찬가지로, 가장 인기 있는 상업용 소프트웨어는 훈련, 도구, 감사 등에 커다란 투자를 할 수 있다.

물론 오픈 소스 쪽에 약간의 장점이 있을 수 있다. (어쩌면 오픈 소스 작성자가 만들어내는 버그는 보다 적을 수 있는데 그것은 코드의 양이 더 작기 때문이다.) 그리고 독점적인 소스에도 약간의 유리한 점이 있을 수 있다. (예를 들어 버그를 찾기 어려운 점.)

그렇지만 두 모델의 이점들이 보안성의 좋고 나쁨에 뚜렷하게 영향을 준다는 실제 증거는 없다. 반면에 돈과 노력은 분명히 영향을 준다.

'오픈 소스나 독점 소스 어느 쪽이 더 많은 보안 버그를 초래하기 쉬운가?'라는 질문에 대답하기 위해 조금 더 구체적으로 들어가야 한다면, 난 이렇게 말하고 싶다. '확실한 데이터는 없지만 인기 있는 제품이라면 소스가 오픈되어 있고 아니고는 관련 요인이 아니다.' 물론 관련된 다른 요인들이 있다.

예를 들어, 설계하는 동안에 버그 없는 설계를 위해 투자하는 것은 잘못되어버린 설계를 수정하기 위해 돈을 쓰는 것보다 유리하다. 포스트픽스(Postfix)와 큐메일(qmail) 같은 이메일 시스템들은 센드메일(Sendmail)보다 보안에 대해 투자는 덜 하고 있다. 그렇지만, 센드메일(Sendmail)에 대한 모든 투자는 설계가 형편없고 수많은 버그가 있다는 게 분명해진 뒤에 일어났다. 반면에 포스트픽스와 큐메일의 설계자는 소프트웨어를 구축할 때 믿을 수 없을 만큼 방어적으로 설계했다.

자, 질문으로 되돌아가 보자. '상업용 버전의 사용자들과 오픈 소스 버전의 사용자들 중 영향 받기 쉬운 쪽은?'

솔직하게, 여러분이 오픈 소스를 실행하는 데는 리눅스 장비를 사용하는 것이 아마도 가장 안전하다고 여길 것이다. 그렇지만 리눅스 장비가 안전한 진짜 이유는 리눅스를 사용하는 사람들이 아주 소수라서 나쁜 녀석들이 리눅스에 시간과 돈을 투자하지 않기 때문이다. 전 세계의 80% 사용자들이 리눅스를 실행하고 있었다면 아마도 윈도우가 더욱 안전했을 것이다. 리눅스 장비에서 OS를 제외한 모든 상업용 소프트웨어를 실행한다 해도 여전히 안전하다고 느낄 것이다.

실제로, 대부분의 사람들은 대다수가 이용하는 환경을 사용하길 원한다. 그러므로 이 질문은 같은 플랫폼에서 작동하는 오픈 소스와 독점 소스의 선택을 할 수 있을 때만 실제로 의미가 있다.

다시 정리하면, 이 질문은 제품의 인기와 개발 예산 같은 다른 요인들에 따라 대답이 달라질 것이라 생각한다. 그리고 물론, 중요한 것은 그 프로그램 내에 얼마나 많은 버그가 있는지와 그 버그들이 얼마나 많이 발견되었는지 이다.

예를 들어, 어쩌면 마이크로소프트의 익스체인지(Exchange) 서버는 지금 센드메일보다 많은 보안 결함을 갖을지도 모른다. 그렇지만 나쁜 녀석들이 계속해서 센드메일의 또 다른 새로운 버그를 찾아낸다면, 익스체인지 사용자들은 그보다는 안전하게 되는 것이다. 역사적으로도 익스체인 사용자들은 비교적 안전한 편이었다. (그러나 큐메일 사용자가 가장 안전했다.)

여러분들이 오픈과 독점의 문제에 대해 영원히 논쟁할 수는 있겠지만 그것이 맨 처음 물어야 할 올바른 질문이라고 봐줄 만한 뚜렷한 증거는 없다.

CHAPTER 25

사이트어드바이저(SiteAdvisor)가
정말 좋은 아이디어였던 이유

내가 맥아피에서 수행했던 첫 번째 일들 중에 하나가 사이트어드바이저(SiteAdvisor) 인수였다. 모르는 사람들을 위해서 설명하면 사이트어드바이저는 기본적으로 어느 사이트가 괜찮고 어느 사이트가 위험한 가를 알려주는 기능을 한다. 최종사용자는 웹 검색 결과에 녹색 체크나 붉은색 'x'로 주석이 달리는 것을 보게 된다. 웹페이지를 브라우징 하면 어느 사이트가 괜찮거나 나쁜지도 표시한다.

사이트어드바이저가 이런 일을 하는 방법은 믿을 수 없을 만큼 인상적인데 기본적으로 모든 웹 사이트를 대상으로 테스트한다. 그런 수준의 규모에 이르는 것은 어려운 일이지만 이 자그마한 벤처기업은 주요 기술적인 이슈를 풀어내는 훌륭한 일을 해내었다. 솔직히 사이트어드바이저 팀이 해냈던 것을 보기 전에는 난 실행 불가능한 접근법만을 생각하고 있었다. 그들이 믿을만한 제품에 제일 먼저 도달하게 된 것이 놀라운 일은 아닌데 그 제품은 믿을 수 없을 만큼 복잡하고 특별하기 때문이다.

많은 사람들이 그러한 접근법에 비판적이었다. 예를 들어, 악성코드

방지연구소(XPL_Exploit Prevention Labs)가 AVG사에 인수되기 전에 그 연구소는 사이트어드바이저가 실시간 확인을 하지 않는 것에 대해 공공연하게 비난했다. 사이트어드바이저는 오프라인 테스트를 수행한 다음 주기적으로 고객들이 조회하는 마스터 데이터베이스를 갱신한다. XPL의 주장은 결과가 서드파티가 테스트하는 시점이 아닌 현재에 기초했을 때 더 많은 악성코드를 잡아낼 수 있다는 것이었다. 그들은 브라우저를 사용할 때 실행되는 브라우저 기반의 악성코드 탐지 제품을 팔고 있었기 때문에 그들이 비판적이었던 것은 자신들의 마케팅이라고 봐야 한다.

XPL의 기술은 훌륭하긴 했다. XPL이 사이트어드바이저와 경쟁하고 있는 것으로 광고를 했지만 그들이 보다 큰 고객가치를 제공해 주지 못했기 때문에 사이트어드바이저와는 큰 관련이 없다고 생각한다. 첫째로 악성코드 탐지는 웹브라우징 경험과는 거의 관계가 없다. 전체 웹사이트들 중에서 0.5% 이하 정도만이 활동적인 악성코드를 갖는다. 그리고 그런 사이트들은 일반적인 웹 사용으로는 찾기 어렵다. 누군가 브라우징을 하다가 악성코드를 만날 가능성은 기본적으로 아주 낮다. 대부분의 웹 트래픽은 몇 개의 사이트로만 향하는데 그런 사이트들은 보안성이 괜찮은 편이고 어떤 종류든 악성코드를 호스팅하기에 적당하지 않기 때문이다. 사이트어드바이저도 이런 종류의 것들에 대해 보호해 주긴 하지만 그것은 소비자에 대한 큰 위협은 아니었다.

사이트어드바이저의 주된 가치는 사람들에게 어떤 사이트를 이용하면 무엇이 잘못되는지를 알려주는데 있다. 사이트어드바이저는 어떤 메일링 리스트에 가입하면 메일링 리스트가 스팸을 보내는지 그리고 그러한 리스트에서 등록 해제하는 것이 가능한지를 알려주기 위해 관찰 활동을 한다. 사이트어드바이저는 어떤 사이트에 접속하면 팝업으로 홍수가 나게 될지를 알려준다. 사이트어드바이저는 여러분이 방문한 어떤 사이트가 스파이웨어를 다운로드하게 만드는지를 알려준다. 이런 위험들은 웹에서 훨씬 더 일상적인 것들이고 실제로 사람들이 매일 브라우저를 사용하는 데 큰 충격을 줄 수 있는 것들이다.

예를 들어, 방금, 구글에서 '스크린세이버'를 검색하니 (최고순위를 포함해서) 대부분의 검색결과 링크가 애드웨어를 배포하고 있는 것으로 표시된다. 그것은 사이트어드바이저 같은 것 없이는 대부분의 사람들이 알 수 없는 것들이다. 그리고 이러한 모든 것들이, 구글에서 검색했음에도 불구하고, 계속해서, 검색결과에 나쁜 사이트로 표시되고 있다. 구글은 애드웨어나 그 밖의 것들에 대해 판정을 하려 노력하는 대신 악성코드에 집착한다.

안티바이러스 같은 전통적인 호스트 보안 솔루션들에서는, 특히 문제를 일으키는 프로그램이나 파일이 없으면 최종 소비자는 안티바이러스가 동작하는지를 알 수 없다. 맬웨어를 다운로드한 사람만이 뭔가 작동하고 있다는 것을 볼 수 있다. 눈에서 멀어지면, 마음도 멀어진다! 소비자가 호스트 보안에 그런 솔루션들을 사용하는 것에 비해 중요성을 못 느끼는 것과 자진해서 값을 치르는 일이 줄어드는 것은 놀랄 일도 아니다. 사이트어드바이저를 통해 맥아피는 모든 소비자 및 사용자들에게 매일매일 웹을 브라우징할 때마다 회사에서 제공하는 가치를 보여 주고 있다. 그리고 그다지 거슬리지 않는 방식을 취한다. 이것이 내가 두 번째 입사를 해서 확인한 가치이다. 그리고 내가 봤던 누구도 3년 동안 그것에 필적할만한 결과를 내지 못했다.

CHAPTER 26

ID 도용[43]을 막기 위해 우리가 할 수 있는 일은 없을까?

오늘날 IT 보안 지출에 가장 큰 비중을 차지하는 것 중에 하나는 아이디 도용 위협에 대한 대응이다. 법률과 규정은 지역과 사업에 따라 다양하게 나타난다. 그러나 많은 회사들은 부주의한 자료 손실에 기업이 책임이 있다는 불이익에 직면하고 있다.

실제로 많은 자료가 분실되거나 도난당한다. 사생활 권리 정보센터(the Privacy Rights Clearinghouse)에 의하면 미국만 놓고 봤을 때, 2005년부터 조사를 시작한 이래로 2억1천5백만 건 이상의 전자 데이터 기록 분실이 있었다고 한다. 그런데 대부분의 경우, 그러한 기록들은 아이디 도용에 사용되지 않는다, 왜냐하면 그것들은 분실된 것이지 도난당한 것이 아니기 때문이다. 예를 들어, 맥아피에서 한번은 회계 감사관이 비행기 좌석 주머니에 직원들 자료가 담긴 CD를 두고 내린 적이 있었다. 그

---

43) 역자주_ 아이디 도용 – 다른 사람의 각종 증명서나 개인 정보(이름, 주소, 사회보장 번호, 운전면허번호, 신용카드 번호, 은행 계좌번호 등)를 개인적인 목적으로 이용하는 것을 말한다. 아이디 도용자들은 일반적으로 다른 사람의 개인 정보를 빼내 돈을 갈취하거나 자신의 사기 사건에 피해자의 이름을 이용하거나 다른 범죄를 저지르고 자신의 아이디 대신 훔친 아이디를 이용한다.

자료는 틀림없이 쓰레기통으로 갔을 것이다. 그렇지만, 그런 일들 때문에 소비자가 실제로 위험해질 수도 있다.

게다가, 통계에 포함되지 않은 전통적인 수법의 개인 정보 절도가 있다. 예를 들어 식당에서 신용카드 정보를 베껴둔다든가, 다른 사람의 쓰레기통을 뒤진다든가 하는 방법들이 있을 것이다. 이런 방법들은 일반적인 소비자에게는 아주 위험하다. 특히 피해당한 것을 해결하기 위해 전화를 거는 데까지 몇 주가 흘러 전혀 해결할 수 없게 되는 경우를 생각해 보면 확실히 위험성이 높다. 어떤 사람들은 커다란 신용 문제들에 처하기도 한다.

개인 정보 도난과 관련된 문제들이 증가하는 것을 막는 몇 가지 방법이 있다. 예를 들어, 대다수의 기업들은 노트북용 데이터 암호화에 의미 있는 투자를 한다. 그런 투자를 한다면 노트북에 개인자료를 담아뒀던 직원이 노트북을 잃어버리더라도 잠재적인 절도범은 노트북에서 자료를 입수할 수 없을 것이다.

소비자에게 실질적인 큰 도움을 주는 또 다른 개인 정보 도난 방지 방법은 소비자가 신용카드를 사용할 때 신용카드가 결코 시선을 떠나지 않도록 보장하는 것이다. 식당에서라면 웨이터에게 신용카드를 주고 그가 사라졌다가 다시 돌아올 때까지 (이때가 검증번호 CCV를 포함한, 모든 것을 베껴 둘 수 있는 기회이다.) 기다리는 대신에 웨이터가 휴대용 카드 리더기를 가져와서 당신이 카드를 긁을 수 있게 해 주고 전체 거래를 여러분 앞에서 지켜볼 수 있게 해 주는 것이다. 이러한 시스템은 이미 세계에 널리 퍼져있지만 미국에서 이 기술을 처음 도입한 것은 2007년도에 리걸 시푸드(Legal Seafood)[44] 레스토랑 체인에서 이루어진 정도이다.

---

44) 역자주_보스턴에서 유명한 해산물 레스토랑이다.

아직까지 이러한 임시변통 솔루션들은 위험성을 충분히 제거하지 못한다. 사회보장번호(Social Security number)라는 거대한 급소가 있는 미국에선 특히 그렇다. 미국인들은 대부분의 금융관련 업무에서 유일 식별코드로 사회보장번호를 사용할 것을 강요당한다. 기본적으로 누군가 당신의 신용확인을 할 필요가 있을 때라면 언제나 사회보장번호를 요청할 것이고 여러분은 대부분의 경우에 그것을 제출해야만 한다. 신용카드회사, 담보대출 알선인, 심지어는 새 휴대폰을 사려는 지역 휴대폰 가게에서 종업원이 신용체크를 하는 경우까지 사회보장번호를 제출해야만 한다.

여러분이 사회보장번호를 제출한 곳의 누군가가 그것을 분실한다면 혹은 누군가가 여러분의 사회보장카드가 들어있는 지갑을 훔쳤다면, 그 다음엔 쉽게 구할 수 있는 약간의 개인 정보만 더 있다면 나쁜 녀석들은 여러분의 이름으로 신용계정을 열 수도 있다. 여러분이 알아차렸을 때는 이미 때가 늦어 버렸을지도 모른다.

어떤 사람들은 신용 모니터링 서비스를 통해 이런 위험을 예방하려한다. 그렇지만 그런 서비스는 꽤나 비싼 연 단위 사용 계약을 요구한다. 뿐만 아니라 신용업계에서 그런 서비스를 무료로 제공한다 하더라도 사람들이 이사를 하거나, 그들의 연락처 정보가 바뀌거나, 아니면 재정적으로 밝은 사람이 아닌 경우라면 문제들은 여전할 것이다.

기능적으로는 사회보장번호와 같으나 더욱 안전한 식별코드를 사용하는 것이 더 좋은 대안이 될 수 있다. 그러한 식별코드는 누군가 그것을 훔치더라도 실제로 희생자의 신용에 해를 끼치는 어떤 일도 할 수 없게 만든다.

기술적으로는 현대의 암호학을 이용하면 이것은 그렇게 어려운 일이 아니다. 당신을 확인하고자 하는 회사들에게 금융거래와는 분리된 (하지만 여전히 당신에게 고유한) 사회보장번호를 주는 시스템을 상상해 보라. 그 숫자는 여러분의 휴대폰이나 (지갑에 보관하는) 작은 스마트카드상에서 실행되는 몇 개의 소프트웨어에 의해 만들어질 수 있다. 그렇게 만들어진 숫자를 특정한 업체만이 사용할 수 있게 할 수도 있다. 예를 들어, 여러분이 프레드 은행에서 대출 신청을 한다고 하자. 프레드 은행은 당신의 신용확인을 위해 당신의 식별코드를 요구할 것이다. 여러분은 휴대폰으로든 아니면 일회용 식별코드를 생성하는 어떤 장치에서든 프레드 은행용 식별코드를 만들 수 있을 것이다. 여러분이 직접 특정한 회사만이 식별코드를 사용할 수 있게 만드는 것이다. 한번만 신용확인을 할 수 있게 만들거나 담보대출 회사라면 30일 동안 여러 번 신용확인을 허락하게 할 수도 있다.

이런 종류의 시스템을 알맞게 사용할 수 있다면, 휴대폰 가게에서 신용확인용으로 식별코드를 사용해도 가게 종업원은 그 식별코드를 손에 넣을 수 없게 될 것이고 그것을 당좌예금계좌를 여는 데 사용할 수 없을 것이다. 왜냐면 은행에서는 그 숫자가 자신들이 사용할 수 있게 만들어진 것이 아니라는 것을 알 수 있기 때문이다. 누군가 훔친 숫자를 사용해 신용평가기관인 에퀴팩스(Equifax)에 당신의 신용을 확인하려 시도한다면 에퀴팩스는 그 숫자가 원래 누구에게 발행됐으며 유효기간은 얼마나 되는지 그리고 어떤 용도로 사용하도록 허가되었는지를 알아 볼 수 있을 것이다. 허가되지 않은 다른 조직이 그 숫자를 이용해 신용확인을 시도한다면 에퀴팩스는 그것을 허가하지 않을 것이다.

이러한 시나리오에서라면 일회용 사회보장번호는 (기존의 사회보장번호와 대단히 비슷하게) 여러분에게만 유일한 공개 가능한 접두사로 전체를 시작할 수 있으며 나머지 숫자 부분은 용도에 따라 특별하게 만들 수 있다. 이용 업체들에게는 그 나머지 숫자가 어떤 용도인지를 결정하기 때문에 더 중요할 것이다.

이러한 구조아래서 이루어지는 것들은 소프트웨어로 매우 간단하게 자동화할 수 있다. 여러분이 신용확인이 필요한 휴대폰 가게에 있다고 해 보자. 그리고 일회용 사회보장번호를 생성하는 작은 스마트카드를 가지고 있다고 해 보자. 여러분은 가게에 있는 리더기에 그 카드를 꽂아 넣을 수 있다. 그리고 일회용 숫자를 생성하도록 (추가적인 보안 계층으로 카드 분실과 타인 도용을 막기 위해) 개인식별번호(PIN, personal identification number)를 입력한다. 그러면 여러분의 카드는 생성된 기록을 저장하게 되고 집에서 컴퓨터에도 업로드 할 수 있다. 그 숫자는 가게로 업로드 될 것이고 아무도 그 숫자를 베껴 적는 일을 할 수 없을 것이다. (그것은 전통적인 사회보장번호보다 좀 더 길기 때문에 더욱 적당하다.) 전체적인 구성은 블루투스를 사용하거나 RFID를 사용하는 작은 리더기를 사용해 휴대폰에서 구현할 수도 있다.

기술적인 면에서 여기서 설명한 것과 같은 수준으로 고난이도의 보안 구조를 설계하는 것은 어렵지 않다. 그렇지만 단지 기술적으로 실현 가능하기 때문에 반드시 그렇게 될 수 있다는 것을 의미하지 않는다. 이러한 구조를 채택하기에는 실질적인 장애물들이 많이 있다.

첫 번째 큰 장애물은 필요한 표준화이다. 기술적 세부사항은 매우 정확하게 정의되어야 할 필요가 있는데 수천 개의 회사들이 그 시스템의 일부분을 구축해야 하기 때문이다. 모든 업체들이 카드 리더기를 만들지는 않겠지만 많은 업체들이 새로운 숫자를 처리하기 위해 최소한 그들의 내부 응용프로그램에 수정을 가할 필요가 있을 것이다. 이럴 때 정확한 설계명세서가 요구된다. 기술의 중요한 부분에 대한 표준화 절차는 그것이 기술에서 단순한 부분일지라도 보통 최소 3년 정도는 소요되고 그보다 더 길어지는 것이 다반사다. 게다가, 의제가 충돌하는 표준화 협상에는 많은 회사들이 관련될 것이다. 예를 들어, 블루투스 제조업체들은 그 기술이 휴대폰을 통해 활용되는 것을 원할지도 모른다. 반면에 다른 업체들은 스마트카드 기반의 좀 더 싼 무언가를 선호할 수도 있다. 사람들은 비록 혼란스럽고 사용하기 어렵고 비싸게 만들어져서 그 기술을 못쓰게 만드는 위험을 각오 하더라도 자연스럽게 모든 업체들에게 모든 것이 가능한 절충된 솔루션을 찾으려 할 것이다.

게다가 모든 것은 기존 사회보장번호와 호환성을 지원하는 방식으로 설계 구현되어야만 할 것이다. 이것은 필요이상으로 구현과 전환 비용이 높아지지 않도록 주의 깊은 고려가 필요하다는 것을 의미한다.

일단 기업들이 편안하게 구현을 시작할 만큼 표준화가 충분히 이루어졌다면 시간을 들여 실제로 구현작업과 테스트가 수행되어야 한다. 게다가, 업계는 소비자에게 새 기술의 사용을 강제로 시행할 수 없기 때문에 이를 지원할 재정적인 인센티브도 필요하다. 그보다는 정부의 규정부터 시작해야 할 수도 있다. (표준화 지정은 쉬울지 몰라도 적용에는 약간의 시간이 필요할 것이다.)

이 같은 계획에서 가장 큰 도전은 이를 채택하는데 따른 실질적인 커다란 장애물인 비용이다. 새로운 소프트웨어와 하드웨어를 개발하고, 테스트하고, 배치하는데 따른 조사 및 개발 비용이 있다. 그다음, 개별 업체들에게는 (적지 않은 활동이 될) 하드웨어와 소프트웨어를 구입하고 배치하는 데 들어갈 비용이 있다.

그다음, 소프트웨어와 스마트카드 하드웨어가 최종 사용자의 손안에서 활용될 수 있게 만들어져야 한다. 최종 사용자들에게 하드웨어를 지급하기 전에 사회보장국(Social Security Administration)에서 사람들을 확인하는 데 관련된 비용도 있을 것이다. 그다음엔 실제 하드웨어 자체의 비용이 있다. 그 비용은 어떻게 보상할까? 의심할 여지없이 약간의 보조금이 모두에게 하드웨어를 지급하기 위해 필요하게 될 것이다. 그러나 처음에는 이 기술이 모두에게 지급될 필요는 없다. 오직 아이디 도용에 관해 특별하게 걱정하는 사람들과 비용을 스스로 감당할 수 있는 사람으로 국한 시키면 된다. 십중팔구 소프트웨어 대신에 대량으로 생산된 토큰 같은 것을 사용한다 하더라도, 최종 사용자에게 전체 비용은 25$ 이하가 될 것이다. 심지어는 초기 구입자들에게 전체 공급망의 비용을 감당하게 할 수도 있다. 시간이 지나면 비용은 내려갈 것이고 정부는 저소득층을 위한 보조금을 더 쉽게 지급할 것이다.

아이디 도용은 업계가 처리해야 할 중대한 문제인 것이 확실하다. 그러므로 비용이 많이 들고 도입기간이 길어지더라도 장기적인 접근법을 취하여, 무너지려는 댐 안의 작은 구멍을 속절없이 막아보려는 대신에 한 번에 문제의 핵심을 해결하기 위해 노력하는 게 세상을 위해 더 좋은 방법이다.

실제적인 의미에서, 난 미국 정부가 국립 표준 기술 연구소(NIST_the National Institute of Standards and Technology)에게 사회보장번호를 대체할 국가 표준의 선도 개발 임무를 부여하고 그다음 이 새로운 표준을 장기계획으로 배포하도록 명령할 것을 강력하게 촉구한다. 그런 노력이 2009년 내에 시작된다면, 2020년경에는 그것에 대해 적당한 요금을 지불할 의사가 있는 사람들을 위한 실제 솔루션을 보는 것이 실현 가능할 수 있다.

CHAPTER 27

가상화 : 호스트보안의 묘책

호스트 기반형 보안이 갖는 가장 큰 문제는 보호기능이 실패했을 때 항상 발생한다. 물론, 대부분의 전통적인 호스트 기반형 보호 기능들에는 실패할 가능성이 잠재되어 있기도 하지만, 사용자들이 어이없게 속아서 위험한 프로그램들을 설치한다는 것을 생각해 보면 특히 문제가 크다.

일단 보호기능이 실패하여 나쁜 녀석들이 컴퓨터에 거점을 만들게 되면 여러분은 매우 곤란한 상황에 빠지게 된다. 나쁜 녀석들은 약간의 노력만으로도 여러분이 실행하고 있는 어떤 보안제품이든 기능을 손상시킬 수 있다. 결국 어떤 위협에 대응할 수 있는 제품을 선택한다 해도 이미 늦었다고 봐야 한다.

나쁜 녀석들이 보안제품을 무력화시킬 때, 모든 보안제품을 대상으로 작업하는 것은 아니다. 유명하진 않으나 성능은 괜찮은 제품을 사용하고 있다면, 오히려 세상 모든 나쁜 녀석들이 목표로 삼고 있는 유명 제품보다 효과가 좋을 수 있다.

보안업계는 지난 15년간 이러한 문제를 극복할 수 없었다. 그렇지만 이러한 문제를 풀 수 있는 상대적으로 간단한 솔루션인 가상화 기술이 변화를 일으킬 것 같다.

가상화 기술은 하나의 운영체제상에서 다른 운영체제를 실행시킬 수 있게 해 준다. 맥 OS X상에서 실행되는 윈도우처럼 반드시 서로 다른 두 개의 그래픽 사용자 인터페이스가 실행되어야만 하는 것을 의미하는 것이 아니다. 대신에, 사용자에게 보이지 않는 아주 작은 운영체제를 가질 수 있다. 설명을 위해 그러한 운영체제를 SecureOS라고 부르도록 하자. 이 운영체제는 그 안에 여러분이 선택한 데스크탑 운영체제를 포함한다. (편의상 포함된 것이 윈도우라 해 보자.) 이상적인 세계에서, 여러분의 보안 소프트웨어는 SecureOS 내부에서 실행될 수 있고 윈도우를 보호할 수 있다. 윈도우가 감염되었다면 오직 윈도우만 손상을 입게 되는데 윈도우 관점에서 봤을 때 윈도우는 다른 기계에서 실행되는 것이고 자신이 SecureOS 내부에 존재한다는 것도 알 수 없기 때문이다.

나쁜 녀석들이 안티바이러스나 다른 호스트 보안 소프트웨어의 탐지를 피해 컴퓨터에 침입했다 하더라도 그것은 윈도우에만 침입한 것이고 SecureOS에는 침입하지 못한 것이다. 안티바이러스 소프트웨어는 침입으로 감염된 윈도우를 치료할 업데이트를 구하기 위해 SecureOS를 통해 네트워크 연결을 할 수 있다. 지금 막 윈도우가 감염되었다면, 안티바이러스가 임무를 확실히 수행하게 하는 확실하고 유일한 방법은 세이프 머신(safe machine)으로 알려진 부트-타임 검사기를 다운로드 받는 것이다. 그다음에 감염된 것으로 보이는 컴퓨터를 리부팅하면서 검사기를 실행시키는 것이다. 리부팅은 사용자들에게는 성가신 일이다. 가상화 기술에서는 사용자가 어떤 것도 할 필요가 없다. 백그라운드에서 모든 것이 자동으로 이루어질 수 있다.

비록 구현하기가 복잡하긴 하겠지만 이러한 구조는 기술적으로 실현 가능하다. 어쩌면 호스트 보안 기능들 전부를 윈도우 밖으로 이동시키는 것은 꽤 많은 작업을 필요로 할지 모른다. 왜냐면 호스트 보안제품들은 보통 원활히 실행되기 위해 윈도우의 일부에 (최소한 파일시스템 이상의 것들에) 의존하기 때문이다. 그렇지만 몇 가지 보안 코드만 SecureOS와 통신하는 것으로 내부 OS에서 실행될 수 있도록 하는 타협점을 찾을 수 있다. SecureOS는 윈도우 내부의 보안 코드에 대한 변형시도를 탐지할 수 있도록 무결성을 감시한다. 통신과 업데이트 통로는 항상 윈도우 외부에 있으면 될 것이다.

부가적으로 SecureOS 자신이 안전하지 않을 때 발생할 문제들이 있다. 즉, 가상화 플랫폼이 보안문제를 갖는다면 나쁜 녀석들이 윈도우에만 침입해도 가상화 플랫폼까지 침입하는 것이 가능해 질 것이다. 그러나 여기서는 공격의 외양은 훨씬 미약할 것인데 일반적인 경우 보다 지켜야 하는 입구가 별로 없어서 그만큼 위험에 빠질 확률이 적기 때문이다.

같은 종류의 가상화 기술이 개인 정보를 보호하는 훌륭한 장치가 될 수 있다. (특히 신용카드번호, 사회보장번호, 비밀번호에 사용하곤 하는 어머니 처녀시절의 이름 같은) 개인 정보는 암호화해서 사용하기 전에는 SecureOS에 두는 것이다. 윈도우에서는 암호화된 데이터를 중계받기만 할 것이고 개인 정보를 볼 수 없을 것이다. 분명히, 개인 정보를 입력하고 변경할 수 있는 한 가지 방법만이 있어야 하며 사용자가 그 방법이 안전한지를 혼동하지 않아야 한다. 결국, 그것은 편리성의 문제이지 기술적인 문제가 되지는 않는다.

이 같은 시스템에 필요한 주요 요구사항 중에 하나는 운영체제 간에 통신 인터페이스를 제한하여 진정한 경계를 갖게 만드는 것이다. (프로그램이 운영체제 내부에 있으면서도 실행되는 다른 프로그램들을 볼 수 없게 만드는 여러 가지 속임수를 이용하는 것을 의미하는) 세미 가상화로 실행되는 솔루션들이 있다. 그런 솔루션들은 사용성에 약간의 문제를 갖고 있는데 이러한 사용성 문제로 인해 특효약 같은 솔루션이 되기에는 역부족이다. 또한 그러한 솔루션들은 실제 운영체제 내부에서 실행되고 있기 때문에 그만큼 더 큰 공격 범위를 가지게 된다.

게다가, 가상화 기능을 하드웨어나 BIOS 수준에서 수행할 수도 있다. 가상화를 하드웨어 수준에서 지원하는 것은 이런 종류의 기술을 현실화할 수 있도록 돕는다. 애플이 마이크로소프트를 지원하겠다면 이런 종류의 기술을 애플이 제어할 수 있는 오픈 펌웨어(Open Firmware)에 집어넣어야만 한다. 반면에 MS는 윈도우가 실행되고 있는 장비의 (가상화 기능의 중요한 기반이 되는) 펌웨어를 제어할 수 없다.

가상화 기술을 이런 방식으로 적용하는데 주된 이슈는 비용이다. 호스트 보안 벤더들은 그들의 기술을 수정해야 하는 복잡한 기술적 업무를 수행해야만 하고 그다음 고객에게 가상화에 대한 동의를 얻어야만 한다. 직접적인 가상화 지원을 하는 새로운 하드웨어에서는, 성능 충격이 발생하지 않겠지만 기존 컴퓨터들에서는 성능 저하가 확실히 커다란 문제가 될 것이다. 게다가, 가상화 기술을 지원하는 하드웨어 일지라도, 업체들은 고객들이 기존에 가지고 있는 가상화 기능이 없는 OS를 가상화 지원 구성으로 전환하는데 큰 노력을 기울여야 할 것이다.

그럼에도 불구하고, 가상화는 호스트 보안의 장기적인 미래라고 생각한다. 여러분이 주로 사용하는 OS는 결국 '게스트_guest' 운영체제로서 가상화 될 것이며 보안 서비스는 (크기도 작고 전용 기능만 갖고 동작하는) '호스트_host' 운영체제로 이주하기 시작할 것이다.

우리가 그렇게 까지 만들 수 있다면, 보안업체와 악당들 간의 끝없는 전쟁에서 일단 첫 번째 승리가 보안업체에게 돌아갈 것이다. 공급 업체들은 합리적인 가정 하에 보안성에 대한 보장을 할 수 있게 되고, 나쁜 녀석들은 SecureOS의 관리 권한을 얻지 못한다면 침입할 방법을 찾지 못할 것이다. 그러한 것들은 특정한 목적을 갖고 강제되는 기술이기 때문에 포괄적인 일반 운영체제보다 근본적으로 보안을 지키기가 더 쉽다.

CHAPTER 28

언제쯤에나 모든 보안 취약점들을
제거할 수 있을까?

맬웨어가 컴퓨터에 침입하는 데는 두 가지 일반적인 방식이 있다.

- 희생자가 직접 맬웨어를 컴퓨터에 가져온다. 사람들이 일부러 이렇게 하는 건 아니다. 스크린세이버 같은 것들을 다운로드하는 경우에 해당하는데 실제로는 맬웨어가 그 안에 함께 묶여 있다.

- 사용자는 잘못한 게 아무것도 없지만 어쨌든 맬웨어가 들어온다. 이것은 소프트웨어 내의 보안 결함으로 일어나는 일이다.

소프트웨어에는 보안 결함이 수도 없이 많다. 그렇기 때문에 보안 결함은 어디서든 볼 수 있다. 2005년부터 오늘까지 인기 있는 소프트웨어에서 매년 평균 7,000개 이상의 취약점이 공개적으로 발표되었다. 실제로는 공개된 것보다 훨씬 더 많은 취약점들이 있다. 어떤 것들은 발견되어 수정되었지만 미처 발견되지 않은 많은 보안 취약점들이 언제나 존재한다.

조금 다른 접근을 해 보자. 개발자들은 사용자들이 컴퓨터 사용을 힘들어하지 않도록 가능한 한 쉽게 컴퓨터 사용 환경을 만들어 볼 수 있을 것이다. 그렇지만 그런 환경에서도 일부 사람들은 언제나 합법적인 것처럼 보이는 신용 사기의 먹잇감으로 떨어지게 될 것이다. 그렇기 때문에 문제는 늘 있기 마련이다. 그렇지만 내가 조사해 본 바로는, 컴퓨터에 들어오게 되는 전체 맬웨어의 절반 이상이 사용자가 아무 잘못을 하지 않더라도 침입할 수 있었다. 그렇다면 모든 보안문제는 (여러분의 컴퓨터가 아니라) 데이터를 입력하던 웹 응용프로그램들에게 있다는 것이 된다.

이 자료의 결과는 우리가 이런 문제를 극복하기 위해 무언가를 할 수 있을 것처럼 보인다. 결국, 모든 소프트웨어를 작성하는 개발자들이 그런 보안문제들을 고칠 수 있을까?

솔직히 취약점이 없는 소프트웨어를 본적이 없다. (실제로 그럴 수는 없다 하더라도) 어떻게 소프트웨어가 고장 나고 어떤 식으로 나쁜 목적에 사용되는지를 우리가 이미 완전히 파악하고 있다고 잠시 가정해 보자. 그렇다 해도 우리는 여전히 많은 문제들을 가진다.

- 모든 사람들을 전문가로 훈련시키기에는 재정적으로 들어가는 비용이 손실 비용보다 더 크다.

- 대부분의 사람들을 안전한 프로그래밍(secure programming)에 대한 전문가로 만드는 것은 거의 불가능하다.

- 개발자가 보안성 향상을 위해 노력하는 데는 동기가 부족하다.

- 기업들이 그러한 문제에 충분한 투자를 하기엔 동기가 부족하다.

- 전문가라도 실수할 수 있고 실패할 수 있기 때문에 그러한 문제들을 모두 제거하기는 어렵다.

소프트웨어 내부에는 잘못될 수 있는 요소들이 많은데 나쁜 녀석들은 그런 것들을 악용할 수 있다. 잘못될 가능성이 있는 모든 것들을 이해할 수 있는 전문가가 되려면 기본적으로 보안에 대한 학습과 오랜 기간 동안의 보안 관련 일을 통한 경험이 필요하다. 예를 들어, 암호학 같은 분야는 기술적인 복잡성으로 숙련자가 되려면 오랜 시간을 필요로 한다. 그 분야를 제대로 이해하려면 그 분야의 숙련자들이 제공하는 몇 가지 규칙을 따르는 것보다는 잘 알려지지 않은 수학(mathematics)의 여러 분야에 대해 대학원 수준의 깊은 이해를 하는 것이 필요하다.

'안전한 프로그래밍'의 전문가인 사람들도 대부분 암호학에 대해서는 깊은 이해를 가지지 못한다. 많은 안전한 프로그래밍 관련 책들에 있는 암호학에 대한 안내는 잘못되어 있고 그 안내를 받고 만들어진 프로그램들은 나쁜 녀석들의 공격 대상이 될 수 있을 것이다. 빌어먹게도 그런 경우에 해당하는 책들이 몇 가지가 있다.

요점은 사람들의 머릿속에 보안문제를 피하는데 필요한 모든 지식을 채워 넣는 것이 결코 비용 대비 효과적인 것이 아니라는 점이다. 보안관련 지식을 대학에서 전체 4년 동안 학기당 한 과목 이상을 할당할 수 있는 컴퓨터 과학 전공이라 해도 충분한 지식을 채우기에 부족하다.

그렇다, 거기에는 숙달해야 할 내용이 많고 모든 것을 완전히 이해하기는 어렵다. 그렇지만 그 보다 더한 것은 그런 것이 있는지조차 모르는 사람들이 많다는 점이다. 1990년 후반에 나는 보안 컨설팅을 많이 했었고 다양한 업계에 있는 커다란 개발 조직들을 교육하는데 시간을 많이 쏟아 부었다. 그런 조직들에는 늘 보안에 열광적인 사람이 한두 사람 정도는 있었지만 그런 사람들은 보통 학습할 시간이 부족했다. 그런데 내가 만나봤던 모든 사람들의 3/4정도는 기술적인 어떤 것에도 열정이 없는 게 보통이었다. 그들은 보통 오후 5시면 일을 마쳤고 최소한으로(아니 더 적게) 일했다. 왜냐면 그들은 자신들의 일을 즐길 수 있는 대상으로서가 아니라 단지 봉급을 받기 위해 하는 일로서 봤기 때문이다. 그런 부류의 사람들은 어떤 환경에 속해 있더라도 보안문제에 관한 깊이 있는 숙달에 필요한 열정을 갖기 어려울 것이다.

그렇지만 모든 내용을 배울 의지가 있고 그런 일을 즐길 수 있는 사람이 있다 해도 회사에서는 전문적인 보안 지식에 대해 포상하지 않기 때문에 보안 전문가가 되고자하는 실질적인 동기가 생기지 않는다. 이것은 그런 종류의 전문지식을 측정하는 것이 어렵다는데 부분적인 이유가 있고, 고객들이 회사에 보안성을 강화해줄 것을 요구하지 않기 때문에 회사로서도 동기가 별로 없다는데 또 다른 이유가 있다.

전형적인 개발 조직은 개발자들이 스케줄을 얼마나 잘 지키는지를 (시간 맞춰 일을 수행하는지를) 측정한다. 여러분이 일반적인 스케줄을 자세히 살펴본다면, 초점은 고객이 원하는 기능에 있다는 것을 알게 될 것이다. 어떤 조직은 보안업무를 실제 스케줄에 포함시키기도 하지만 보통 최우선으로 두지는 않는다. 다른 일이 끼어들면 보안업무는 중단될 수 있다.

가령 어떤 업무가 '보안 버그를 찾기 위한 코드 검토'라면, 어떻게 업무의 성공여부를 측정할 것인가? 또 업무수행의 품질은 어떻게 측정할 것인가? 개발자로서 생각해 보면 개발자가 '난 아무런 보안 버그도 찾지 못했다'고 말했을 때 거기엔 버그가 없을 수도 있고, 수십 개 어쩌면 수백 개의 버그가 있을 수도 있다. 어느 쪽이든 개발자가 일을 잘 해냈는지 못 해냈는지를 판단하기는 어렵다. 수십 개의 버그가 있더라도, 어쩌면 그 버그들 모두가 정말로 눈에 잘 띄지 않는 것일 수도 있고, 어쩌면 개발자가 별도의 전문 지식을 갖춰야만 찾아낼 수 있는 것일 수도 있다.

여러분이 떠올릴 수 있는 한 가지 방법은 문제를 자동으로 찾아주는 도구를 사용하는 것일 수 있다. 이런 도구들이 일부 존재하긴 하지만 그런 도구들로는 모든 종류의 보안문제를 찾을 수 없고 문제를 찾기 위해서는 항상 사람을 필요로 한다.

개발자가 예방 활동을 하느라 노력한다 하더라도, 실제로 활동을 하고 있는지 측정하기는 매우 어렵다. 게다가, 개발자들은 예방 활동을 줄여야 스케줄을 더욱 잘 지킬 수 있고 스케줄을 잘 지키면 쉽게 보너스로 포상도 받을 수 있다.

그렇다면 나중에 그 제품에서 보안 취약점이 발견되면 어떻게 될까? 물론 조직은 그 문제를 따져 묻겠지만 나는 그로 인해 곤란을 겪는 사람을 아직 본적이 없다. 대부분 회사는 아주 적은 예산으로 더 잘하려고 노력하고 있기에 실패하더라도 아무도 비난받지 않는다.

결론은 일반적인 개발자는 보안 전문가가 아니라는 것이다. 개발자가 훈련에 시간을 많이 들이고 최선의 노력을 다한다 하더라도 뜻하지 않게 보안문제를 남기는 것을 피할 수 없다.

난 그 결론이 맞는다고 생각한다. 꽤 존경받는 보안 전문가라 하더라도 소프트웨어에 뜻하지 않게 보안 허점을 남기기도 한다. 일반적인 봉급생활자로서의 직원이 그 정도 수준에 이를 수 있을 것이라 예상하기는 어렵다. (특히 그가 실제 수준을 높이기 위해 마스터해야 할 것들이 매우 많다면.)

자신들의 코드에 숨어 있는 수많은 문제에 관한 보안 쟁점을 반드시 처리하는 기업들은 아주 드물다. 코드 10,000라인 당 보안 취약점이 한 개 정도 있다고 해 보자. 난 수년간 몇 차례에 걸쳐 이 연구를 해왔다. 다양한 변수가 있고 그 수치는 (당신이 댄 번스타인[45]이라면) 더 좋아질 수도 있고 (당신이 보통의 C 개발자라면) 더 나빠질 수도 있다. 그렇지만 이정도로

---

45) 역자주_댄 번스타인(Dan Bernstein)은 메일전송중계 프로그램인 sendmail의 오래된 안정성 문제 등을 해결하려고 완전히 다시 설계된 qmail을 만든 개발자이다.

목표를 삼기에는 충분하지 않다. 세상에 있는 모든 제품의 코드를 합친 양이 100억 줄이라고 가정해 보자. (아마도 대부분의 상업용 응용프로그램들이 수백만 라인의 코드를 가지고 있다는 것을 생각하면 이보다 훨씬 많을 것이다.)

그것은 최소한 백만 개의 보안 취약점이 발견될 수도 있다는 것을 의미한다. 그러나 지난해 통계자료로는 7,000개가량이 있다고 들었을 뿐이다. 인터넷이 생긴 이래, 우리는 보안 취약점의 2% 이상을 발견해본 적이 없다.

여러분이 보안문제를 가지고 있다 해도 세상에서 누구도 그것들을 악용하려 하지 않는다면 그것은 취약점을 제거하기 위해 비용을 들여야 할 필요가 없다는 뜻이다. 어쩌면 대부분의 작은 회사들에게는 취약점 제거가 전혀 의미 없는 것일 수 있다. 왜냐하면 작은 회사의 소프트웨어는 외부 세계의 사람들에게 목표가 되지 않기 때문이다.

마이크로소프트나 오라클 정도 된다면 중대한 목표가 될 수 있다. 사람들이 취약점을 발견하면 보안성에 대한 (앞서 두 회사가 겪었던 것처럼) 나쁜 평판을 얻게 될지 모른다. 브랜드에 타격을 주는 것뿐 아니라 궁극적으로 잠재 고객들이 경쟁업체에게로 가게 만든다. 그렇기 때문에 그런 기업들이라면 관심을 가질 수밖에 없다.

중간 규모의 회사라면 어떠할까? 거명하진 않겠지만 잘 알려진 소프트웨어 회사를 하나 살펴보도록 하자. 코드가 천만 라인 정도일 때 그 제품의 전체 생명주기 동안 발견되는 취약점은 40개가량이다. (그것들의 대부분은 심각하지 않다. 그래서 사용자에게 영향을 줄 수 있는 것은 실제로 겨우 몇 개 정도일 뿐이다.) 그러한 응용프로그램들의 대부분은 C 언어나 C++ 언어로 작성되었기 때문에, 코드의 매 2,000라인당 한 개의 취약점이 있을 것으로 예상할 수 있다. 개발자들이 잘 알려진 모범적인 관행을 따르고 있다고 가정한다면 코드 5,000라인당 한 개의 취약점으로 줄어들 수 있을 것이다. 그렇다면 그러한 소프트웨어에서는 최소한 2,000개의 취약점을 갖는 것이 된다. 그 정도면 우리가 그 프로그램에 있을 거라 예상하는 취약점들의 2% 정도가 외부 세계에서 발견된 것이다.

회사가 좋은 보안성 평판을 얻고 싶다면 이 회사는 제품을 (대부분의 회사들에 비해) 더 안전하게 만드는데 1년에 백만 달러 정도는 지출해야 한다. 기억하라, 이것은 업계 기준보다 높은 수준의 (내가 고려했던) 관례를 따르는 기업일 경우이다. 이 회사가 소프트웨어의 모든 버그를 찾아낼 자신이 없다면 더 많은 돈을 써야 할 것이다.

이러한 문제에 몇 십억 달러를 지출하며 문제 방지책들을 수행한 마이크로소프트조차도 출시했던 소프트웨어의 모든 보안문제들을 막을 수 없었던 것을 기억하라. 보안업체인 시큐니아(Secunia)는 2008년 10개월간 마이크로소프트 제품에 대해 71가지의 취약점 경고를 발표했다. 2007년 한 해 동안, 그들은 겨우 69가지를 발표했다. 경고는 종종 동시에 발견된 복수의 비슷한 버그에 기인했고 지난 3년 동안 해마다 마이크로소프트는 대중들에게 노출된 그들의 거대한 소프트웨어 포트폴리오에서 100가지 이상의 취약점을 갖고 있었다. 마이크로소프트는 실제로 2002년부터 그러한 문제에 대해서 (그래서 향후 6년 동안 몇 십억 달러의) 막대한 돈을 쓰기 시작했지만 그것은 그 문제를 완전 제거하는 데는 근처도 못 갔다.

사실, 비스타에 대한 대규모의 개발 노력은 비스타를 보안에 안전하게 만드는데 집중되었다. 마이크로소프트는 비스타를 지금까지 가장 안전한 운영체제로서 소문내고 크게 선전했다. 그런데도 2007년 비스타 출시 첫해가 지나고 나서, 비스타에만 나타나는 36가지의 공개적인 취약점이 여전히 공개되었다. 인정해야할 건 윈도우 XP가 출시되었던 첫 12개월에 비하면 훨씬 좋아졌다는 것이다. 그 때는 119가지가 발표되었다. (그리고 그것들 모두가 그 해 안에 수정된 것도 아니다.) 그렇지만 윈도우 XP는 보안을 위한 지출을 했던 것이 아니다. 비스타는 거의 10억 달러를 지출한

덕택에 첫해에 취약점을 고작 70% 정도 감소시킨 것을 보여줬다.

이것은 이길 수 없는 싸움처럼 보인다. 마이크로소프트가 그 문제에 대응을 하지 않았고 첫해 버그 발견 수가 XP의 두 배였다고 해 보자. 전반적인 개선에 10억 달러를 쓰는 대신 238개로 예상되는 취약점 각각에 대해 백만 달러씩 예산 책정을 할 수 있다고 하자. 그 돈을 가지고 각각의 문제를 가능한 빨리 고치기 시작하고 수정판을 만든다고 하자. 대부분의 비용은 스케줄이 초과되어야 드러날 것이기 때문에 대체로 실제 지출 없이 무시할 수 있었을 것이다. 그렇지만 마이크로소프트는 어쨌든 그렇게 백만 달러씩 썼다고 해도 여전히 실제 지출했던 비용의 1/4에 불과하다.

다시 말하지만, 마이크로소프트가 10억 달러의 돈을 모두 써버린 것은 이해할 수 있는 일이라 생각한다. 왜냐하면 XP의 나쁜 보안성에 기인한 실질적인 브랜드 가치 하락 문제가 있었기 때문이다. 그렇지만 만약 다른 회사였다면 (큰 금융회사나 정부기관은 제외하고) 그러한 '선 대응' 비용은 누군가 문제를 발견했을 때 대응하는 비용에 비하면 훨씬 비싸다. 그리고 다른 기업들이라면 브랜드 손상 위험에 빠질 것도 별로 없다.

애플을 보라. 사람들은 그 제품에서도 보안 취약점을, 가끔은 동시에 여러 개씩 발견하곤 한다. 보안업계에는 이것이 잘 알려진 반면에 세상은 애플을 상대적으로 안전한 플랫폼이라고 여긴다.

소프트웨어내의 보안문제는 당연히 예측되어야 하며 고객이 더 이상 간과하지도 않는다. 브랜드 손상 같은 위험에 맞서려면 규모가 큰 업체여야만 한다. (아니면 보안업체이거나) 업계가 더 나아질 것이라 예상하는 것이 합리적이긴 하지만 그것은 문제에 대해 (성공여부와 준수여부를 측정하기 쉬운 방법이 있는) 비용 대비 효과가 큰 접근법을 취할 경우에만 가능한 것이다. 그것은 아주 먼 미래에나 가능한 일이며 지금이 그 시점이라 해도 여전히 골칫거리 소프트웨어에는 보안문제들이 많을 것이라는 것을 예상할 수 있다.

CHAPTER 29

예산에 영향 받는 응용프로그램 보안

이번 장은 맥아피에서 사이트어드바이저와 제품 보안의 디렉터를 맡고 있는 데이빗 코피(David Coffey)와 공동 집필했다.

(마이크로소프트와 오라클 같은) 일부 큰 기업들은 제품에 많은 보안문제를 가지고 있었으며 그 제품들의 응용프로그램 보안성 향상을 위해 대규모의 투자를 했었다. 예를 들어 우리는 마이크로소프트가 2001년쯤 이후부터 그런 문제에 최소 20억 달러를 투자했다는 말을 자주 들었다.

나머지 대부분의 기업들은 그렇게 여유가 없다. (운이 좋다고 해야 하는 건가?) 예산에 대해 논쟁하는 것은 쉬운 일이 아니다. 왜냐하면 대부분의 경우에 제품 보안 활동에 대한 가치를 결정하기가 어렵기 때문이다. 다음은 사람들이 보안을 위해 시간과 자원을 소모하게 만드는 가장 중요한 요소들이다.

준수요건

PCI (Visa가 유지 관리하는 신용카드 산업표준_payment card industry standard)

같은 몇몇 표준들은 표준 준수요건으로 몇 가지 제품 보안 활동들을 요구한다. 마찬가지로 특히 일부 미국 정부기관 같은 고객들은 수행되어야 하는 (외부 감사 같은) 소프트웨어 보안 요구사항이 있다.

브랜드

솔직히, 소프트웨어 사용자는 보안 결함에 무관심해 졌다. 대부분의 기업들은 대중들에게 어떤 실질적인 영향을 주지 않고도 보안 결함들을 처리할 수 있다. 마이크로소프트와 오라클, 대규모 보안 기업들은 관례를 벗어난 예외이다.

고객의 요구

때로는 고객들이 특정 보안 기능 같은 보안성을 기대한다. 예를 들어 고객은 가끔 응용프로그램이 SSL을 지원해 주길 요구하기도 한다.

유사 기능

어떤 제품이 SSL 같은 기능을 갖게 되면 경쟁 제품들은 유사한 기능을 획득하기 위해 쟁탈전을 벌일 것이다. 이것이 일반적인 기능 주도 싸움이긴 하지만 어떤 제품이 외부 감사 범위에 포함되지 않아도 되는 여러 가지 마케팅 거리를 만들었다면 경쟁자들도 마찬가지로 그런 것에 투자할 수밖에 없다.

비용절감 추정

문제점 추적 기록을 활용하면 투자 이익이 있을 것이라는 가정 하에 기업활동에 투자를 결정하는 조직들이 있다. 어떤 경우엔, 단지 자신들의 코드에 문제점이 있을 거라는 의심만으로 훈련비용을 쓰는 개발

조직들을 본적도 있다.

단지, 고객을 더 안전하게 해 주려고 개발 조직이 안전한 개발방법론에 (secure development) 투자하는 것은 흔한 일이 아니다. 요구도 없는데 뭐하러 그렇게 하지? 묻게 되는 게 일반적인 원리이다. 특히나 고객이 실제 원하는 것을 제공하기 위해 시간을 투자하는 것이 더욱 비용 대비 효과가 크다.

고객이나 어떤 준수 절차에 의해 설정된 장벽이 있을 때, (코드가 개발된 이후가 아니고 프로젝트 초기에 보안에 투자한다면 가능한) 더 훌륭한 결과를 내는 데 있어 비용이 더 싸게 먹힌다고 증명되지 않는 이상 대부분의 조직은 장벽을 의식하긴 해도 그것을 극복할 걱정을 하지는 않는다.

경험에 비춰보면 대부분의 개발 회사들은 위에서 설명한 이유들 중 하나 이상에 해당되므로 자연스럽게 제품 보안에 대해 실제로 돈을 쓸 수밖에 없다. 어쩌면 누군가 제품에서 버그를 하나 발견하여 회사가 대응을 해줘야 하거나 모든 경쟁 제품들이 SSL을 제공하기 시작했기 때문에 동등한 기능을 만들어야만 할 수도 있다.

우리는 기업이 이러한 문제에 비용지출을 하겠다고 결정했다면 지출 비용에 대해 가장 큰 효과를 확실히 얻어내도록 노력하는 것이 중요하다고 믿는다. 때로는 업체가 어떤 프로그램에 미리 노력을 기울인다면, 문제가 터지고 나서 처리하는 것보다 적은 비용으로 더 좋은 보안성을 얻을 것이다.

문제들을 가지고 있으면서도 뒤쳐지지 않기 위해 여기 저기 조금씩 시도는 하지만 뭔가 더 효과적인 행동을 원하는 소프트웨어 개발 조직 사람들에게서 이런 질문을 자주 듣게 된다. 그들은 '예산이 별로 없다면 무슨 일을 할 수 있죠?'라고 묻는다.

우리는 그들이 새로운 제품을 시작한 것인지 아니면 (보통은 이런 경우에 해당하는데) 기존 제품에 긍정적인 변경을 하려고 하는 것인지에 달려있다고 대답한다.

기존 (레거시) 제품으로 시작해 보자. 이것은 같은 질문을 하는 사람들에게 줄 수 있는 우리의 권고 사항이다.

이미 비용 지출이 시작된 일에 대해 이해하려고 노력하라

기본적인 아이디어는 조직이 돈을 쓰고 있는 일이 무엇인지 안다면 '우리는 더 적은 돈을 쓰고도 더 안전하게 만들 수 있다'고 말하는 방식으로 예산을 따낼 수도 있다는 것이다. 우리는 보안문제에 대해 1년에 몇 시간 정도를 투자하고 있는지 판단할 수 있는 짧은 질문사항 하나를 가지고 적당한 팀들을 전부 찾아다니는 것을 좋아한다. 이러한 질문은 대면하거나 전화로 직접 물어봐야만 하는데 그렇지 않으면 사람들로부터 응답을 얻지 못하게 될 것이다. 뿐만 아니라 질문은 짧아야만 한다. 또한 더욱 객관적인 분석을 위해서, 가능하다면 이런 컨설팅 업무를 하는 외부 회사를 이용하는 것이 최선이라고 생각한다. 제대로 했다면 이러한 과정은 보통 개발팀당 한두 시간 정도 소요되기 마련인데 거기다가 데이터를 표로 만드는데 추가적인 시간이 약간 더 걸릴 것이다.

나쁜 녀석들이 쉽게 접할 수 있는 취약점을 외부에 알려지지 않도록 노력할 것

대부분의 소프트웨어들은 소스가 공개되지 않기 때문에 취약점을 찾으려 하는 나쁜 녀석들은 보통 블랙박스 테스팅 도구를 사용해 보는 것 이상의 시도를 하기 어렵다. (이는 소프트웨어를 실행시키고 이상 작동되기를 바라면서 잘못된 데이터를 입력해 본다는 것을 의미한다. 이를 대체할 수 있는 방법은 리버스엔지니어링인데 이것은 비용이 더욱 더 많이 든다.) 나쁜 녀석들은 보통 두 가지 기법을 사용한다. 첫째로 웹 취약점 스캐너를 사용한다. 그것은 이용 가능한 상업용 제품이 있고 가격도 싸다. 여러분들도 직접 이런 것들을 실행시켜 보면서 나쁜 녀석들이 알아차릴 수 있는 문제점들을 미리 고칠 수 있다. 나쁜 녀석들이 할 수 있는 두 번째 일은 퍼즈테스팅(fuzz testing)이다. 이것은 체계적이지 않은 무작위 데이터를 프로그램의 실제 데이터가 입력되는 위치에 입력해 보는 것이다.

이러한 일들을 직접 수행하기 위한 비용은 개발팀들이 이미 QA 활동 예산을 할당받기 때문에 어렵지 않게 감당할 수 있다. (우리의 목적상 우리는 QA가 찾아낸 중대한 문제들을 수정하는데 개발자가 들이는 시간을 계산에 포함할 것이다.) 이런 시도를 하는 조직들은 (보안버그인지 그 밖의 버그인지 같은 버그의 분류법이 아닌) 버그 숫자와 버그의 심각성을 측정한다. QA 조직은 보통 극단적으로 심각한 버그를 잡아내기 위해 제일 먼저 이러한 버그 숫자 같은 것들을 확인한다. 게다가, 이런 종류의 테스트들은 자동화하기도 쉽다. 우리는 단일 프로젝트 안에서 QA 자원의 1/5 정도를 보안을 위해 쓰는 것은 상대적으로 감당하기 쉽다는 것을 알게 되었다. (충분한 자동화가 이루어지고 과장된 것을 보정할 수 있다면) 장기적으로 봤을 때 최적의 비율은 1/10이다. 다시 한 번 말하지만 여러분이 이러한 일을 외부 조직에게 맡길 여유가 있다면, 스스로 전문가를 키우는 것보다 비용 대비 효과가 훨씬 크다.

외부 사람들이 취약점을 발견했을 때 효과적으로 대응하라

외부사람들이 취약점을 보고할 때, 그들은 보통 그 정보가 일반에게 공개될 것이라 예상한다. 내부적인 대응은 우선순위를 따르도록 사람들을 엄하게 감독하는 책임자나, 훌륭한 절차가 없다면 무질서해질 수 있다. 이러한 능력이 없는 조직에서는 취약점이 수정되기 전인데도 불구하고 단지 업체에 있는 누군가가 실수했다는 이유로 조사자에 의해 취약점이 대중에게 발표되는 것이 아주 일상적이다. 이것은 결과적으로 비용이 더 들어가게 만드는데 어쨌거나 그 문제점을 수정하기 위해서는 똑같은 일을 전부해야 하고 추가적으로 자신들의 위험 수준과 회사의 대응을 알고 싶어 하는 고객들을 처리하기 위해 더 많은 시간을 써야 하기 때문이다. 우리는 절차를 갖추지 못한 중소기업은 일반적으로 개발 조직 내에서 최소 20,000달러 수준의 비용으로 직원들의 시간을 들여야 한다는 것을 알았다. 그것은 어떠한 지원 비용도 포함시키기 전의 계산이다. 경험상, 체계적인 접근을 취했을 때는 전체 비용을 절반 가까이 줄일 수 있다는 것을 알게 되었다. (개발보다 지원 업무에서 절감이 더욱 크다. 그렇지만 개발에도 여전히 시간 절약은 된다.) 기억해야 할 것은 이것이 여러분과 상관없이 발생하게 될 비용이라는 것이다. 관건은 비용을 얼마나 효과적으로 관리하느냐이다.

보안 옹호자들을 양성하라

개발 직원 가운데 일부는 늘 보안에 관심을 가진다. 어떤 종류이든 열정을 보여 주는 사람들을 위해, (제품당 한 사람은 너무 많고 네 가지 제품당 QA 인력 한 사람 정도) 보안 기능이 필요할 때 조사를 수행하고 권고사항을 만들어주는 일을 이끌어줄 사람을 두는 것이 가치 있다고 생각한다. 자발적으로 행동하는 사람들을 가려내 그들에게 임무를 준다면 그들은 아마 상당한 양의 추가적인 업무를 덜어줄 것이다.

개발 조직 내에서 보안 관례를 강제할 수 있도록 도구들을 도입하라

여러분이 버전관리 시스템으로 RATS[46]나 Flawfinder[47] 같은 도구를 도입한다면 새로운 코드가 '위험한 구조'를 포함하지 않도록 하는 데 도움을 받을 수 있다. 이를 이용하기 위해서는 겨우 하루 이틀 정도의 구축 작업을 필요로 한다. 소스를 감사하도록 하는 대신 변경을 할 수 없도록 설정하길 권장한다. 개발자들은 빠르게 비용을 회수할 수 있을 것이다. 왜냐면 그들은 프로그래밍 환경이 만들어낸 다른 경고들을 대하듯이 발생한 문제들을 수정할 것이다. 게다가 도구에 맞춰 그들의 습관을 빠르게 바꿔나갈 것이다.

(무에서 시작하는) 신규개발 상황이라면 실제로 조직에 대한 분석을 할 필요는 없다. 대신, 이런 종류의 개발에서 한 가지 중요한 것은 아키텍쳐 위험 분석이다. 여러분의 프로그램이 확실히 보안을 염두에 두고 설계되었다면, 보안에 대한 장기적인 비용은 훨씬 낮아질 수 있다. 일부 잘 훈련된 서드파티 회사들은 겨우 20,000달러 비용으로 몇 주안에 이러한 종류의 컨설팅을 해 주기도 한다. 이러한 절차가 여러분이 설계할 때 (그렇게 안 했다면 나쁜 녀석들이 발견하게 될) 버그를 없애는 것을 도울 수 있다면 이것은 스스로에게 이익이 되는 것이다. 만약 개발조직이 이러한 절차를 따르지 않는다면 그들이 만든 상업용 제품들 대부분은 결국 암호기능 같은 데서 쉽게 결함이 나타날 것이다. 비록 SSL을 사용한다 해도 피하기 어렵다!

신규개발이라면 우리의 나머지 권고사항들을 적용하기 바란다.

두 가지 타입의 (신규 개발과 레거시) 개발에 모두 적용되는 것으로, 여러분이 상사의 지원을 받을 수 있고 예산도 일부 할당 받을 수 있다면, 다음과 같은 일을 할 것을 권장한다.

---

46) 역자주_RATS는 http://en.wikipedia.org/wiki/Rough_Auditing_Tool_for_Security 참조.
47) 역자주_Flawfinder는 http://www.dwheeler.com/flawfinder/ 참조.

진행상황을 측정하라

비용을 얼마나 쓰고 있는지를 파악한다면 실제로 비용 절감율을 보여주는데 특히 유용할 것이다. 그리고 여러분이 이뤄가고 있는 진전을 보고할 수 있어야만 한다. 이번 출시와 지난번 출시 사이에 외부에서 발견된 보안 버그에 대응하느라 쓴 비용이 얼마나 되는가? 달러당 여러분이 찾은 보안 버그가 얼마나 되는가? 여러분이 이미 시작했다면, 외부의 대표적인 조직들과 비교해서 얼마나 더 잘하고 있는지를 알고 싶을 것이다. 비교 수치가 월등히 앞서기 시작한다면 버그를 찾는데 비용지출을 멈출 시간이 된 것이다.

보안 옹호자들을 훈련시켜라

이런 사람들은 보통 배우기를 열망하고 그들의 기존 임무를 진행하는 사이에라도 그들의 지식을 적용해 볼 방법을 찾으려 한다.

다른 전문가들은 적용할 것을 권고하지만 우리는 우선순위가 높은 것이라 여기지 않는 내용이 몇 가지가 더 있다.

코드 감사

우리 견해로는 코드 감사는 도구들을 구입할지라도 버그를 찾아내는데 비용 대비 효과가 그리 큰 방법은 아니다. 코드 감사는 비용이 많이 들어갈 뿐 아니라 찾아내는 버그들도 나쁜 녀석들이 찾아낼만한 것이 아닌 경우가 많다. 결과적으로 버그를 많이 찾아낼지라도, 그것이 감사 활동의 가치를 보장해 주지는 않는다. 왜냐면 나쁜 녀석들이 아주 쉽게 찾아낼만한 버그들을 놓치곤 하기 때문이다. 다시 한 번 강조하지만 코드 감사는 비용이 많이 든다. 코드 감사를 상업적으로 대행해 주는 업체들은 코드 한 줄당 0.5달러 정도 이상의 비용을 요구할 수도 있다.

사내 개발일 경우, (고용했건 키워냈건 진짜 구하기 힘든) 높은 숙련도의 사람들이 있다 해도 일을 잘해내기 어렵고 코드 한 줄당 0.1달러 이하의 비용으로 일하기가 어렵다. 우리라면 능력 있는 신입 감사가 서드파티 도구의 도움으로 분기당 400,000만 라인 가량 검토할 수 있게 연 60,000달러를 지출하는 것을 검토하겠다. 보통 이러한 프로세스는 버그들에 대해 우선순위를 매기고, 많은 수의 버그를 발생시키는 수정 대상이 어떤 것인지 찾아내는 등의 업무에 비용이 든다.

여러분이 비용을 추가로 들이지 않는 이상 여러분이 찾은 버그들이 나쁜 녀석들이 악용할만한 버그들인지 단지 일상적인 오래된 버그들인지 판단하기 어려울 것이라는 것을 기억해야 한다. 대부분의 기업들은 QA 테스팅과 또 외부세계가 여러분에게 알려주는 다른 버그들을 수정하는데 더욱 비용 대비 효과가 큰 방법을 찾으려 혈안이 되어 있다.

개발팀 훈련

직접 비용과 생산성 하락을 고려한다면 한명의 개발자를 훈련시키는데 하루에 1,000달러가량의 비용이 든다. (실습 없는) 교육의 이해도는 교육 후 바로 측정하더라도 일반적으로 50% 가량 밖에 안 된다고 증명되어 있다. 우리는 대부분의 개발자들이 보안에 큰 관심이 없고 기초적인 소프트웨어 보안 같은 것도 '매우 복잡'하다고 여기는 것을 알게 되었다. 그렇기 때문에 교육 이해도는 그보다는 더 낮을 것이다. 우리는 개발자가 평균적으로 6개월 정도 지나면 훈련받았던 보안 프로그래밍 기법에 대해 90% 이상을 잊어버린다는 것을 나타내는 몇 가지 데이터를 보았다. 우리는 이러한 수치들이 꽤 정확하다고 생각한다. 때문에 일괄적인 훈련은 별로 가치가 없다. 그냥 배움에 열정이 있는 사람들을 훈련하라. 어쨌거나 그들만이 여러분을 위해서 훌륭하게 일할 사람들이다.

특히 개발과정에서 어려움에 빠져들 때 여러분이 고려해야 할 활동들이 있다. 이러한 추가적인 활동들은 부분적으로 상황에 따라 중요할지 모른다. 예를 들어 개발팀이 특별한 보안 기술을 사용하는 것을 선택해야 할 수도 있다. 그러한 기술들을 선택하고 익히고 사용하는 데는 비용이 들어간다.

코드 감사와 훈련이 우리 목록에서는 우선순위가 뒤쳐진다 할지라도 그것들은 가치가 있다고 생각되며 맥아피에서는 그런 일들이 잘 수행 될 수 있도록 충분한 예산을 할당한다는데 주목해야 한다. 우리는 단지 그 외의 것들이 더 도움이 될 것이라고 생각했던 것이다. 그렇지만, 여러분의 주요 영업비중이 정부기관 대상 판매인데 정부기관에서 코드 감사를 통과할 것을 요구한다면 코드 감사는 분명히 여러분의 활동 목록 최우선에 올려질 것이다. 우리의 목록은 단지 가장 비용 대비 효과가 큰 것을 기준으로 한 것이다.

우리가 종종 접하게 되는 질문 중에 하나는 '조직이 제품 보안에 얼마의 비용을 써야만 하는가?'이다. 우리는 긴축 예산으로도 확실히 가능하다고 생각한다. 우리는 중간이나 큰 규모의 소프트웨어 개발 하우스 (총수입이 수백만 달러 정도 되는 기업을 일컫는다.)들이 제품 보안에 그들의 연간 엔지니어링 예산의 최소한 0.25% 정도 예산 책정을 한다면 잘하고 있는 것이라고 보고 있다. (엉망인 회사들은 보통 전혀 예산을 잡지도 않는다.) 금융기관의 소프트웨어 개발부서와 정부기관은 그것보다는 더 높게 가져가길 원할 것이다. 그런 문제에 적극적으로 관심을 기울이는 소규모 기업들의 경우 5~10% 정도를 예산 책정하기도 한다.

수입이 조금 밖에 없거나 이제 수입이 생기기 시작하는 매우 작은 기업에서 자원은 대단히 값비쌀 수밖에 없다. 그래도 이왕 투자하려 한다면, 신규개발인 경우 서드파티의 아키텍쳐 보안 컨설팅 같은 것에 작은 고정비용을 투자할 것을 권장한다. 그 외에는 상황에 따라 처리하는 것이 적당하다.

우리는 업계가 개발 조직의 투자를 쉽게 정당화할 수 있도록 분위기를 조성해야 한다고 생각한다. 예방 노력의 가치를 입증하는 것은 매우 어렵다. 여러분의 투자와 결과를 동료들과 비교하는 것이 실제로 가능해야만 한다.

우리는 미국 정부기관 같은 곳이나 혹은 독자적인 준수 규정을 갖고 있는 다른 조직들이 정부기관에 납품하거나 인증받고자 하는 기업들에게 기관 승인을 해줄 때 안전한 코딩 관례에 대한 자료를 제출하도록 요구해야 한다고 생각한다. 그럼으로써 그런 자료를 수집하고 무료로 출판할 동기가 만들어진다. 개별 기업의 데이터는 공개되지 않아야겠지만 기업들은 그들의 활동을 측정할 척도가 있어야만 한다.

특히 자료가 업계 전체를 대상으로 한다면, 준수요건을 따르도록 다양한 업계를 통제하는 방법을 알기가 훨씬 쉬워질 것이다. 이러한 제안은 서드파티에게 코드 감사를 위임하게 하는 것보다 기업운영을 훨씬 덜 침해하는 것이며, 결국엔 세상에 훨씬 더 유익할 것이다.

CHAPTER 30

무책임한 '책임 공개'(Responsible Disclosure)[48]

최근 내가 존경하는 두 사람이 취약성 공개에 대해 다투다가 급기야 인신공격으로까지 치닫는 것을 보고 꽤 재미있어 했던 일이 있었다. 인터넷 상에서 상호 공격을 지켜보는 건 항상 재미있다. (히틀러에 비교된 사람은 없었지만 한 사람은 바지를 내리고 주위를 돌아다니는 망령든 늙은 심슨 할아버지에 비유되었다.)

그렇지만 어떤 면에서 두 사람의 대화는 서로 동문서답하고 있는 것으로 보였다. 한 사람은 (다른 사람들의 소프트웨어가 갖는 취약성은 그게 무엇이든 결국엔 공개된다는 것을 의미하는) 전면 공개(full disclosure)가 최종 사용자를 위험에 빠지게 한다고 주장했고 다른 한 사람은 버그를 찾고 수정하는 것이 코드 보안성을 지키는 중요한 요건이라고 주장했다.

난 둘 다에 동의한다. 그렇다, 선량한 사람들이 코드 내에서 문제점을 찾고 수정하지 않는다면, 결과적으로 나쁜 녀석들이 더 많은 문제점들을 찾게 될 것이며 이는 세상을 장악하려는 그들의 목표를 도와주게 되는

---

48) 역자주_책임 공개(Responsible Disclosure) - 책임 공개는 보안 취약점 공개 방식으로 전면 공개와 같지만 문제점을 공개하기 전에 업체에게 패치를 준비할 시간을 주는 방식이다. http://en.wikipedia.org/wiki/Responsible_disclosure 참조.

것이다. 중요한 점은, 많은 개발 조직들이 큰 이득이 없다고 보고 문제점을 수정하는 데 투자하지 않는다는 점이다. (게다가 이런 종류의 일을 수행할 인력도 충분치 않다.)

그런데 흥미로운 것은 나쁜 녀석들이 활용하는 대부분의 소프트웨어의 문제점들은 선량한 사람들이 찾아내고 공개한 것들이라는 점이다.

이 두 가지 사실을 받아들인다면, 우리는 나쁜 녀석들이 쉽게 찾아내는 위험을 피하기 위해 보안문제를 감추는 세상에 살고 있거나 아니면 선량한 사람들이 나쁜 녀석들에게 힘 안들이고 나쁜 짓을 할 수 있도록 안내서를 직접 건네주는 세상에 살고 있는 것으로 보인다.

'비밀 유지(keep it secret)' 모델에서는 사람들이 어떻게 보호 받을 수 있을까? 첫째, 우리는 나쁜 녀석들이 소스코드 없이 보안문제를 찾는 것은 어렵다는데 희망을 걸 수 있다. 둘째, 우리는 소프트웨어 업체들이 처음부터 코드에 보안문제가 생기지 않도록 노력하는 것에 희망을 걸 수 있다. 마지막으로 우리는 나쁜 녀석들이 실세계에서 문제점으로 이득을 볼 때, 그 사실이 빠르게 업체에게 알려지고 업체가 사람들을 보호하려 할 것이라는 데 희망을 걸 수 있다.

'전면 공개(let it all hang out)' 모델에서는 소프트웨어의 보안 결점들이 공개된다. 보통 업체들에게는 공개 전에 몇 개월 정도의 시간이 있다. 그래서 다행스럽게도 사람들은 패치(수정판)를 통해 보호받을 수 있는데, 이 패치를 사람들이 때늦지 않게 설치해야 보호가 가능하다.

실제 환경에서 이 두 가지 모델은 각자의 장점이 있지만 둘 다 사람들을 위험한 상태에 남겨 놓기 때문에 그렇게 썩 좋은 방법은 아니다.

뿐만 아니라 '전면 공개' 모델에서 나쁜 녀석들은 대부분의 사람들이 소프트웨어를 최신 상태로 유지하지 않는다는 사실을 이용할 수도 있다.

그들은 선량한 사람들이 발견해낸 결점들을 이용해 패치 되지 않은 시스템을 공격하려 할 것이다. 이것은 최종사용자에게 보안책임을 지우는 것이다. 해마다 공개되는 (때로는 주요 소프트웨어도 해당되는) 수천 가지의 보안 문제점들 때문에 사람들은 상시적으로 위험에 시달릴 수밖에 없다. 나쁜 녀석들은 사람들이 패치하기 전에 빨리 결함을 이용하려 들면서 그들이 이용해 먹을 더욱 많은 결함들을 고마운 착한 사람들 덕분에 금방 충분하게 보충할 거라고 여기게 되었다.

'비밀 유지' 모델에서 업체들은 공격 희생자들에게 사용된 결함을 찾지 못하기도 한다. 사람들은 특정 보안문제에 관해 들어보지 못했기 때문에 업체들이 그 결함을 수정하도록 압력을 넣기가 어려워진다. 이 세상에는 (찾아내고 수정하기엔 너무 많은 투자를 필요로 하는) 아주 많은 보안문제점들이 있긴 하지만, 아직까지 나쁜 녀석들이 악용할 문제점을 찾으려면 기술적인 작업을 통해야만 한다. 그래서 보안 결함을 이용한다는 것이 그들에게 유리하기만 하지는 않다. 나쁜 녀석들이 악용할 소프트웨어 결함을 찾기 위해 더 많은 비용을 써야 할 필요가 있고 또한 그들이 알게 된 결함을 계속 써먹기 위해서는 목표가 정해진 공격에서만 한정적으로 사용해야 한다.

여러분은 사람들이 시스템을 최신으로 유지하기만 하면 된다는 이유로 첫 번째 시나리오가 더 좋아 보인다고 말할지도 모른다. 그렇지만 그런 이슈에 대해 잘 교육 받은 사람조차도 제때에 패치를 하지 않는 경우가 다반사다. 그것이 바로 우리가 상대해야만 하는 현실이다. 그리고 그럴 수밖에 없는 몇 가지 타당한 이유가 있다.

- 사용자들은 갱신된 프로그램을 설치하기 전에 믿을 만한 것인지 확인하고 싶어할 수 있다. 중요한 프로그램이 기능을 멈추는 것을 좋

아할 사람은 없다.

- 어떤 사용자는 갱신할 권리가 없을 수 있다. 업체가 더 이상 지원하지 않는 옛날 버전을 사용하거나 사용자가 새로운 버전으로 비용을 들여 업그레이드하길 원하지 않거나 하는 경우 때문이다.

- 어떤 업데이트가 보안을 위해 필요하다는 것은 분명치 않을 수도 있다. 틀림없이 몇몇 컴퓨터광들은 어떤 업데이트 프로그램도 보안문제를 제거하지 못한다고 생각할 것이다. (새로운 업데이트에 새로 작성된 코드가 많다면 실제로는 더 많은 보안문제가 생길 수도 있으며) 대부분의 사람들이 '항상 패치'하는 마음 자세를 갖고 있는 것은 아니라는 것이다.

- 위험성은 가볍게 여겨지기 쉽다. 어떤 위험한 행동을 하는 것도 자제할 수 있다는 자신감으로 나는 애플 OS X의 보안업데이트를 설치하지 않고 며칠을 보낼 수도 있다. 내 컴퓨터는 NAT 같은 장비의 기능으로 보호받을 수 있기 때문이기도 하다. 물론 그렇다 해도 여전히 위험성이 있음을 인식한다. (예를 들어 악의적인 광고 같은 것은 보안문제가 있을 때 내가 브라우저를 즉시 업데이트하게 되는 이유이다.) 옳든 그르든 사람들은 일반적으로 인터넷을 꽤 안전하다고 여긴다. (그렇지 않다면 보안이 향상되도록 더욱 많은 요구가 있었을 것이다.)

비교되고 상반되는 이 두 가지 모델이 가지고 있는 관점에는 사실은 그렇지 않음에도 오직 둘 중 하나를 선택해야만 된다고 가정하는 오류가 있다. '비밀 유지' 모델은 10~15년 전에 우리가 살던 세상이다. '전면 공개' 모델은 오늘날 우리가 사는 세상이다. 그렇지만 나는 더 나은 세상을 상상해본다.

우리가 더 잘 해내야만 할 것들이 무엇인지 이해하려면, 취약점 공개의 (아주 높은 수준에서) 역사와 그것이 실패한 이유를 살펴봄으로써 교훈을 얻어야 한다.

1990년대 초반으로 되돌아가 보면 그리 많지 않은 사람들만이 소프트웨어의 보안 결함에 관심을 두었는데, 주된 이유는 인터넷을 사용하는 사람들이 소수였기 때문이었다. 직장에서 로컬 윈도우 네트워크를 사용하는 사람들이 얼마간 있긴 했지만 소수의 사람들만이 다가오는 전자적인 위협을 걱정했는데 그 이유는 네트워크를 손상시킬 수 있는 더욱 직접적인 방법이 있었기 때문이었다.

고작 연구자들 정도만이, 소프트웨어가 보안 결함을 가질 수 있으며 그러한 결함들이 결과적으로 재난을 가져올 수 있으며 특히 나쁜 녀석들에게 환경만 주어진다면 그들이 지구 반대편에 있는 장비를 접수해, 원하는 코드를 원격으로 실행할 수 있다는 것을 이해하기 시작했다.

그 당시, 연구자들은 일반적으로 꽤 이타적이었는데 이 말은 이익보다는 그들의 관심사를 쫓을 수 있을 만큼 경제적인 유인이 크지 않았다는 의미이다. 그들은 나쁜 녀석들이 이러한 결함들을 사용하는 것을 원치 않았고 그들이 찾아낸 문제점과 그것을 수정할 방법을 소프트웨어 업체에게 접촉해 전달해 주곤 했다.

대부분의 회사들은 보안 결함에 대한 사람들의 보고를 그냥 무시하거나 기약 없는 수정 약속으로 한 없이 꾸물거렸다. 기업들이 이타적이기는 힘들다. 물론 그들도 고객이 안전하길 원하겠지만 문제를 이해하고 수정하는데 비용이 드는 것을 원치 않았다. (많은 보안 연구자들이 개발 비용상의 영향을 매우 과소평가 했다.) 기업의 관점에서 보면 고객은 보안성을 요구하지 않았고, 선량한 사람들만이 그 문제를 알고 있는 사람이었기 때문에 위험성이 많다고 보지 않았다. 물론 나쁜 녀석들이 문제를 찾을 수 있을지 모르나 그러한 증거가 나타나기 전까지는 아무 조치가 없어도 괜찮아 보였다. 많은 사람들은 나쁜 녀석들이 문제를 찾으려 하고 있지 않거나 그들이 찾기 시작했더라도 그 같은 특별한 문제를 찾을 수 없을 것이라 생각했다. (이것은 지금 당장 논의하지는 않지만 흥미 있는 주제이다.)

선량한 사람들은 대중들이 위험에 빠지는 것을 좋아하지 않았다. 그래서 1993년이 끝나갈 무렵 몇몇 사람들이 기업들이 문제점을 수정하지 않는다면 그 문제를 세상에 발표하겠다고 위협하여 기업이 올바른 일을 하도록 압박을 가하기로 결정했다.

이러한 시도는 실제로 이루어졌다. 폭로는 주의를 환기시키는데 도움이 되었다. 특히 마이크로소프트[49] 제품상의 결함 공개는 몇몇 기술 분야 기자들의 관심을 끌었다. 이들은 마이크로소프트가 버그를 수정하도록 압력을 넣는 것뿐 아니라 결국엔 엄청난 양의 문제를 폭로해 마이크로소프트에게 보안성이 아주 나쁘다는 평판을 가져다주게 되었다.

모든 것이 매끄럽게 이루어지지는 않았다. 어떤 업체들은 취약점 공개로 고객이 위험에 처할 것이라 생각해 그러한 시도를 공갈 협박쯤으로 인식했다. 취약점이 먼저 공개되어, 업체가 문제점을 수정할 기회를 갖지 못하거나 고객의 손에 수정본이 전달되지 못하는 때가 특히 그런 경우였다.

결과적으로 '전면 공개(full disclosure)[50]'를 결정했던 취약점 연구 커뮤니티의 대부분의 사람들은 틀린 결정을 한 것으로 보인다. 결국 그들은 '책임 공개'로 전환할 수밖에 없었다. 이 용어는 각기 다른 사람들에게 약간 다르게 이해될 수 있으나, 일반적으로 벤더가 문제를 수정하고 고

---

49) 역자주_MS의 보안 취약점 관리에 대해서는 http://www.networkpark.com/87?srchid=BR1 http%3A%2F%2Fwww.networkpark.com%2F87 참조.

50) 역자주_전면 공개(full disclosure) - 전면 공개는 알려진 보안문제의 모든 세부 사항을 대중들에게 공개적으로 알리는 취약점 공개 방식이다. 전면 공개 개념이 논쟁이 된 것은 19세기부터 자물쇠 기술자들에게서 부터라고 한다. http://en.wikipedia.org/wiki/Full_disclosure 참조.

객에게 수정된 것을 전달할 수 있도록 벤더에게 2~3개월 먼저 문제점을 통지해 주는 것을 의미했다.

그것은 꽤 합리적으로 들릴지 모르나 여전히 몇 가지 문제점이 있다.

- 60일에서 90일이 취약점 연구자나 개발자들에게는 충분한 것처럼 보일지 모르나, 소비자에게 소프트웨어를 전달해 주는 데 필요한 모든 일을 관장하는 사업부 입장에서는 시간이 많이 부족할 수 있다.
- 업체가 90일 내에 취약점을 제거할 수 있다손 치더라도 그 시간 안에 소비자 업그레이드도 함께 이루어질 것이라는 생각은 불합리하다.
- 업체가 실제로 문제를 수정했다면 취약점을 세상에 공표해야만 할 이유가 무엇인가?

좀 더 상세하게 마지막 문제점을 살펴보자. 공개 측 사람들은 문제가 공개되지 않는다면 사람들이 위험성을 깨닫지 못해 소수만이 패치 하게 될 것이라고 말한다. 그렇지만 나쁜 녀석들도 패치가 처리하는 취약점이 무엇인지 알기 위해 무엇이 바뀌었는지를 살펴볼 것이다. 논쟁에서 비공개 측의 주장으로는 취약점 공개가 패치를 적용한 사람들에게 악성코드의 악용 가능성을 늘린다고 하는데, 이것은 나쁜 녀석들이 패치에서 수정된 문제가 어떤 건지 확실히 알 수 있게 하고 심지어는 실제로 존재했던 문제점에 대한 좋은 아이디어를 제공하게 되기 때문이라는 것이다. 문제점에 대한 수정된 내용이 보안과 관계없는 코드 업데이트와 함께 정식 배포로 합쳐져 조용히 배포되었다면 나쁜 녀석들은 잘못된 게 있었는지 조차 알 수 없을 것이다.

게다가, 취약점 공개가 될지라도 일반적인 소비자가 보안 위험성을 인식하는 경우는 매우 드물다. (그것은 기본적으로 출판이나 그 비슷한 미디어로 알려질 필요가 있다.) 뿐만 아니라 IT에 꽤 정통한 사람들은 모든 패치에는 보안 수정 사항들이 잠재적으로 포함되어 있다고 가정한다.

결국, 이 질문은 '취약점 공개가 나쁜 녀석들에게 얼마나 도움이 될까?'로 귀결된다. 그 대답은 '엄청나게 큰 도움이 된다!'라고 말할 수 있다. Global Internet Threat Report 최신호에서 시만텍은 2007년도에 15개의 제로-데이 취약점이 발견되었다고 보고하고 있는데 이는 취약점이 일반에 공개되기 전에 패치 같은 보완책이 준비되지 않은 황무지에서 악용되는 15개의 취약점을 발견했다는 것을 의미한다. 그러나 The Computer Emergency Response Team[51]에 따르면 2007년도에 공개된 취약점은 최소한 7,236개가 있었다고 한다.

명백한 수치로 발표된 통계를 본적은 없지만 맬웨어의 압도적인 다수는 (쉽게 95% 이상) 공개된 정보인 취약점과 관련된 보안 결함을 이용한다.

물론, 비공개 보안 결함을 이용하는 사람이 전혀 없다는 의미는 아니다. 난, 그런 일을 하는 사람들을 좀 안다. 거기엔 미국정부도 포함되어 있다. 그렇지만 나쁜 녀석들은 그런 보안 결함은 (가능한 오랫동안 효과적으로 그들의 공격수단을 유지하려는 바람으로) 매우 신중하게 사용하는 경향이 있다.

결국, 일단 업체가 수정한 문제점을 공개하지 않는다면, 나쁜 녀석들은 더 많은 취약점을 직접 찾아내야 할 것이다. 그렇다, 나쁜 일을 하겠다니 더 많은 비용을 들이도록 만들어 주는 것이다.

내가 봤던 모든 증거들로는 업체가 문제점을 수정하고 있다면 취약점 공개는 일반적인 사용자에게는 오히려 역효과라는 것을 나타내고 있다.

---

51) 역자주_CERT/CC(Computer Emergency response Team/Coordination Center) – 미 국방성 첨단 프로젝트 관리국에서 체계적인 인터넷 보안 전담을 위하여 만든 기구다. 1988년 발생한 Internet Worm 사건 이후 설립되었다고 한다. 국내에도 같은 목적의 기구인 인터넷 침해사고 대응팀(SERT korea)이 있다.

그런데도 왜 취약점 공개가 여전히 이루어지고 있을까?

쉽게 대답하면, 취약점 연구자들은 명성, 부, 명예를 원한다. 이 커뮤니티의 경제적 관심사는 더 이상 최종 사용자들의 관심사와 나란히 할 수 없다. 개별적인 연구자들은 돈을 더 벌기 위해 이름이 알려지길 원한다. 게다가 그들은 취약점을 팔 수도 있다. TippingPoint 같은 합법적인 회사는 취약점을 사들인 다음 취약점들을 세상에 공개한다. 그렇게 하는 것은 보안 커뮤니티로부터 관심을 끌어 효과적인 마케팅 전략이 된다. 게다가 취약점 구매에 의해 취약점이 알려지기 전부터 그들의 고객을 보호해줄 수 있다. 반면에 다른 업체들은 보통 그들의 고객을 보호해 주기 위해서는 취약점이 공개될 때까지 기다려야 한다. 취약점을 사들인 업체는 그런 방식이 일반에 취약점이 공개되기 전에, 문제를 찾아서 고객들을 보호할 수 있기 때문에 나쁜 녀석들의 빠른 움직임에 대항해 사람들을 보호한다고 주장할 수 있다. 그렇지만 이런 회사들은 자신들의 사업을 위해 사람들의 안전을 위협하고 있는 것이다.

취약점 공개의 목적은 업체들에게 소프트웨어의 문제점을 수정하도록 강제하여 사람들이 더 안전해지도록 만드는 것이 아니었던가? 마이크로소프트는 가능한 빨리 문제점들을 수정하고 있는데도 사람들은 여전히 나쁜 녀석들에게 왕국의 열쇠를 주려는 듯이 군다. 업계처럼 우리도 무엇이 중요한지를 보는 눈을 잃은 것임에 틀림없다.

난 업계가 다음과 같은 취약점 공개 관례로 전환해야만 한다고 생각한다. 이것을 '스마트한 공개'라고 부르겠다.

1. 선량한 사람들이 제품에서 보안 취약점을 발견했을 때, (일반적으로 security@domainname.com 계정으로 메일을 보내는 식의) 표준적인 방법으로 업체에 접촉한다.

2. 발견자는 업체가 문제를 확인하고 향후 대응을 계획하는데 30영업일 정도의 기한을 준다. 발견자는 문제점을 확인하는 데 필요한 지원을 제공해야 한다.

3. 합의된 일정에는 최소한 수정본이 구현되고 완전하게 테스트되고 수정본을 고객이 사용할 수 있을 때까지의 시간을 확보해야만 한다. 업체에서 자신들의 작업량과 우선순위를 정당화할 수 없다면, 수정과 테스팅 각각에 대한 일정은 90일을 넘을 수 없다.

4. 당사자들은 첫 번째 달에는 매주 단위로 이후에는 최소 월 단위로 진행상황을 보고해야만 한다.

5. 다음에 계획된 제품의 출시가 문제를 확인한 날짜로부터 4~12개월 정도 남았다면 업체는 출시 계획된 제품에 수정 사항을 집어넣는 것이 허락되어야만 한다.

6. 다음에 계획된 제품 출시가 4개월 미만 남았다면 업체는 다음다음 번 제품 출시에 수정 사항을 집어넣는 것이 허락되어야만 한다. 이때, 차차기 출시가, 차기 출시 일정 이후로 10개월 이상의 시간이 지나서는 안 된다.

7. 현재 제품 출시 계획이 없다면 업체는 새로운 출시를 6개월 안에 해야 한다.

8. 업체가 (지정된 기간 제한인) 30일 이내에 계획을 제출하지 않으면 발견자는 2주간의 통지 기간을 주고, 업체가 여전히 적당한 계획을 제출하지 않으면 발견자는 자유롭게 취약점을 공개할 수 있다.

9. 업체가 정직하게 행동하지 않거나 계획의 어떤 부분이라도 60일을 초과하면 발견자는 업체에게 기한 초과된 단계를 완수하는데 2주간을 더 준다고 통보한다. 그 단계가 2주 내에 완료되지 못하면 발

견자는 자유롭게 공개할 수 있다.

10. 문제점이 이미 악용되고 있다면 업체는 문제점을 인정해야만 하고 대중들에게 대응 일정을 제시해야만 한다.

11. 첫 18개월 동안 공개에 대한 업체의 바람은 존중되어야만 한다. 패치와 함께 문제점을 공개하는 것을 원한다면 그렇게 해 주어야 한다. 버그가 공개되지 않기를 원한다면 그렇게 해 주어야 한다. 업체가 공개에 동의한다면 문제점 공개 시 발견자의 역할을 인정해 주어야만 한다.

12. 수정판이 사용 가능해진 뒤 18개월 이후에는 발견자는 문제점을 대중에게 공개할 수 있다. 업체는 이 시점에 발견자의 역할을 인정해 주어야만 한다. 이것은 보통 고객에게 보안 결함에 관한 지침을 발표하는 시점에 이루어진다.

이러한 가이드라인 전부는 계획이 이루어지고 의사소통이 이루어지는 동안 계속 고려되어야 한다. 난 대부분의 취약점 연구자들이 규모가 큰 소프트웨어 개발 업체가 처리하는 방식을 이해하지 못하며 수정이 언제 어떻게 이루어지는지에 대해 실정에 맞지 않는 기대를 하고 있는 것을 발견했다. 마찬가지로 대부분의 소프트웨어 업체들이 소프트웨어의 보안적인 측면에 대해 잘 모르며, 발견자들을 기분 좋게 해줄 줄 아는 방법도 모르고 있다는 것을 발견했다. 그렇기 때문에 발견자들은 '스마트한 공개'를 대안으로 제시해야 하고 그렇게 하면 소프트웨어 업체들의 기대도 만족될 수 있을 것이다.

마지막 두 항목은 아주 중요한데, 마지막 항목을 둔 이유는 취약점 발견자들이 그런 일을 하는 주된 이유가 비록 자신들의 명성을 위함일지라도 그들이 좋은 일을 하고 있다는 데 있다. 아직까지는 경제적인 유인

책으로서 홍보를 해야 할 필요가 있지만 업데이트를 하면 보호받을 수 있다고 합리적으로 생각하는 사람들이 충분히 많아졌으면 좋겠다. 덧붙여, 소프트웨어 업체들이 업데이트한지 1년 이상 된 소프트웨어를 그냥 사용하는 사람들에게 보안 경고를 하도록 했으면 좋겠다.

'책임 공개'에 대해 열렬한 옹호자인 사람들에게는 내 논리에 대해 몇 가지 반대 이유가 있을 것이다.

마이크로소프트 같은 많은 회사들이 '책임 공개'를 지지한다.

오늘날 보안업계는 '책임 공개'는 좋은 것이라는 신념을 당연하게 여기는 문화가 있다. 소수의 사람들만이 이 신념에 대해 논쟁하려하고, 대부분의 사람들은 비공개 시절에 비해 훨씬 좋아진 것이라 생각하는 듯이 보인다. 그렇지만 보안 커뮤니티 외부의 시각으로 봤을 때, 제품 관리자가 취약점 공개를 진심으로 즐거워 할거라 생각하는가? 제품 사용자들이 위험에 빠지면 제품과 기업의 평판은 나빠진다. 그런 기업들은 '보안에 관해 무관심하다'고 언론에 의해 알려지는 상황을 그냥 불안하게 지켜보기만 하게 되더라도 불평할 수 없을 것이다. 난 기업들이 어떻게 생각하는지는 대개 쟁점과는 관계없다고 생각한다.

문제가 있는지, 있다면 최소한 언제 패치가 발표되는지를 사용자들이 알 수 있도록 기업들이 알려주어야만 하지 않나?

우리는 업계처럼 소프트웨어가 보안문제를 갖고 있는 것을 알려주는 게 당연하다고 배웠다. 사람들이 발견 가능했던 것 모두를 제거했다 해도 무언가 더 찾아낼 수 있다. 문제가 나쁜 녀석들 손에 넘어가지 않는 한, 사용자는 특정 문제에 관해 모르는 것이 최선일 수 있는데 사용자가 모른다면 나쁜 녀석들도 발견할 가능성이 낮기 때문이다.

그러나 나쁜 녀석들이 패치를 리버스엔지니어링해서 보안문제를 찾지는 않을까?

보안관련 수정 사항이 (많은 다른 변경과 함께) 실제 출시에 포함된다면 보통 수정 사항을 찾아내기는 어렵다. 소프트웨어 업계에서는 내부적으로 찾아낸 보안 버그에 대해서 항상 이런 식으로 처리한다는 것에 주목해야 한다. 업체들은 그들이 알게 된 문제점을 조용히 수정하고 그런 취약점들이 알려지는 일은 매우 드물다. (비록 가끔 발생은 하지만-경험적으로 말하면 100개의 보안문제 수정 사항에서 1개도 안 된다. 그리고 그런 것들도 거의 언제나 패치 한참 후에 버그가 공개되는 경우이다.) 출시제품이 명시적으로 보안 향상 출시일 경우라면 나쁜 녀석들은 리버스엔지니어링이라도 시도할 것이고 문제점을 찾아낼 것이다. 이럴 경우 문제점은 위험성이 없는 수천 개의 코드 변경에 의해 감춰질 수 없다는 것이며, 이 말은 마이크로소프트가 '화요일 패치'[52] 전통을 지키는 것이 결국엔 지속적으로 공개를 계속하고 있는 것과 마찬가지라는 것을 의미한다.

문제점 공개를 고수준으로만 한다면 문제점의 전모를 추측하기에 세부사항이 충분치 않게 만들 수 있지 않을까?

사람들에게 문제점이 있으며 어디서 찾을 수 있는지 대강의 요점을 알려주기만 해도 그 사람들에게는 비용을 엄청나게 줄여주는 것이다. 지난해 댄 카민스키(Dan Kaminsky)[53]가 DNS에 있는 주요 버그를 발견했을 때 무슨 일이 일어났는지를 생각해 보라. 일단 망할 놈의 카민스키(Daminsky)가 취약점 공개 전에 사람들이 패치를 유도하기 위해, 버

---

52) 저자주_마이크로소프트는 매달 둘째 화요일에 소프트웨어의 보안 수정사항을 릴리즈한다.
53) 역자주_DNS 취약점(DNS cache poisoning)의 최초 발견자로 유명해진 보안 전문가이다. http://en.wikipedia.org/wiki/Dan_Kaminsky를 참조.

그가 있었다는 것을 인정하자, 취약점 연구 커뮤니티의 일부 사람들이 움직이기 시작했고 취약점을 재발견해 블로그에 올려 버렸다. 나쁜 녀석들도 움직이기 시작했으며 취약점을 이용하려 했다.

'스마트한 공개'가 가야 할 올바른 길이라고 생각하긴 하지만 오늘날 우리가 가진 문화가 너무 깊게 물들어 있어 바꾸기 힘들 것이라는 생각도 든다. 특히나 마이크로소프트가 화요일 패치를 그만둘 것 같지가 않다. 우선, 앞서 설명한 가이드라인 12번처럼, 취약점 발견자의 공로 인정을 미루는 것이 취약점 연구 커뮤니티의 경제적 동기를 주지 못하기 때문에 최종 사용자가 곤란을 겪는다 해도 어떤 다른 개선 사항도 지지받을 가망성이 적어 보인다. 그 동안 취약점 커뮤니티가 보안 커뮤니티와 그 외의 사람들에게 문화를 전파해왔기 때문에, 마이크로소프트가 매월 패치 모델에서 스마트한 공개에 가까운 방법으로 바꾸려 한다면 반발이 있을 것이다. 취약점 연구자들은 마이크로소프트가 고객을 위해 최선을 다하더라도 보안에 관해 관심 없는 것처럼 묘사하려 할 것이다. 빌어먹을 마이크로소프트에는 화요일 패치를 바꿔보려는 것을 승인하지 않으려하는, 소위 오늘날의 보안 문화를 가르치는 사람들이 많은 것이 틀림없다.

그렇기 때문에, 실제로 변화가 일어날 것을 기대하지는 않는다. 단지 나의 바람일 뿐이고 정부가 국민들의 최고 관심사인 취약점 공개 관례를 입법이나 그 비슷한 것으로 규정하는 것을 봤으면 좋겠다. 그렇지만, 오늘날의 보안업계의 문화에 물들지 않은 여러분들에게 강조하고 싶은 것은 업계가 여러분에게 막대한 피해를 주고 있다는 점이다. 특히 자신들의 보안제품을 (이 목록에는 IBM 같은 큰 이름도 포함된다.) 파는 방법의 일환으로 취약점을 찾아내고 있는 많은 기업들로 인해, 나쁜 녀석들은 엄청난 무기를 공급받고 우리는 더욱더 위험한 세상에서 살게 되었다는 것이다.

CHAPTER 31

맨인더미들어택(Man-in-the-Middle Attacks)은 신화인가?

7년 전쯤에, 내가 알던 어떤 사람이, 페이팔(PayPal)[54] 서비스를 통해 판매되는 소프트웨어라면 언제든지 공짜로 얻을 수 있다는 것을 내게 증명해 보였다. 그렇게 하려고 한 일이래 봤자 소프트웨어를 판다고 하는 웹페이지를 복사하고 그 가격을 변경하는 것이었다. 그다음 복제 페이지에서 전송 버튼을 클릭하면, 그 변경된 가격의 내용은 페이팔로 전달된다. 공급업체가 (거래를 확실히 하기 위해 SSL 통신으로 상점과 연결하는) 특별한 페이팔 시스템을 사용하지 않았다면, 페이팔은 그 가격이 진짜라고 그냥 믿게 된다.

지금은 어떤지 모르겠지만 그때는 아무도 거래 대상을 증명할 수 있는 특별한 시스템을 사용하고 있지 않았다. 게다가 누군가 사용하고 있었더라도 큰 차이가 없었을 텐데, 암호 전문가가 아닌 이상 페이팔에서 제공하는 샘플 코드를 이용했을 것이기 때문이었다. 나는, 페이팔 샘플 코드

---

54) 역자주_페이팔(PayPal) – 미국의 인터넷 결제 대행, 온라인 송금 서비스를 하는 회사로 이베이에서 인수했다. 북미 쪽의 전자상거래 사업자들은 대부분 결제 방식으로 페이팔 서비스를 채택하고 있다. 자세한 내용은 홈페이지 http://www.paypal.com/ 참조.

가 제대로 된 SSL 연결로 안전하게 만드는 방법을 보여 주고 있지 않다는 것을 발견했다. 페이팔의 샘플 코드의 내용을 따랐다면, 결국 연결이 되더라도 맨인더미들어택을 쉽게 당할 수 있었던 것이다. (개념적으로 이해 못하는 사람들을 위해 나중에 간단한 설명을 할 것이다.) 나는 페이팔의 창립자이자 당시에 CTO였던 막스 레브친(Max Levchin)에게 이러한 점을 모두 지적했다. 그는 이것이 실제 문제라고 믿지 않는 듯했고 특히 가맹점들이 보안에 관해 관심을 두지 않고 있어서 중요하다고 생각하지 않는 듯했다. 실제로 가맹점들의 무관심을 이유로 삼는 것은 아주 무책임한 반응이라고만 할 수는 없다. 그 후 먼저 내게 접촉했던 사람이 어떤 출판 매체에서 그 이야기를 다루기로 결정했고 곧바로 '와이어드_Wired'지 기자가 내게 논평을 요구했다. 나는 알고 있는 것들을 기자에게 얘기해 주었고 이에 관한 기사가 나왔다.

레브친은 그 기사에서 역시 인용되었으며 거기서 그는 그런 공격은 현실적이지 않다는 그의 믿음을 반복하며 페이팔의 지불 프로토콜에 대해 맨인더미들어택을 수행하는 것은 '거의 일어날 것 같지 않은' 일이라고 주장했다. 기사에서 설명하기로는 레브친을 '암호화 기법의 전문가'라고 했다. 난 맨인더미들어택이 얼마나 실질적인 문제인지에 관해 그렇게 비현실적인 시각을 갖고 있다면 그 누구도 전문가라고 인정할 수 없다.

아주 쉽게 말해서, 맨인더미들어택이 무엇인가? 여러분이 컴퓨터로 암호화기법을 사용해 어떤 서버에 연결하고 싶다고 해 보자. 양측에서 각각의 신원을 확인하는 것을 주의하지 않는다면, 결국 서로 통신은 하고 있지만 직접 통신이 아닌 경우에 빠질 수 있다는 것이다. 공격자는 중간에 위치해서 통신 메시지를 중계하거나 변경하기도 하고 심지어는 누락시킬 수도 있다. 대부분의 사람들은 여전히 암호화가 이루어지고 있다는 것에 안심하지만 그것은 서로 통신하고 있는 상대방이 합법적인 참가자들이라는 것을 확인도 하지 않은 상태에서 이루어지는 사상누각에 불과한 것이다.

레브친은 맨인더미들어택이 오직 이론일 뿐이라고 믿는 것처럼 보였다. 레브친이 그렇게 믿는 이유는 공격자가 희생자와 희생자 간의 연결 중간에 끼어들기 위해서는 ISP(Internet Service Provider)의 주요 라우터를 거쳐야만 한다는 사실 때문이었다. 레브친은 ISP가 그들의 라우터에 관리자로서 접근하는 사람을 제한하는 방법으로 네트워크를 아주 안전하게 지킨다고 믿고 있었다. 라우터들은 수없이 많은 트래픽이 통과되고 있음에도 레브친은 오직 관리자 권한의 트래픽만이 최종 사용자를 위험에 빠뜨리는 것이라 생각한 것이다. 시스코(Cisco) 라우터 운영체제인 IOS (Internet Operating System)가 많은 보안문제를 가지고 있다는 사실에도 불구하고, (그때 당시에도 알려진 것들이 많았다.) 사용자를 위험에 빠뜨리는 것이 관리자 권한의 트래픽만은 아니라고 생각한다. 보통, 공격자들은 라우터에 침입하려 하지 않는 데, 그 이유는 성능상에 눈에 띄는 영향을 주지 않고 침입하는 것이 매우 어렵기 때문이다. 물론 IOS에 대한 제로데이 공격코드를 사용하려는 공격자라면 시간을 들여 착수하고 실행해 볼만한 여러 가지 비용 대비 효과적인 방법들이 있을 것이라고 추측한다. 난 대부분의 사람들이 이것을 안다고 생각하고 있었는데 의외로 내가 만난 많은 사람들은 맨인더미들어택이 본질적으로 실제적인 걱정거리가 아닌 신화라고 결론 내리고 있었다.

결과적으로 그런 결론들은 틀렸다! 밝혀진 것처럼, 맨인더미들어택은 ARP[55] 위장 공격(ARP poisoning)으로 불리는 기술을 사용하면 실제로 성공할 수 있다. 기술적인 세부사항은 피하고 싶지만 아주 간단하게 말해

---

55) 역자주_ARP(Address Resolution Protocol, 주소결정 프로토콜) – LAN으로 연결된 컴퓨터 사이의 통신에 이용되는 논리적인 주소인 IP 주소를 네트워크 카드 각각에 지정된 물리적인 주소 MAC(Media Access Control) 주소로 변환하는 기능을 하는 프로토콜이다.

나쁜 녀석들은 ARP 위장 공격을 사용해 자신의 컴퓨터가 로컬 게이트웨이[56]인 것으로 여기도록 로컬 네트워크상의 컴퓨터들을 속일 수 있다는 것이다. 이것이 의미하는 것은 모든 사용자들이 인터넷을 이용할 때 그들의 트래픽이 나쁜 녀석의 컴퓨터를 거쳐 가는 것이 가능하다는 것이다. 거기엔 이러한 공격을 아주 쉽게 시작할 수 있게 도와주는 DSniff, ettercap, Cain & Abel 같은 많은 도구들이 있다.

나쁜 녀석들에게 필요한 것은 단지 누군가의 LAN에 만들어진 거점이다. 사무실에서 여러분 옆자리 컴퓨터가 감염되었고 그 컴퓨터가 봇넷 노드라면, 여러분은 이미 같은 네트워크상에 있을 것이기 때문에 어떤 녀석들이든지 여러분을 상대로 맨인더미들어택을 어렵지 않게 시도할 수 있다. 이웃끼리 같은 케이블을 사용하는 가정용 사용자라면 이웃끼리 동일한 LAN 상에 있는 수가 많다. 그렇기 때문에, 집에서 이베이(eBay) 거래를 할 때, 그 웹사이트에 페이팔의 IPN(Instant Payment Notification) 코드를 직접 사용한다면 나쁜 녀석들이 이웃의 컴퓨터를 이용해 여러분을 쉽게 공격할 수 있다.

페이팔에서 얻은 IPN 코드를 가지고 페이팔 서버에 연결을 시도하면 공격자는 연결을 가로채고 통신과 관계없이 'Yes'라는 응답을 돌려준다. 그다음, 공격자는 여러분에게 돈을 보내지 않고도 송금했다고 주장할 수 있다.

악당들이 페이팔을 이용하는 소매상들을 실제로 목표로 하는지는 (가능하긴 하겠지만) 확실히 모르겠다. 그렇지만, 나쁜 녀석들이 실세계에서 맨인더미들어택을 가할 수 있고 이메일 서버, 인스턴트 메시지 서버, 그와 비슷한 것들에 대해 평문 비밀번호를 보내는 것을 가로채는데 그 공

---

56) 역자주_로컬 게이트웨이(local gateway) – LAN으로 구성된 네트워크에서 인터넷 같은 원거리 통신망에 연결해 네트워크 간의 통신을 가능하게 해 주는 역할을 한다.

격법을 사용할 것이라는 것은 확실히 알고 있다. 그들은 때로는 SSL 세션을 공격하고 전송되는 것에서 비밀번호나 신용카드정보를 빼낼 것이다. 이러한 일들은 여러분의 컴퓨터가 전혀 감염이 되지 않아도 발생할 수 있고 이로 인해 여러분은 쉽게 위험에 빠질 수 있다.

ARP 위장 공격은 탐지될 수 있다. 시스코와 다른 업체들의 고급 하드웨어는 몇 년 전부터 이에 대한 탐지 기능이 있었다. 그 기능은 ISP가 지금 당장 효과적으로 사용할 수 있는 것이지만 그 기능은 저가 장비에도 포함되어야 할 필요가 있다. 하지만 그렇더라도 그 장비로 교체되려면 시간이 오래 걸릴 것이다. 제발, 네트워크 벤더들이 이 기능을 모든 하드웨어에 도입해 주었으면 좋겠다, 가능한 빨리!

일단 그렇게 되면, ARP 위장 공격은 다소 줄어들 것이다. 그렇지만, 우리가 그것을 제거한다고 해도, 실제로 훨씬 나쁜 종류의 맨인더미들어택의 문제가 남아있다. 예를 들어, 커피숍에 가서 컴퓨터를 무선 핫스팟에 접속할 때 맨인더미들어택을 당하기 쉽다. 여러분이 그 커피숍에 매일 가며 편의상 'CoffeeShop'이라 부르는 핫스팟에 접속한다고 해 보자. 여러분은 온라인 상태일 때 'CoffeeShop'과 통신하는지 나쁜 녀석의 장비와 통신하는지 어떻게 알겠나? 나쁜 녀석들이 공식적인 신호보다 더 강력한 신호를 만들 수 있다면 원래의 'CoffeeShop'이 아닌 나쁜 녀석의 네트워크를 보게 될 것이다.

비슷하게 나쁜 녀석이 암호화된 홈 네트워크를 엿보기 원한다면 그는 같은 이름을 갖는 암호화되지 않은 네트워크를 구성하기만 하면 된다. 사용자는 아마도 차이점을 쉽게 눈치채지 못할 것이다. 게다가 믿거나 말거나 비슷한 공격은 대부분의 휴대전화에서도 가능하다. (비록 모바일 공격은 비싼 장비들을 필요로 하긴 하지만.)

이크! 그렇다면 무선 연결을 보호하기 위해 여러분이 할 수 있는 것은 무엇이란 말인가? 휴대전화라면 실제로 해볼 만한 일은 거의 없다. (일반적인 사람이라면 위험에 빠질만한 가능성이 거의 없기 때문에) 대부분 사람들의 관심을 끌 만한 공격을 시도하려면 너무 비용이 많이 들어간다. 그러나 무선 라우터에 연결할 때는 여러분이 확실히 지켜야 할 원칙이 있다. 무선 라우터에 접속할 때는 컴퓨터에 민감한 자료들은 반드시 암호화시켜 놓아야 한다.

불행하게도 그것은 귀찮은 일이다. 하지만, 적어도 다음 내용들은 잊지 말아야 한다.

- 여러분이 어떤 웹사이트에서 개인 정보를 입력하려 할 때, 브라우저 상태 바에 자물쇠가 보이는지 확인해야 하며, 에러 표시가 팝업 되지 않는지 확인해야만 한다. 뿐만 아니라, 인증서가 예상하는 사이트에 대한 것인지 확인하기 위해 자물쇠를 클릭해봐야 한다. (맨인더미들어택을 시도하는 나쁜 녀석은 가짜 사이트에 대한 인증서를 보내기도 한다.)

- 여러분이 집에서 네트워크에 로그인하려 하거나 항상 사용하는 네트워크에 로그인하려 할 때 네트워크 비밀번호가 있는지 확인해야 한다. 그리고 여러분이 접속할 때마다, 암호화 상태로 연결되었는지 확인해야만 한다. 확인했다면 괜찮을 것이다. (일반적으로는 컴퓨터에 무선 연결 비밀번호를 저장해 놓는다.)

- 여러분이 어떤 다른 네트워크를 사용하고 있다면 그 네트워크에서 서버를 안전하게 인증하고 있는지를 확인하기 전에는 응용프로그램을 사용하지 말 것. 예를 들어, 대부분의 사람들의 이메일 구성 방식은 이러한 공격을 받기 쉽다. (그런 방식의 사용은 나쁜 녀석들이 이메일 비밀번호를 훔칠 수 있게 해줄 수도 있다.) 비슷하게, 몇 가지 인기 있는 메신저 프로그램들도 이러한 종류의 문제에 민감하다.

이제까지, 나쁜 녀석들이 감염시킨 컴퓨터에서 맨인더미들어택을 시도 할 수 있으며, 지구 반대편의 인터넷 카페에서 안전하게 유용한 비밀 번호와 그 밖의 모든 것들을 수집할 수 있다는 것을 보여줬다.

CHAPTER 32

공개 키 기반구조(PKI, Public key infrastructure)[57]
에 대한 공격

3년 전쯤의 일이다. 난 친구 한 명과 아침식사를 하고 있었다. 그 친구
는 SSL(secure sockets layer)과 TLS(Transport Layer Security)[58] 트래픽을
조사할 수 있다고 주장하는 특별한 장치 제품에 관해 얘기하고 있었다.
그는 내게 이 제품이 작동되는 원리를 물었다.

SSL/TLS 프로토콜에서 클라이언트는 서버가 유효하다고 가정한다.
서버는 디지털 서명된 여러 개의 서명을 가진 인증서를 제출한다. 클라이
언트는 모든 서명을 살펴보고 믿을만한 출처인지 계통을 역 추적해서 인
증서상의 서명이 모두 유효한 것인지 알아본다. 오늘날까지 많은 응용프
로그램들이 이러한 것을 전혀 검사하지 않고 서버 인증서를 그냥 무시하
거나 인증서에 대한 확인을 불충분하게 한다. (예를 들어, 베리사인_VeriSign

---

57) 역자주_공개 키 기반구조(PKI, Public key infrastructure) – 디지털 인증서 처리에 필요한 하
드웨어, 소프트웨어, 이용자, 정책과 절차의 집합이다. 이 기술을 바탕으로 하는 다양한 응용
제품들이 있으며 다양한 분야의 보안에 이용된다.

58) 역자주_TLS(Transport Layer Security) – SSL이 표준화되면서 붙은 이름으로 SSL 표준을 바
탕으로 만들어진 프로토콜로서 네트워크 통신 간의 도청, 간섭, 위조 방지를 위해 암호화 기법을
이용해 통신 기밀성을 지켜준다.

사가 인증서를 보증했는지를 확인하기는 하지만 인증서가 기대했던 업체에 대한 인증서인 지를 확인하지는 않는다.)

　자, 모든 클라이언트를 프록시 서버를 통해 SSL/TLS를 사용하도록 구성한다면 틀림없이 그 장치처럼 트래픽 확인을 할 수 있다. 아니면 모든 클라이어트에 루트 인증서를 설치하면 클라이어트들이 통신하는 상대가 누군지 클라이언트를 속일 수 있다. 혹은, 단순히 유효한 인증서를 자신의 인증서로 대체할 수 있는데 (비록 웹브라우저들은 처음 보는 인증서에 대해 보안 경고를 사용자에게 띄우긴 하겠지만) 대부분의 응용프로그램은 인식하지 못할 것이다. 앞선 친구의 질문에서의 장치는 아마도 이러한 접근법 중 하나를 취했을 것이다. 그러나 거기에는 또 다른 더욱 교묘한 속임수가 있어 나는 충격에 빠졌다.

　속임수는 PKI 신뢰계층의 최상단에 자리한 인증기관(CA_certification authority)들과 결부시킬 CA를 운영하는 것으로부터 출발한다. CA는 브라우저가 인증서 안의 정보들이 거짓이 아니라는 것을 쉽고 안전하게 확인할 수 있게 하기 위해 웹사이트에 대한 인증서에 서명한 신뢰된 기관 역할을 하는 서버 서비스들이다.

　직접 CA를 운영하려면 다른 CA에 방문하여 자신이 사용할 서명용 인증서를 사야 한다. 이제 그것으로 서명한 인증서는 그 자체로 보증될 수 있다. 이렇게 운영되는 CA가 모든 클라이언트 응용프로그램들에게 직접적으로 알려지지는 않더라도 이 CA의 자격증명은 클라이언트 응용프로그램들이 알 수도 있는 다른 CA에 의해 보증된다. (만약 그렇지 않다고 해도, 계층 라인 위쪽 어딘가에는 클라이언트 응용프로그램이 알만한 것이 있을 것이다.) 어쨌든 이렇게 하여 보증된 인증서를 통해 클라이언트와 신뢰 관계가 수립된다.

나쁜 녀석이 CA를 시작하고 이 같은 주 신뢰계층에 CA를 끼워 넣는다면 그다음에는 무엇을 할 수 있을까? 예를 들어 클라이언트가 *www.citibank.com* 사이트를 브라우징하려 하고 공격자가 중간에 있을 경우 무슨 일이 벌어질 수 있는지 살펴보도록 하자. 공격자는 *www.citibank.com*에 대한 인증서를 만들어서 자신의 CA로 인증서를 보증한 다음에 그 인증서를 여러분에게 제출할 수 있다. 여러분의 브라우저는 인증서를 확인하겠지만, 비록 그것이 정상적인 시티뱅크의 인증서가 아님에도 모든 것이 문제가 없어 보일 것이다. 어떤 경고도 표시되지 않을 것이다.

돈이 충분히 있어 CA를 시작한다 해도 그것만이 전부가 아니다. 나쁜 녀석이 이런 시도를 할 경우에 책임 추적성(accountability)이 큰 문제가 된다. 나쁜 녀석이라면 잡히고 싶지는 않을 것이다. CA를 시작하려면 새로운 CA를 인증해줄 수 있는 몇 개의 다른 CA들 중 한군데서 확인절차를 통과할 필요가 있다. 이것은 (이상적인 세계에서라면) 나쁜 녀석이 합법적인 간판을 가지고 있어야만 한다는 것을 의미한다. 그렇게 하려면 나쁜 녀석은 아마도 직접 사람들을 만나야만 할 것이다.

그렇지만 그것이 반드시 넘기 어려운 장애물인 것만은 아니다. 이런 방식을 이용해 미국을 염탐하려 계획하는 사악한 외국 정부라거나 반대로 사악한 외국 정부를 염탐하려 하는 국가 안보국(NSA)이라고 해 보자. 합법적인 CA를 만들어줄 누군가에게 자금을 전달해줄 중개인을 구하기만 하면 된다. 그렇지만 서명용 인증서 사본을 구하기 위해서는 그 작전에 충분한 접근 권한을 유지해야 한다. 이렇게 함으로써 무언가 잘못되었을 때 실패를 책임질 의심받지 않는 꼭두각시를 세울 수 있게 되는 것이다. 이와 다르게, 익명으로 임원 등제가 가능한 기업을 설립할 수 있는 나라들을 찾아보는 방법도 있다. 그 나라에서 잠깐 합법적인 ISP를 운영하고 CA 절차를 통과할 수 있게 하는 것이다.

이런 공격을 착수하는 데는 다해봐야 15만 불 정도의 비용이 들 것이다. 그 정도면 정부기관이나 컴퓨터 마피아에겐 큰돈도 아니다. 그 정도의 비용이면 인증기관 확인이 필요할 때 역할을 해줄 CA를 만들어 내는 것이 가능하다. 현실에서는, 이러한 시도를 더욱 간단히 해치울 수 있는 방법도 찾을 수 있을 것이다.

이런 종류의 공격을 막아낼 방법이 있을까? 예를 들어 받아들일 인증서와 신뢰할 CA를 하드코딩하는 방법을 사용해 볼 수 있을 것이다. 아니면 인증서 내의 모든 변경사항을 확인해 보는 방법이 있을 수 있다. 즉, 이전에 citibank.com에 대해 알고 있었고 CA가 변경된 것을 알아차렸다면 변경사항을 경고하는 것이다. 그러나 솔직히 눈에 띄게 잘못되지 않았다면 사용자들은 어떤 경고라도 무시하고 그냥 확인 버튼을 클릭해 버릴 수 있다. 희생될 가능성 있는 사용자 집단이 크다면 악당들은 더욱 유리해 진다. 차라리, 큰 금융기관의 등록 절차처럼 아주 엄격한 감사 요구를 받는 단일한 최상위 등록 창구를 이용하고 소수 이용자에게만 내부 등록을 허용하며 호환을 위해 다른 업계와 유사한 구조를 갖는 등록 방법이 있었으면 좋겠다. 아니면 (비록 유용성은 적더라도) 더 나은 방법으로, 사람들과 기업들이 서로 신뢰관계를 직접 설정하게 만드는 방법이 있을 수도 있다. 그렇지만 그것은 단지 공상적인 생각이다. 신뢰관계를 만드는 방식에 대한 어떤 주요 변화도 당장 도입하기엔 너무 부담이 크다.

성급한 변화는 인터넷 환경의 근간을 깨뜨릴 수 있다.

CHAPTER 33

HTTPS는 형편없다 : 없애 버리자!

SSL (이나 그 후계자인 TLS)을 활용한다 하더라도 누구나 실제로 안전해 질 가능성은 별로 없다. 별 볼일 없는 SSL은 보안에 대한 부정적인 인상을 심어 주는 데는 안성맞춤이다. 그렇지만, (SSL 사용을 강제하는 HTTP 프로토콜의 변형인) HTTPS는 사람들을 제대로 보호하는 것조차 불가능하기 때문에 더욱 나쁘다.

먼저, SSL을 사용하도록 만들어진 응용프로그램을 살펴보도록 하자. 일반적인 API를 이용한다면, 아주 적은 코드로도 쉽게 SSL 연결을 할 수 있지만 기본적으로 그 연결이 유효한지는 확인하지 않는다. 단지 연결만 될 뿐이고, 통신 상대가 누군지는 전혀 알 수 없다. 서버 쪽의 경우라면 더 대책이 없다. 보통 연결 후에 로그인 절차를 진행하는데 누군가 중간에 끼어들어도 확인할 수 없다.

자, 여러분이 그 기능을 만든 사람보다 현명한 개발자라면 아마도 인증서 확인을 수행하는 기능을 넣었을 것이다. 인증서 확인이 필요한 일은 드물긴 하지만 어쨌든 발생하는 일이다. 아니면, 인증서 확인을 수행하는 API를 활용할 수도 있다. 그렇지만 여전히 문제의 소지가 많이 있다. 대부분의 응용프로그램들은 서버 인증서가 실제로 서명된 것인지를 알아보기 위해 확인하긴 하지만 인증서에 관한 그 밖의 어떤 내용도 확인하지 않는다. 많은 응용프로그램들이 인증서 내의 모든 정보를 확인한다 해도 해커가 직접 서명한 인증서가 통과될 수 있다. (헉! 해커가 인증서에 직접 서명할 수 있다니...) 많은 응용프로그램들은 무언가 잘못되었을 때도 계속 진행할 수 있는 신뢰 확인 옵션과 심지어는 암호화하지 않도록 하는 옵션까지도 제공한다. 뿐만 아니라 사람들은 최악의 상황이 자신에게 발생할 것이라고는 조금도 염려하지 않는다.

HTTPS의 제작자는 어떤 면에서는 현명한 구석도 있었다. HTTPS 프로토콜은 수행해야만 하는 유효성 검증을 명시했고, 그것은 정말 괜찮은 행동이었다. 큰 문제가 하나 있다는 것을 제외하면 아주 그럴듯했다: 인증서가 유효하지 않으면 어떻게 되지? 인증서가 유효하지 않으면 여러분은 그림 33-1과 같은 내용을 보여 주는 사랑스런(?) 팝업 박스를 보게 됐을 것이다.

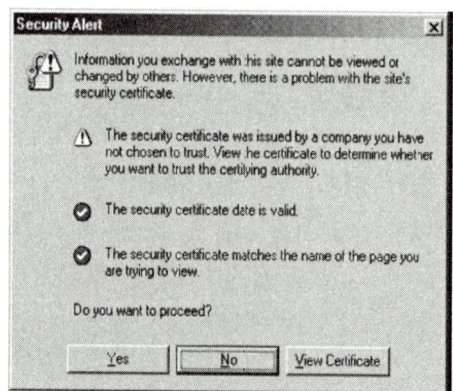

그림 33-1 ▶ 시스템이 인증서가 유효하지 않은 것을 알았을 때 보여 주는 표준적인 보안 경고.

여러분의 어머니가 이것을 읽는다고 상상해 보라. 우리 어머니는 석사 학위까지 가진 머리 좋은 분이지만 이런 내용을 이해하기는 힘들 것이다. 대부분의 사람들은 'No'를 클릭하려 하지 않을 것이다. 특히 이런 다이얼로그 박스가 어떤 사이트를 방문할 때마다 나타난다면 말이다. 사람들은 그들의 목적이 방해받는 것을 참지 못하고, 자신이 지나치게 의심 많은 사람이 되고 싶어 하지 않는다. 특히나 그들이 이해하지 못하는, 협박하는 것처럼 보이긴 하지만, 결국 아무것도 아닌 다이얼로그 박스를 자주 보게 될 때 그러하다.

그들은 어쩌면 '인증서보기_View Certificate' 버튼을 클릭할지도 모르지만 그들이 보게 되는 것을 제대로 이해하기는 어려울 것이다. 나쁜 녀석들이 시티뱅크를 공격하려 했다면, 시티뱅크의 인증서와 거의 같은 정보를 갖는 인증서를 만들어 직접 서명해 사용했을 것이며 시티뱅크처럼 보이는 인증서는 나쁜 녀석이 운영하는 CA를 이용해 보증했을 것이다.

사람들은 인증서 내의 정보를 살펴볼지 모른다. 그렇지만 노련한 사람들이 아니라면, 사기를 알아보지 못할 것이고 대부분의 사람들은 결국 그냥 지나치게 될 것이다.

일반적으로 이 같은 팝업을 보게 되었다고 동시에 어떤 공격이 진행되는 것이 아니기 때문에 그냥 지나칠 만도 하다. 여러분이 사용하는 온라인 웹 응용프로그램은 바보같이 해커가 직접 서명한 인증서인데도 사용하는 경우도 있을 것이다. 아울러 여러분이 이용하는 은행에서 운영팀의 업무처리 태만으로 유효 기간이 만료된 인증서가 생길 수도 있다. (이러한 일은 진짜 발생하기도 한다.) 여러분의 고용주가 감사 목적으로, 모든 SSL 연결을 해독하고서 사용 후에 다시 암호화 할 수도 있다. 이런 일은 완벽하게 합법적이다. 고급 사용자였다면 완벽하게 합법적인 상황에서도 이러한 다이얼로그를 볼 수 있었을 것이다.

나는 보통의 평범한 미국 엄마들 같은 대중적인 사용자들에게 무언가 도움을 줄 수 있는 연구를 하고 싶다. 표면상으로는 실제 은행 계좌 이용 편의성을 실험한다고 하면서 도중에 잘못된 인증서를 내놓는 것을 실험해 보고 싶다. 얼마나 많은 사람들이 그 경고를 지나치고 로그인을 하는지를 알아보고 싶다. 난 그 수치가 70% 이상이 충분히 될 것이라고 확신한다.

사용자가 보안 경고를 무시할 수도 있는 옵션이 HTTPS 프로토콜을 끔찍한 실패작으로 만들었다. 실패 이유는 '사용자에게 의존'했기 때문이었다. 내가 그 프로토콜을 설계했다면, 인증서 내의 모든 것들이 유효하지 않다면 절대로 연결이 불가능하게 설계했을 것이다. 연결이 안 된 웹사이트는 단지 일정기간 액세스할 수 없을 뿐이다. 만약 은행이 자신들의 인증서가 만료된 것을 잊어버린 것이거나 방치한 것이라면 그 은행은 세상에서 평가가 나빠지는 게 당연하다.

이것은 우리가 다시 판도라의 상자에 집어넣을 수 있는 문제가 아니다. 파이어폭스 브라우저가 HTTPS 연결이 유효하지 않을 때마다 '그 사이트는 다운되었다'고 보고를 한다고 해 보자. 무슨 일이 일어날까? 당연히, 사람들은 다른 브라우저를 찾게 될 것이며, 불편을 참기 힘들면 다른 브라우저로 전환하게 될 것이다. 그러므로 파이어폭스라도 이 같은 일을 해볼 방법이 없다.

솔직히, 우리가 기본적인 기능은 같지만 인증서가 유효하지 않은 경우 동작하지 않도록 HTTPS2 버전의 스펙을 만들어 낸다하더라도, 그건 그다지 대단한 일이 될 수 없다. 새로운 버전의 HTTPS에는 사람들이 기존 버전을 대체해 사용하게 만들 동기가 거의 없기 때문이다.

예를 들어, 여러분이 은행 사이트를 운영한다고 할 때, 거래 은행을 바꾸지 못하게 규제하지 않는 한, 여러분의 웹사이트는 결국 내리막길로 접어들게 될 것이다.

내 생각에 HTTPS는 세상을 더 편하게 만들기 위해서 없어져야만 할 것 같다. 하지만 그러기 위해서는 (추가하기에 크게 어렵지 않은) 실질적인 피싱 사기 보호 기능 같은 추가적인 유인책이 필요할 것 같다. 어쩌면 언젠가 HTTPS가 사라진다 해도 그리 놀라운 일이 아닐 것이다.

CHAPTER 34

허접한 자동가입방지와 편리성/
보안성의 트레이드오프

지난 몇 년 동안, 대부분의 웹사이트 온라인 가입서명은 CAPTCHA[59]를 필요로 하게 되었다. 어쩌면 이 기술은 이상한 약자를 쓰는 보안 기술 중 최고일 것이다. 이 기술의 완전한 이름은 컴퓨터와 인간을 구별하기 위한 완전 자동화된 공개 튜링 테스트(Completely Automated Public Turing test[60] to tell Computers and Humans Apart)이다.

구글이 어떤 계정의 가입서명을 사람이 한 건지 아니면 자동화된 프로그램에 의한 것인지를 구별하려고 하는 것은 이해할만하다. 나쁜 녀석들은 스팸을 보내는데 이용할 Gmail 계정을 되도록이면 많이 갖고 싶어

---

59) 역자주_CAPTCHA – 스팸 방지, 웹 사이트 등록 방지, 이메일 주소 불법 수집 방지, 디렉토리 공격 방지 등을 목적으로 사용되는 기술이다. 네이버에서 카페 가입 시에 볼 수 있으며, 특정 문자를 비틀어 왜곡시켜놓은 이미지를 읽고 그에 맞는 단어를 입력하게 함으로써 OCR 프로그램 등을 이용해 가입절차를 프로그램으로 자동화할 수 없게 만든다. 인간은 인식할 수 있으나 기계나 프로그램이 인식할 수 없도록 하기 위함이다. 게시판에 스팸성 글을 퍼붓는 것이나 댓글 스팸을 막는데도 활용할 수 있다고 한다.

60) 역자주_튜링테스트(Turing test) – 영국의 수학자 튜링(Alan Turing)이 1950년에 발표한 논문 '계산 기능과 지능'에서 제창한 인공 지능(AI)을 정의하기 위한 모방 게임이다. http://terms.naver.com/item.nhn?dirId=201&docId=17654를 참조.

할 것이기 때문이다.

마찬가지로, Ticketmaster 같은 티켓 대행사가 티켓 구입 전에 당신이 인간인지를 확인하려는 이유를 이해할 수 있다. 누가 자동으로 티켓을 사려고 프로그램을 만드는 암표장수를 좋아하겠는가? (이런, 게다가 티켓 중개인이라도 된다면 큰일이다.)

하지만, 이러한 것들이 인생을 끔찍하게 만들지는 않는지 생각해 보자. 난 내 딸아이의 블로그를 보면서 댓글을 달아주려고 Gmail 계정을 하나 만들었다. 내가 댓글을 올리려 할 때마다 항상, 난 전송 버튼을 클릭하면 그림 34-1에서 보는 것 같은 자동입력방지코드 팝업을 만난다.

빌어먹을 이렇게 두 번이나 버튼을 클릭해야만 하는 이유가 뭔가??!! (한 번은 댓글 전송, 또 한 번은 단어 확인 전송) 게다가 그건 입력하기 또한 아주 성가시다. 난 이런 것들을 계속 봐야만 한다면 절대 블로그에 댓글질을 하지 않을 것이다. (비록 내 딸에게는 예외이지만 말이다.)

그림 34-1 ▶ 자동가입방지 팝업

이런 상황에서 자동가입방지의 목적은 나쁜 녀석들의 블로그 댓글 스패밍을 막는데 있다. 그렇지만 그 정도 이점을 위해 사람을 성가시게 만드는 건가?

적어도 구글의 자동가입방지는 읽기는 쉽다. (유명한 자동가입방지 패키지를 사용하는) Ticketmaster는 읽기가 약간 더 어렵다.(그림 34-2)

그림 34-2 ▶ Ticketmaster의 자동가입방지는 읽기가 어렵다.

위 그림에서는 WQIV일까 WQLV일까? 100% 확신할 수 없다. FM 글자 앞에 있는 것은 - 인지 . 인지 아니면 그냥 아무것도 아닌지 확실히 알아보기 어렵다. 다행히 '다시 시도(Try another)' 버튼은 있다. 자동가입방지 기능이 그저 그렇다면 한 번에 알아맞히기 어렵기 때문에 '다시 시도' 버튼이 필요하다.

그림 34-3은 (zachfine.com 사이트의 자료인데) 특히 자동가입방지 기능의 나쁜 보기이다. 기즈모 VOIP (인터넷전화, Gizmo VOIP) 네트워크에 가입서명하려 할 때 만날 수 있다.

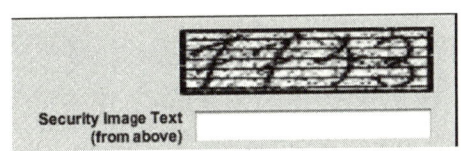

그림 34-3 ▶ 기즈모의 거의 판독하기 어려운 자동가입방지코드

고맙게도 기즈모는 더 이상 이것을 사용하지 않는 것 같다. 그렇지만 여전히, 읽기 어려운 배배 꼬인 글자들을 사용하는 자동가입방지 기능들이 많이 있다.

그렇게 읽기 어렵게 배배 꼬아 왜곡시킨 이유는 프로그램이 자동으로 그 문자들을 인식하지 못하도록 하기 위함이다. 그것은 자동가입방지에 대한 실제 문제이다. 많은 실제 시스템들이 (야후를 포함해서) 대부분의 경우에 인간에게서 올바른 대답을 얻을 수 없을 정도로 잘못되어 있다. 빌어먹게도 나쁜 녀석들은 그들의 자동화 프로그램이 10번 중에 한 번만 성공한다 해도 별로 신경 쓰지 않는다. 그런데도 여전히 댓글 스팸이 많다.

보안 담당자가 컴퓨터에 침입할 수 없게 하는 자동가입방지 구조를 제안하고 관리한다고 해 보자. 자동가입방지 기능은 그다지 중요한 요인이 못되는데, 나쁜 녀석들은 실시간으로 자동가입방지코드를 입력하기 위해 저임금 노동자들을 고용하기만 하면 된다. 예를 들어 그림 34-4에서 보여 주고 있는 웹사이트를 살펴보라.

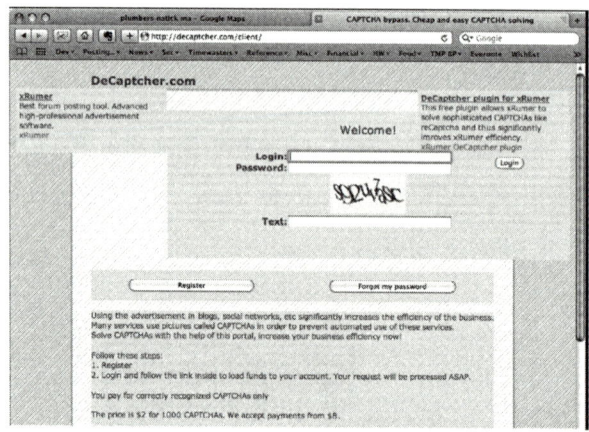

그림 34-4 ▶ DeCaptcher.com 웹사이트는 다른 사람들에게 그것을 채워 넣는 일을 시켜 자동가입방지 기능을 피하도록 해 주는 서비스를 제공한다.

좋다, 그래서 어떤 웹사이트가 읽기 정말 힘들고 끔찍한 자동가입방지 기능 중에 하나를 사용하기 때문에 여러분이 자동가입방지 깨기 서비스를 요청했다고 하자. 그러면, 여러분은 누군가에게 1,000개의 자동가입방지코드를 깨는데 2달러 정도를 지불해야 할 것이다. 여러분이 티켓 중개인이라 자동화를 통해 티켓을 왕창 사길 원한다면 충분히 가능할 것이다. 모든 자동가입방지 기능은 인도 같은 저임금 노동자 시장의 사람들에 의해 가능한 빠르게 입력될 수 있다. 티켓 중개상들은 일단 자동화가 셋업되면 특별히 할 일이 없다.

자동가입방지 기능을 피하는 것이 쉽다면 그 기능은 기본적으로 작동하지 않는 것과 뭐가 다르단 말인가? 그런데도 우리는 무슨 이유로 악몽처럼 불편한 사용성에 복종해야만 하는가?

아직까지도 자동가입방지 기능이 이용되고 있는 사실을 보면, 이 최소한의 방책이 전혀 없는 것보다는 낫다는 것은 분명하다. 구글 같은 일류선수들도 자동가입방지 기능이 없으면 나쁜 녀석들이 더 많은 스팸을 보낼 것이라고 믿는 듯이 보인다. 비용관점에서 봤을 때, 자동가입방지 기능을 깨기 위해 들어가는 비용이 스팸을 포스팅해서 얻는 평균적인 투자 수익에 가깝다면 구글 같은 이들이 믿는 것이 사실일지 모른다.

게다가, 비용을 제한할 필요가 없다. 오히려 자동가입방지를 깨달라는 요구를 만족시키기에 충분한 가용 자원이 없을 수도 있다. 스패머들이 올라간 비용을 감당할 만큼 충분히 벌 수 있다면, 자동가입방지를 깨길 원하는 사람들이 100배가 된다 해도 그것을 처리해줄 자원도 함께 100배 증가할 것이다. 그처럼 공급은 수요가 충족될 때까지 늘어날 것이고 자동가입방지 기능은 효과가 줄어들게 될 것이다. 무언가를 망가뜨리는 것에 재정적인 유인이 있다면 그것은 결국 망가지게 되어 있다.

그래도 방책이 전혀 없는 것은 아니다. 자동가입방지 기능은 나쁜 녀석에게 어쨌든 약간의 비용을 부담하게 하는데, 이것은 몇몇 녀석들에게는 비용 대비 효과적이지 않다고 생각하게 만들어 다른 길을 찾게 할수도 있다는 것을 의미한다.

자동가입방지 기능은 나쁜 일을 예방하는데 다소간의 가치가 있다. 그러나 내가 받아들이는 문제는 그 기능이 대다수의 정상적인 사용자들을 짜증나게 만든다는 것이다. 우리가 그 문제를 줄이기 위해 유용하지도 못한 경험을 해야만 하나?

아니면 더 괜찮은 (자동가입방지 없이도 그렇게 할 수 있는) 대체기술이 있을 수도 있는가?

그건 그렇고, 가입 자동화 시도를 탐지하기 위해 네트워크 분석을 해보는 것도 가능하다. 작은 주소 범위에서 들어오는 연결들이 대부분이라면 자동화 시도를 검출하는 것은 쉽겠지만, 아주 규모가 큰 봇넷으로부터 들어오는 자동화 시도는 검출하기가 어려울 수 있다.

바람직한 것은 누군가가 연결 후에 이루어지는 일을 살펴보는 것이다. 예를 들어, 구글은 댓글 달기에 스팸 탐지를 하려고 한다. (어찌해서 구글이 스팸성 블로그 댓글 시도를 찾아낸다 해도) 일반적으로 그런 종류의 탐지 기술은 비용이 많이 들어갈 수 있다.

그런 종류의 설계는 비용이 많이 든다. 물론 이런 식의 접근법은 더 잘 작동할 수는 있겠지만 경제적인 고려를 한다면 크게 매력적이지 않다.

난 자동가입방지 기능은 참을 수 있다. 그렇지만 참을 수 없는 것은 업체들이 사용성을 무시하면서 그 기능을 사용한다는데 있다. 앞서 말했던 것처럼, 구글에서는 내 딸의 블로그에 댓글을 달 때, 그것도 (익명이 아니고) 내가 직접 포스팅할 때마다 자동가입방지 확인을 하게 만든다.

이 때문에 나는 구글 블로그를 사용할 맘이 싹 달아난다. 다른 사람들도 같은 느낌을 받을 것이라 생각한다.

구글이 계정 생성할 때만 최소한으로 자동가입방지를 요구할 수는 없었을까? 그리고 내가 너무 지나치게 많이 댓글을 올리기 시작하면 그때서야 나를 압박할 수는 없었을까? 구글이 그런 방식을 취해 주면 고객들은 피곤하지 않게 살 수 있을 것이다.

솔직히 나는 자동가입방지 기능 대부분을 치워버렸으면 좋겠다. 우리가 인터넷 사용에 책임을 부과하도록 한다면 그 기능을 치워버리는 것이 가능할 수도 있을 것 같다. 책임의 한 유형은 본인 확인 서비스이다. 예를 들어 베리사인(VeriSign) 사는 웹사이트용 증명서를 판다. 이것은 브라우저에서 SSL을 사용할 때 인증서로서 표시된다. 베리사인 사를 통해 개인용 신분증명서를 구해서 (실제로 이메일 인증서로 이미 사용하고 있다.) 자신을 입증하는 개인 정보로 그리고 가끔은 신용확인용의 신용카드로서 사용한다면 더 이상 또 다른 자동가입방지 기능 따위는 볼 필요가 없을 것이다. 여러분의 계정이 스팸에 이용되었거나 부정행위로 티켓을 사는 데 이용당한 것이 발견되더라도, 여러분이 이미 했던 계약으로 인해 여러분에게 피해가 가지 않고 베리사인 사가 피해를 떠안게 된다. 내 생각에 베리사인 사는 신용카드에 대금이 청구되는 용도로는 절대로 허가하지 말아야만 한다. 그것은 여러분을 식별하는 일과 여러분에게 소송을 제기하는 것을 가능하게 만들 것임에 틀림없다.

또한 이러한 시스템은 훌륭한 통합인증 로그인[61])의 기반 구조가 될 수 있다. 이 시스템에 모두 연결된다면 어떤 새로운 웹사이트에서도 새롭게 계정을 만들 필요가 없다.

---

61) 역자주_통합인증 로그인(single sign-on) - 한 번의 로그인으로 여러 시스템을 사용할 수 있게 하는 로그인 인증방법이다.

이 같은 시스템을 갖게 된다면 더 이상 그 지겨운 자동가입방지 기능을 보지 않고 살 수 있을 것이다. 혹시라도 편의성보다 프라이버시가 중요하다고 생각한다면 본인 확인을 건너뛰고 자동가입방지 기능을 사용할 수도 있다. 어느 쪽이든, 적어도 선택 가능하게 만들어져야 한다.

CHAPTER 35

비밀번호의 종말은 없다

비밀번호는 정말 형편없는 기능이다. 비밀번호와 관련된 모든 종류의 문제들을 나열해 보면 다음과 같을 것이다.

- 간단한 비밀번호는 기억하기 쉬울지 모르나, 자동화된 시스템을 사용하면 알아맞히기도 쉽다.

- 많은 사람들이 자신이 사용하는 모든 계정에 대해 한두 가지 정도의 비밀번호만을 사용하거나 위험성이 높은 나쁜 비밀번호를 만드는 습관이 있다.

- 보안성을 지킬 생각에 장소마다 다른 비밀번호를 사용한다면, 자주 사용하지 않는 중요한 비밀번호는 잊어버리기 쉽다.

- 비밀번호를 기억하기 위해 어떤 프로그램의 도움을 받고 있다면, 이제는 아주 중요한 비밀번호 하나만을 기억하면 된다. 그러나 친구의 컴퓨터에서 로그인을 해야 한다면 곤란을 겪게 될지 모른다. 행여나 비밀번호를 저장해두는 프로그램 자료를 백업해놓지 않은 상태에서

여러분의 컴퓨터가 장애가 생긴다면 끔찍한 상황에 빠질 수도 있다.

- 비밀번호를 기억하기 위해 특정 프로그램을 사용할 때, 컴퓨터를 방치해 놓는다면, 다른 사람들이 여러분의 자리에 앉기만 해도 쉽게 여러분의 계정에 접근할 수 있게 될 것이다.

- 여러분이 비밀번호를 사용하는 많은 경우에 누군가 훔쳐볼 가능성이 있다. 컴퓨터에서 맬웨어가 실행되고 있다면 여러분이 사용하는 비밀번호를 몰래 기록해 놓기도 하고, 자기 동료의 컴퓨터에 있는 맬웨어가 인터넷 트래픽을 염탐해서 직접 비밀번호를 알아내기도 한다.

- 비밀번호는 특히 다른 사람의 컴퓨터를 사용해 인터넷을 쓸 때 위험하다. 그 컴퓨터에 키로깅 맬웨어 같은 것이 설치되었는지 누가 알겠나? 나 같은 경우에는 컨퍼런스나 애플 매장에 갔을 때, 이메일용으로 제공되는 컴퓨터에서는 어떤 비밀번호도 사용하지 않는다.

- 비밀번호 복구 프로그램은 더 위험한 상황을 만들기도 한다. 우리 엄마의 처녀 때 이름을 알아내거나 패리스 힐튼의 강아지 이름을 찾는 것은 일도 아니다.

- 사람들은 엔지니어들에게 비밀번호를 알려주기 쉽다. 예를 들어, 웬 나쁜 녀석이 자신은 하버드 대학 출신이며 컴퓨터 보안을 (특히 사람들이 비밀번호를 어떻게 이용하는지) 연구하는 중이라고 하며 접근한다면, 대부분의 사람들은 하버드 대학에 그런 과목이 정말 있는지 확인 전화도 안 해보고 연구를 돕는다는 생각에 비밀번호를 알려줄지도 모른다.

- 시스템 개발자가 불필요한 위험을 완전히 제거한 시스템을 만들기란 쉽지 않다. 기술적으로 깊이 다루지는 않겠지만, 중요한 것을

한 가지만 언급하면 편의성과 보안성 사이에 타협이 이뤄질 경우가 많다는 사실이다. 예를 들어, 이베이(eBay)는 나쁜 녀석이 누군가의 비밀번호를 추측하려고 로그인을 수백만 번씩 시도할 수 없도록 하루에 로그인 시도를 100번으로 제한하고 있을 수 있다. 그렇지만 그렇게 했을 경우 나쁜 녀석들이 고의적으로 다른 사람들을 로그인할 수 없게 만드는 것이 간단해진다.

이렇게 말하긴 하지만, 비밀번호를 없애야 할 분명한 이유를 찾기는 어렵다. 먼저, 쓸만한 대안이 별로 없다. 물론, 근접 인식표나 지문 인식기 같은 것들은 있다.

둘째로, 비밀번호는 다른 인증기술과 결합시키면 보안성을 향상시키기 좋다. 이 말은 시스템에서 본인을 인증하려면 몇 개의 장애물을 넘어야만 한다는 의미이다. 이를 다요인 인증방법(*multifactor authentication*)이라고 부른다. 단순하고 일반적인 예제는 ATM 기에서 현금을 인출하는 경우인데, 거기에는 두 가지 인증 요소가 있다. 첫째는 다소 취약한 비밀번호(PIN, personal identification number)가 있고 두 번째로 찾고자 하는 돈을 꺼낼 계좌에 맞는 ATM 카드가 있어야만 한다. 나쁜 녀석들은 다른 사람의 계좌를 그 사람의 PIN만 가지고는 공격할 수 없다.

비밀번호 시스템을 더욱 안전하게 만들기 위해 시도해 볼 만한 일들이 많이 있다.

먼저, 비밀번호를 사용해야만 하는 시스템은 영-지식 비밀번호 프로토콜(*zero-knowledge password protocol*)[62]이라 불리는 것을 사용한다면 훨씬 더 안전해질 것이다. 전통적인 비밀번호 프로토콜이라면

---

62) 역자주_영-지식증명(Zero-knowledge proof)을 참조.
http://en.wikipedia.org/wiki/Zero-knowledge_proof

나쁜 녀석들은 비밀번호를 빨리 알아맞히기 위해 잔꾀를 부릴 수 있다. 영-지식 비밀번호 프로토콜은 나쁜 녀석들이 무작위 추측 이외에는 비밀번호 추측에 대해 시도해 볼 수 있는 모든 방법의 가능성을 제거해 버린다. 이 프로토콜을 갖추면 시스템은 극단적인 추측 시도에 대한 보호만 신경 쓰면 된다. 그러나 영-지식 비밀번호 시스템은 자주 사용되지 않고 있는데, 표준화에 지장이 되는 특허가 많이 사용되어 있기 때문이다. 다행히도 중요한 특허들은 2010년이면 만료되기 시작한다.

두 번째, 전통적인 비밀번호 대신에 (혹은 거기에 추가해서) 일회용 비밀번호를 사용할 수 있다. 일회용 비밀번호는 꽤 오래된 아이디어이고 많은 기업들이 사용한다. 대부분의 사람들이 보게 되는 그 기술의 구현 사례로 RSA SecurID라는 것이 있다. 이것은 사람들이 보통 열쇠고리에 매달고 다니는 물리적인 장치이다. 이 장치는 일분마다 새로운 6자리 숫자를 만들어 낸다. 비록 SecurID 장치는 비싸지만, 완전 무료인 일회용 비밀번호 시스템을 만드는 것도 어려운 일이 아니다.

예를 들어, 난 다음과 같이 동작하는 OPUS라고 부르는 시스템을 만든 적이 있다.

1. 여러분이 로그인하려는 웹 페이지나 프로그램에서 사용자명을 입력하고 'Send Passcode'를 클릭한다. (그림 35-1)

그림 35-1 ▶ OPUS 보안 시스템으로 로그인

2. 무작위로 생성되는 비밀번호는 사용자명에 해당하는 사람의 휴대 폰에 문자 메시지로서 보내진다. (그림 35-2)

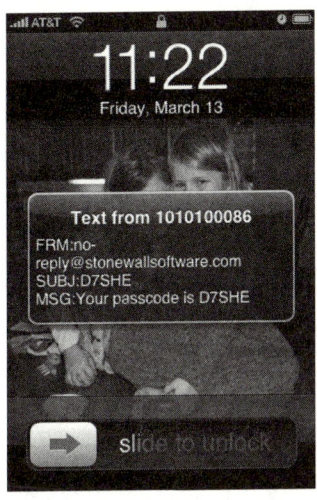

그림 35-2 ▶ 무작위로 생성된 비밀번호가 휴대폰에 전송되었다.

3. 입력화면 'Passcode'란에 전송 받은 비밀번호를 입력한다. (그림 35-3)

그림 35-3 ▶ 비밀번호(Passcode)를 입력한다.

충분한 보안성을 위해서, 비밀번호와 함께 입력하는 개인적인 4자리 PIN을 가질 수도 있다.

이런 형태의 보안 시스템을 만드는 데는 많은 기술적인 세부사항을 고려해야 한다. 그래서 관심 있는 사람들을 위해 OPUS 시스템을 자유롭게 사용할 수 있게 만들어 놓았다. 다음 인터넷 주소 *www.zork.org/opus/*를 방문해 보시라.[63]

이 시스템이 괜찮은 것은 더 이상 비밀번호를 기억해야 할 필요가 없다는 점이다. 여러분은 단지 휴대폰만을 소지하면 된다. 이것은 마치 ATM 카드를 가지고 다니는 것과 비슷하다.

그것은 모두 만족스럽고 좋긴 하지만, 그 방법을 통해 오늘날 컴퓨터 업계가 수행하는 것보다 더 나아진다 하더라도, 지금의 비밀번호 사용법이 보안 시스템의 중요한 일부로서 당분간은 계속될 것이라고 봐도 좋다.

중요한 것은 사람들이 여러분의 비밀번호를 추측하지 못하도록 스스로를 보호하는 것이다. 그것을 추측하려고 시도하는 사람이 단지 여러분을 아는 사람만은 아니라고 가정해야만 한다. 누구든 그렇게 시도할 수 있다. 여러분이 사용하는 시스템은 약하다고 생각해야 한다. 강력한 비밀번호를 갖는 것은 여러분에게 달려 있다.

예를 들어, 올드요크 일간신문(*Old York Daily Times*)에 온라인 계정을 가지고 있다고 해 보자. 여러분은 온라인 신문 사이트에서 무슨 비밀번호를 사용하냐?고 생각할지 모르겠다. 그러나 난 여전히 적당히 어려운 비밀번호를 사용한다. 만약 신문사 시스템이 형편없고 나쁜 녀석들이 내 사용자명으로 비밀번호를 얻기 위해 천만번 정도 추측을 시도할 수 있다면 어떻게 될까? 나쁜 녀석들이 그렇게 해서 비밀번호를 알아냈다면 (내가 이용하는 Gmail이나 은행 같은) 다른 수많은 사이트에서 사용자명과 비밀번호 조합을 시도해 볼 수 있게 될 것이다.

---

63) 역자주_해당 주소의 OPUS 샘플은 삭제되었다. (2010년 9월 15일 현재)

그러므로 어디서나 위험한 상황이 있을 수 있다고 생각하고, 이성적으로 판단했을 때 안전하다고 여겨지는 수준의 비밀번호를 사용하는 것으로 책임감 있게 스스로를 지켜야 한다. 다음은 비밀번호에 대한 모든 것을 커버하는 나만의 충고이다.

- 중요한 계정들은 다른 계정과 중복되지 않는 비밀번호를 사용하라. 그리고 여러분이 (온라인 신문 같이) 중요치 않게 여기는 계정에서 한 번 쓰고 버릴 비밀번호라고 하더라도 온라인 뱅킹 비밀번호처럼 가능한 쉽게 알 수 없도록 만들어라.

- 여러 사이트에서 하나의 비밀번호를 사용하는 것이 합리적이라 생각한다면, 각 사이트마다 충분히 기억해낼 수 있도록 비밀번호를 다양화하는 것이 필요하다. 예를 들어 자신의 기본 비밀번호가 'something'이라면 Yahoo!에서 사용하는 비밀번호는 'something5Yo'라든지 또 구글에서 사용하는 비밀번호라면 'something6Ge'로 사용한다. 여기서 Yahoo는 5글자이고 시작 글자가 Y이며 끝 글자가 o라서 'something' 뒤에 '5Yo'를 붙였다. 이런 것이 완벽한 방식은 아니지만 모든 사이트마다 완전히 동일한 비밀번호를 사용하는 것보다는 훨씬 좋다.

- 하나 이상의 비밀번호를 기억하는 것을 원하지 않고, 컴퓨터를 백업하는 것은 반드시 지키겠다면, 비밀번호 저장 프로그램을 사용할 수도 있다. 그런 것들 중 일부는 매우 강력한 비밀번호를 자동으로 생성해 주고 필요할 때 대신 입력해 준다. 그래서 여러분 스스로 비밀번호를 알 필요도 없다. 예를 들어 파이어폭스 브라우저를 사용한다면 sxipper라고 부르는 훌륭한 플러그인이 있다. (*www.sxipper.com* 참조) 기억해야만 하는 유일한 비밀번호는 컴퓨터에 로그인할

때 필요한 비밀번호이다. 여러분이 이런 시스템을 사용하면서 다른 컴퓨터를 사용할 필요가 있다면 필요한 비밀번호들을 찾아서 플래시 드라이브에 복사하는 식으로 비밀번호 데이터베이스를 저장할 수 있다.

- 비밀번호를 따로 적어놓아야만 할 경우에는 추측하기 힘든 비밀번호를 사용하라. 다른 보안 전문가들은 나쁜 녀석들이 여러분의 키보드 근처에서 비밀번호 적어 놓은 것을 찾아낼 가능성이 있기 때문에 비밀번호를 따로 적어놓지 말라고 한다. 글쎄, 그렇다면 지갑이나 핸드백에 보관하는 것은 어떨까? 아니면 휴대폰에라도. 그러나 기억하기 위해 따로 적어놓게 되더라도 예상하기 좋은 비밀번호 보다는 예상하기 어려운 비밀번호를 사용하는 게 훨씬 더 낫다.

- 실제로 기억할 수 있는 좋은 비밀번호를 생각할 시간이 없다면 최소한 8단어 이상으로 이루어진 좋아하는 노래 가사를 떠올려보라. 그 다음 적당한 문장부호와 함께 각 단어들의 첫 글자를 모아본다. 재치 있는 비밀번호가 만들어지지 않는다고 걱정할 필요 없다. 예를 들어 핑크플로이드(Pink Floyd)의 노래가사를 골라보자. 'Money, so they say, is the root of all evil today!'라는 가사를 선택했다면 비밀번호로 이렇게 만들어 볼 수 있다. $sts,itroaet!

- 더욱 예상하기 어려운 비밀번호를 만드는 (그러나 따로 적어놓아야 할 필요가 있을지도 모르는) 또 다른 방법은 비밀번호를 생성하는 프로그램을 사용하는 것이다. 예를 들어, *http://www.goodpassword.com/* 같은 비밀번호 생성해 주는 웹사이트를 이용해 볼 수 있다.

CHAPTER 36

스팸은 죽었다

2004년, 빌 게이츠는 마이크로소프트가 2006년 초까지 스팸 메일 문제를 해결할 것이라고 대담하게 공언했다. 그것은 결과적으로 잘못된 공언이었지만 몇몇 사람들이 생각하는 것만큼 크게 동떨어진 수준은 아닐 수 있다.

사실이다. 대부분의 사람들은 여전히 비아그라 광고와 흥분한 러시아 소녀들에게서 온 연애편지를 보고 있고 나이지리아 왕자로부터 정기적으로 사업 제안을 받고는 있지만 대단히 많은 양은 아니다. 대부분의 성능 좋은 안티스팸 기술들이 주어진 시간의 98% 가량을 작업한다고 했을 때 안티스팸 필터를 사용하기 전에 하루에 15,000개의 스팸을 받았다면, (이것은 내가 개인적으로 매일 받는 스팸의 수준이다.) 사용 후에는 받은 편지함에 300개가량의 스팸 메일이 들어온다. 평균적인 Gmail 사용자들이라면, 하루에 100개 가량 들어오던 스팸 메시지가 1~2개 정도로 줄어든다고 했을 때 괜찮아 보일 것이다.

많은 스팸 필터들이 가지고 있는 다른 문제는 정상적인 이메일 메시지를 스팸으로 분류한다는 데 있다. 많은 양의 스팸 메일을 지속적으로 받게 된다면, 스팸 필터가 무엇이 잘못되었는지 알아보기 위해 정기적으로 스팸 메일을 조사해 보는 것조차 하고 싶지 않을 것이다. 이 문제는 대부분의 이메일 시스템에 내장된 스팸 필터가 갖는 최악의 문제이다. 이메일 보안 서비스나 큰 보안업체를 이용한다 해도 이런 일은 여전히 발생하며 오히려 더 심해지는 경향이 있다.

나는 15,000개의 스팸 메일이 일일기준으로 내 개인 이메일 주소에 전달되더라도, 스팸 메일을 하루에 하나 이하의 수준으로 통과시키는 특별한 스팸 필터를 사용한다. 다음은 내가 사용하는 시스템의 기능이다. (비록 내가 코드를 작성했지만 내 환경에만 맞춘 것은 아니다.)

- 내가 누군가에게 전에 이메일 메시지를 받았고 그 메시지가 정크 메일 폴더로 들어가지 않았다면 그 사람은 나의 수신 허가 목록에 있으며 내게 이메일 메시지를 보낼 수 있다.

- 전에 이메일 메시지를 보낸 적이 없는 사람이 내게 이메일을 보냈다면, 자동화된 시스템은 '난 아직 메시지를 받은 적이 없습니다.'라고 메시지를 보낸다. 그 사람이 (그 메일에 회신한다든가 웹 링크를 클릭하는 식으로) 지시를 따랐다면 그 사람으로부터의 메시지를 받아 볼 수 있게 된다. 그 사람이 지시를 따르지 않았다면, 처음 온 이메일은 내게 보이지 않고 며칠 뒤 자동적으로 삭제된다.

- 누군가 내게 스팸 메일을 보낸 적이 있다면 그 사람은 주의 인물 목록에 있을 것이고 어떤 환경 하에서든 그 사람에게서 온 메일은 결코 볼 수 없을 것이다. 내 편집자의 이메일 주소도 주의 인물 목록에 있었다. (난 그가 조심하고 있다는 것을 확인하고서야 이 주소를 사용할 수 있도록 허가 목록에 추가했다.)

- 웹사이트상에서 누군가에게 나의 이메일 주소를 알려주어야만 한다면, 난 임시로 새로운 이메일 주소를 만든다. 그리고 일단 임시주소를 만들면 그 주소로 오는 모든 이메일은 주문 확인 같이 중요한 자동 응답을 받을 수 있도록 자동으로 수신 허가 목록에 집어넣는다. 그 주소로 너무 많은 정크 메일이 온다면 단순히 메일 주소를 없애버리기만 하면 된다.

- 가짜 이메일 주소를 발신 주소로 사용해 메일을 보내는 사람들을 잡아내기 위해서는 여러 가지 기술적인 노력을 해야 한다. 예를 들어, 스팸 메일을 보내는 대부분의 사람들은 그 메일이 페이팔처럼 합법적인 발신 주소에서 오는 것처럼 보이도록 시도한다. 이러한 기술적인 노력이 의미 있는 경우는 스팸 메일이 수신 허가 목록에 있는 주소로부터 오는 것처럼 위조를 시도할 때이다. 예를 들어, 스패머가 아마존으로부터 온 것처럼 이메일을 위조하려 하는데 아마존이 나의 허가 목록에 있다면 가능한 그 위조 사실을 탐지해야만 한다.

이런 시스템을 사용하면서, 평균적으로 하루에 한 통 정도의 스팸 메일만 받았다. 그것은 실제로 한 통의 정크 메일이었는데 임시로 만든 이메일 주소를 줬던 어떤 온라인 매장에서 온 광고였다.

정상적으로 함께 비즈니스를 하는 업체로부터 온 메일이 정크 메일로 처리되는 것은, 원치 않는 스팸 메일보다 더 큰 문제가 된다. 그러한 문제를 해결하기 위한 간단한 방법 중 하나가 임시 이메일 주소를 이용할 사이트를 알려주는 것이다. 함께 비즈니스를 할 사람들을 위해 Gmail 계정을 하나 만들었다가 사용이 끝나면 없애 버린다. 아니면, Mailinator (*www.mailinator.com*)를 이용해 볼 수도 있다. 그곳은 @*mailinator. com*으로 끝나는 임의의 주소를 만들게 해 주고 그 주소로 수신된 메일을 확인할 수 있게 해 준다. 메일은 오직 15분 동안만 보관된다. 그렇기 때문에 이런 방식은 선적 통지서나 그와 비슷한 무언가를 받기 원하는 경우에는 이상적이지 않다. 허나 웹 게시판에 가입하고 그 사이트가 여러분에게 연락할 수 없게 만들고 싶은 경우에는 딱 들어맞는다.

몇 주에 한번씩, 실제로 스패머에게서 나의 자동화된 시스템이 보낸 "난 아직 메시지를 받은 적이 없습니다."라는 이메일에 대한 답장이 온다. 물론, 그는 시간 낭비를 한 것이고 난 어깨가 으쓱할만한 만족감을 얻는다. (많은 사람들이 이런 방식을 도입하는 날이 온다면, 처음 수신되는 이메일 메시지를 내가 보게 하려면 돈을 지불하라고 자동적으로 메일 보낸 사람의 전화번호로 문자메시지를 보내게 할 것이다.)

어떤 이메일 서비스는 비슷한 접근법을 취하기 시작하고 있다. 난 그것이 끝내주는 전략이라고 생각한다. 큰 문제는 (여러분이 이메일 보관함을 가지고 있거나 최신 주소록을 가지고 있다면 자동화할 수 있는) 괜찮은 발신자들의 목록을 미리 만들어야 한다는 것이다. 일부 회사들은 익스체인지 서버 (Exchange server)상의 폴더에 저장되어 있는 메일로부터 이 같은 허가 목록을 만들기도 한다.

그러나 위에서 설명한 것과 같은 전략을 사용하는 사람은 거의 없다. 다행히, 모든 사람들이 하루에 수천 개의 스팸을 받는 것은 아니다. 대부분의 사람들은 그보다 훨씬 적게 받는 것으로 보인다. 어쩌면 몇 번인가 이용되었던 오래된 이메일 주소일 경우에 수십 개 정도 받는 수준일 것이다.

이러한 사람들에게, 클라우드 기반의 안티 스팸 서비스는 적당한 대안이다. 이것은 데스크탑에서 수행되는 대신에 원격지(클라우드 환경 내에서)에서 이루어지는 스팸 처리 서비스이다. 여기엔 Gmail 같은 스마트한 웹메일 제공자들이 포함될 수 있다.

Gmail은 실제로 놀랄 만한 사례이다. Gmail은 많은 사람들에게 보내지는 메일들을 살펴보면서 고객 집단 전체에 걸쳐 나타나는 경향을 분석할 수 있다. 그런 분석을 통해 (무엇인가가 어쩌면 스팸 메일일 수 있다는 훌륭한 표식인) 한 번에 수천 명의 사람들에게 배달되는 동일한 기본 콘텐츠를 찾아낼 수 있다. 그런 분석을 통해 전송된 메일이 어떤 사용자의 정크 박스로 보내지는 것을 볼 수 있고, 그러면 동일한 메시지를 수신할 다른 사람들에게도 정크 박스로 보낼 수 있다. 마찬가지로 스팸 발송자가 식별되면 그 발송자를 차단할 수도 있다.

이런 종류의 클라우드 기반 접근은 오탐율을 낮추면서 탐지율을 높인다. 오탐이 일어나는 경우가 일부 사람들이 스팸이라고 간주하는 대량 메일 전송에서 일어나는 경향이 있지만 실제로 꼭 그렇지만은 않다. 예를 들어, 여러분이 온라인에서 물건을 살 때, 광고에 대한 이메일 리스트에 등록하는 것을 동의하는데, 이때, 광고 메일이 올 수 있다는 것을 인식할 수도 있고 그렇지 못할 수도 있다.

여러분이 그러한 광고를 원하지 않는다면, 그것은 스팸으로서 표시할 수 있다. 많은 다른 사람들도 그럴 것이다. 훌륭한 안티스팸 업체라면 이러한 종류의 미묘한 상황을 처리해줘야만 한다.

사용하는 솔루션이 반드시 Gmail에서 운영되는 이메일이어야 할 필요는 없다. 데스크탑 메일 클라이언트인 경우에도 클라우드 환경의 혜택을 볼 수 있다. 여러분이 사용하는 메일 클라이언트 프로그램에 충분히 만족하는 경우이다. 대부분의 데스크탑 메일 클라이언트는 소프트웨어를 업데이트할 때만 업데이트되는 스팸 처리 규칙들을 사용한다. 그렇지만 어떤 데스크탑 메일 클라이언트들은 실시간으로 새로운 규칙을 다운로드 할 수 있고 그것이 훨씬 더 유용하다. 이런 종류의 시스템을 채용한 회사들은 보통 백엔드에서 꽤 많은 스팸 메일을 수집한다. (주로, 사용하지 않는 인터넷 도메인을 인계받아 무엇이 들어오는지 보는 식으로.)

양쪽 세계에서 각기 장점은 세련된 클라우드 환경 기반 분석을 할 수 있다는 것과 스팸에 대한 사용자의 반응을 볼 수 있다는 것이다. 두 가지를 모두 처리하는 기업들은 (대부분 큰 업체들일수록 그렇게 하는 경향이 있다.) 보통 모든 스팸의 99% 이상을 탐지할 수 있게 된다. 실험적으로, Gmail 상에 스팸이 많이 들어오는 내 수신함을 놓았을 때, 아주 잘 작동했다. 대략 6시간 동안, 980개의 메시지가 들어왔는데 10개의 스팸 메일을 놓쳤다. 거의 99%의 탐지율을 제공하는 것이다. 그렇다면, 평균적인 사용자는 잘해야 하루에 한두 개의 스팸 메시지만을 보게 될 것이다.

이제 쓸 만한 조언은 데스크탑 스팸 필터가 잘 작동하지 않으면, 안티 스팸 서비스를 사용하라는 것이다. 예를 들어, 여러분이 독자적인 도메인을 가지고 있다면, MXLogic(*www.mxlogic.com/*) 같은 회사의 서비스가 여러분을 돌봐주는 특화된 서비스들이다. 아니면, 주요 안티바이러스업체에게서 이미 보안제품군을 샀다면, 아마도 안티스팸 서비스를 액세스할 비용을 지불했을 것이다. 반드시 그것을 사용하는 게 좋다!

나에게 보내지는 이메일 메시지의 99%가 스팸인 경우라 해도 더 이상 스팸 메시지를 볼 필요가 없을 것이다. 최악의 문제는 메시지가 스팸 폴더로 들어가 중요한 이메일 메시지를 놓칠 수도 있다는데 있다. 스팸 문제는 대부분 해결되더라도 이러한 곤란한 경우가 해결되지 못할 수도 있다.

그렇지만, 나는 그런 곤란한 문제가 실제로 해결되길 원하지는 않는다. 스팸 메일 문제는 이미 충분히 해결되었다. 스팸 메일과 관련된 문제가 모든 면에서 완전하게 해결되어 버린다면, 내게 가장 유용한 변명거리 중의 하나를 잃게 되는 것이다. '미안해요, 당신을 무시하려고 한 건 아니고, 이메일이 스팸 폴더로 들어갔지 뭡니까'

그러한 변명 수단이 쉽게 사라지지 않을 것 같아 다행이다.

CHAPTER 37

향상된 인증

'뱅크 오브 아메리카'는 전 세계에서 가장 큰 금융 시설이다. 나를 포함한 많은 소비자들이 온라인 뱅킹을 위해 그 은행을 이용한다. 그곳은 보안에 관해 많은 것들을 신경 쓰고 기술 채택도 혁신적으로 해오고 있다. 그렇지만 보안을 중시해 모든 종류의 훌륭한 일들을 하고 있음에도 불구하고 난 그 사이트의 인증 방식을 좋아할 수는 없었다.

뱅크 오브 아메리카가 오래 전에 적용한 기술 중에 사이트키(SiteKey)라는 것이 있다. 난 사이트키가 거의 가치 없는 기술이었다고 생각한다. 그 기술의 기본적인 아이디어는 여러분이 계좌를 등록할 때 커다란 이미지 라이브러리에서 특정 이미지를 선택하는 것이다. (그림 37-1) 여러분이 선택한 이미지가 여러분의 사이트키이다.

그러면 나중에 로그인할 때, 아래와 같은 절차를 밟게 된다.

1. 사용자명을 입력한다.

2. 뱅크 오브 아메리카는 전에 여러분이 선택했던 사이트키 이미지를

보여준다.

3. 여러분이 사이트키 이미지가 맞는다고 확인하면 비밀번호를 입력할 수 있다.

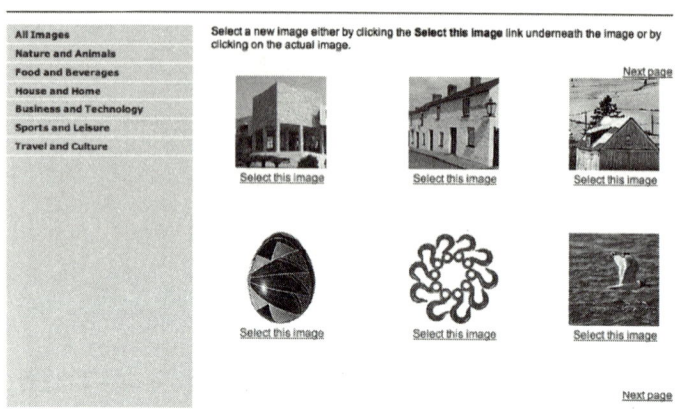

그림 37-1 ▶ 사이트키(SiteKey) 이미지 고르기

추가된 단계의 의미가 무엇인가? 뱅크 오브 아메리카는 사용자가 피싱 사이트를 구별하길 원했다. 피싱 사이트는 고객이 설정한 사이트키를 알 수 없을 것이라 생각했기 때문이다. 내 생각에 뱅크 오브 아메리카는 나쁜 녀석이 무작위로 그림을 고를 것이고, 고객들은 잘못된 그림을 보면 피싱 사이트라고 판단할 것이라고 기대하는 것으로 보인다.

어쩌면 대부분의 고객들이, 나쁜 녀석이 엉뚱하게 골라서 보여 주는 이미지에 주목하고 관심을 가질지 모른다. 그렇지만 그래서 어쨌다고? 여기에는 두 가지 맹점이 있다.

첫째로, 나쁜 녀석들은 피싱 사이트에서 사이트키를 전혀 안 보여줄 수 있다. 대부분의 사람들은 (특히 대부분의 사이트가 사이트키라는 것을 사용하지 않기 때문에) 어쩌면 이러한 변화를 눈치 채지 못할지 모른다.

둘째로, 나쁜 녀석이 로컬 네트워크를 통해 어떤 사용자의 컴퓨터에 침입했다면, 여러분이 은행과 통신할 때, 사용자명과 비밀번호를 포함해 모든 것을 볼 수 있는 맨인더미들어택을 실행할 수도 있다. 이런 시나리오라면 사이트키는 영향을 주지 못하고, 여러분은 실제로 은행이 아닌 나쁜 녀석과 직접 통신을 하고 있는 것이다.

물론, 나쁜 녀석이 사용자의 컴퓨터에까지 침입했다면, 인증 매카니즘은 의미가 없고 나쁜 녀석은 무엇이든 할 수 있다. 예를 들어 나쁜 녀석들이 시도해 볼 수 있는 한 가지 속임수는 여러분이 정상적인 웹사이트를 이용하게 하지만, 이용하는 웹페이지에 새로운 폼필드를 삽입하여 추가적인 확인이 필요하다고 하며 사회보장번호를 입력하게 만드는 것이다.

내 생각에 사이트키는 사람들을 보호받고 있다고 여기도록 만들어 보안에 대한 잘못된 의미를 제공하는 것 말고는 무언가 더할 수 있는 게 없는 것 같다. 실제로는 사이트키가 누락되었을 때 그것을 눈치 채고 피싱 사기를 피할 수 있는 사람들이 극소수 있을 것이다. 그런 의미에서라면, 사이트키도 아주 소소한 의미는 있다. 그러나 이런 추가적인 보호 메커니즘이 추가적인 로그인 단계를 가질 만한 가치가 있다고 생각하지는 않는다. 그 기술이 효과적인 메커니즘이 아니라는 증거는 그 기술을 채택한 은행이 거의 없다는 점이다. 만약 그것이 정말 괜찮았다면, 모두가 그것을 사용하려 했을 것이다.

어느 면에서는 추가적인 로그인 절차가 완전히 비난만 받을 것은 아니다. 보안의 효과가 별 볼일 없는 수준이긴 해도 최소한 뱅크 오브 아메리카는 노력을 하고 있는 것이니까. 하지만 또 다른 면에서 고객에게 실제 상황보다 보안이 잘 이루어지고 있다는 환상을 주는 것에 나는 반대한다.

그렇다고 뱅크 오브 아메리카가 조만간 사이트키를 없애지는 않을 것이라 믿는다. 당장 사이트키를 제거해 버린다면 보안 수단을 함부로 없애 버렸다는 비난을 받을지도 모른다.

　뱅크 오브 아메리카는 온라인 뱅킹에서 더 괜찮은 효율성을 가진 보안
메커니즘을 제공하고 있는데 그 기술은 세이프패스(SafePass)라고 불린다.
기본 아이디어는 고객이 로그인하려 할 때, 일회용 비밀번호를 문자 메시
지로 전송해 주는 것이다.(그림 37-2) 전송받은 일회용 비밀번호를 컴퓨터
에서 입력하면 된다.(그림 37-3) 처음 이것을 보았을 때, 난 '이제 이것이
사이트키의 훌륭한 대안이 되겠구나!'라고 생각했다. 불특정 피싱 사기꾼
들은 (바라건대) 알 수 없고 은행만 알고 있는 내 휴대폰 번호 덕분에 이제
진짜 뱅크 오브 아메리카라고 믿고 통신할 수 있게 되었다고 생각했다.

그림 37-2 ▶ 세이프패스(SafePass)가 일회용 비밀번호를 전송한다.

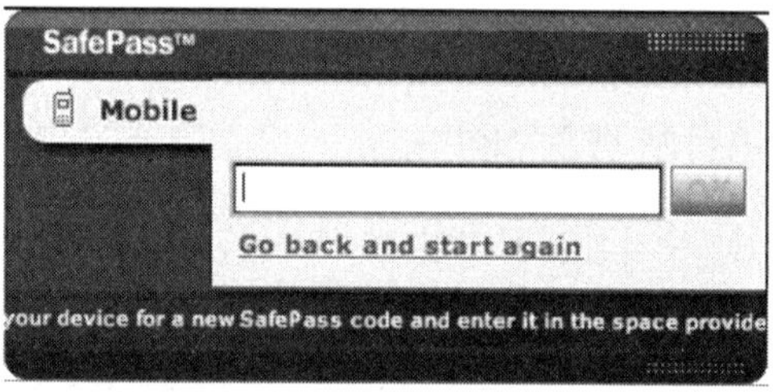

그림 37-3 ▶ 전송 받은 비밀번호를 입력한다.

　그러나 안타깝게도, 뱅크 오브 아메리카에 로그인하는데 결국 세이프
패스 기능을 꺼버리도록 만든 참기 힘든 경험을 하고 말았다. 그것을 사

용하면서, 내가 진행했던 로그인 절차는 다음과 같다.

1. 사용자명을 입력했다.
2. 사이트키를 확인했다.
3. 패스코드를 입력했다.
4. 세이프패스 위젯이 로드될 동안 기다렸다.(2~10초 정도 걸릴 수 있다.)
5. 문자 메시지를 보내기 위해 버튼을 클릭했다.
6. 문자 메시지가 올 때까지 기다렸다.
7. 문자 메시지에 표시된 코드를 입력했다.
8. OK 버튼을 클릭했다.
9. 시스템이 인증 절차를 마칠 때까지 조금 더 기다렸다.

몇 주 동안은 이런 절차를 따랐지만 일단 단계가 너무 많은데다 너무 느린 것을 참을 수 없었다. 지금은 다른 컴퓨터에서 로그인할 경우에만 세이프패스를 사용하도록 구성해 놓았다.

세이프패스를 로그인할 때마다 사용하게 만들었다면 고객들이 피싱 사기를 당할 여지가 좀 더 줄어들긴 했을 것이다. 누락된 이미지 보다 누락된 세이프패스 입력 단계를 훨씬 쉽게 인식한다는 것 때문이라기보다는 비밀번호를 완벽하게 피싱 당했더라도 세이프패스 기능이 있다면, 공격자는 반드시 내 휴대폰까지도 훔쳐야 되기 때문이다.

사실, 나쁜 녀석이 다른 컴퓨터에서 내 계좌로 로그인하기 위해 비밀 번호를 알아내려 할 때 내가 세이프패스를 사용하지 않고 있더라도 그는 나의 '비밀번호 확인 질문'에 대한 해답을 알고 있어야만 한다. 질문을 만드는 나만의 30가지 방법들 중의 일부를 살펴보자.

- 외할머니의 이름은?

- 아버지의 중간 이름은?

- 16살 때 살던 도시는?

- 첫 번째 조카나 여조카의 이름은?

- 태어난 도시는?

- 고등학교를 졸업한 연도는?

- 결혼 당시의 나이는?

- 고등학교의 마스코트는?

- 처음 기른 애완동물의 이름은?

- 결혼식의 신랑 들러리나 신부 들러리의 이름은?

질문의 답은 거의 대부분 공개된 기록에 있는 것이다. 나머지 것들도 일상적인 인간관계를 갖고 있는 사람들이라면 아주 특별한 관심이 없어도 알아낼 수 있는 것들이다. 거꾸로 이러한 모든 질문들에 대해서 가짜 답변을 만들어 놓을 수도 있다. 그런 경우, 문제는 그 가짜 정보를 기억해내는 것과 어떤 곳에서 진짜 정보를 사용했고 어떤 곳에서 가짜 정보를 사용했는지 기억해 내는 것이다. 나 같은 경우에는 그냥 모든 정보를 따로 적어 놓는다.

지금 뱅크 오브 아메리카는 사용하기 복잡한 로그인 절차를 만들어 세이프패스를 사용하는 것을 주저하게 만들고 있다. 그들은 내가 다시 세이프패스를 사용하게 만들도록 최선을 다해야만 한다.[64]

---

64) 저자주_그건 그렇고, 난 뱅크 오브 아메리카를 일방적으로 매도하려는 뜻은 없다. 그곳은 실제로 다른 어떤 은행보다 최고의 보안성을 갖고 있는 것으로 보인다. 많은 은행들이 하지 못하는 효과적인 일들을 많이 하고 있다. 예를 들어 로그인하는데 장치를 이용해 인증한다거나 실시간 서버 측 공격 탐지 기능을 제공하는 것 같은 것이 있다. 뱅크 오브 아메리카를 내가 이용하는 은행으로서 충분히 좋아하기 때문에 몇 가지 흠을 들춰보는 것뿐이다. 뿐만 아니라 그곳에서 고객 보안을

나라면 이렇게 바꿔 보고 싶다.

- 세이프패스를 사용하는 것에 대한 대가로 어떤 가치를 주는 방법으로 사람들이 그것을 사용하도록 장려하겠다. 예를 들어, 수수료를 없애준다던가 이자율을 높여준다던가 아니면 체크카드 거래 당 5센트 정도의 현금적립 같은 방법이 있겠다. 세이프패스를 사용하지 않아 예상되는 손실보다 비용적으로 덜 들면서 사용자에게 가치를 줄 수 있는 무언가를 찾는다는 것은 그리 어려울 것 같지 않다.

- 사용자가 세이프패스를 사용한다면 사이트키는 제거하겠다.

- 사용자가 세이프패스를 사용하면 비밀번호를 직접 입력하게 하지 않겠다.

- 뱅크 오브 아메리카는 세이프패스 문자메시지를 보낼 때, 그 일회용 비밀번호가 정말 자신들이 보낸 것이라는 것을 입증하는데 더 노력을 기울여야만 한다. 왜냐면 내 휴대폰 번호를 알게 된 누군가에 의해 피싱 사기를 당하고 있는 것이 아니라는 것을 확신할 수 있게 해 주어야 하기 때문이다. (이것은 계좌에 로그인하는 것을 SMS로 통지받는 경우 특히 중요하다.) 뱅크 오브 아메리카는 사용자가 자신들을 전송자로 식별하는데 도움을 줄 비밀문자열을 사용자에게 전송해 주는 것으로 스스로를 입증하는 것이 가능하다. 이것은 기본적으로 문자 기반의 '사이트키' 같은 것이거나 반대로 이용되는 비밀번호 같은 것이다. (뱅크 오브 아메리카는 비밀번호를 사용자에게 보내서 자신이 누구인지를 증명한다. 일반적인 경우였다면, 사용자가 자신을 증명하기 위해 비밀번호를 보냈을 것이다.)

담당하는 팀에게만 의견을 얘기한 것이고, 그들은 세이프패스의 속도를 빠르게 해 주는 것을 포함해 많은 발전을 하고 있기 때문에 나는 안심할 수 있다.

뱅크 오브 아메리카가 항상 비밀 문자열을 문자 메시지로 보낸다면, 절대 피싱 사기에 걸려들지 않을 것이다. 그렇지만 나쁜 녀석들에게는 여전히 맨인더미들어택 같은 공격을 시도할 기회가 있다. 그러나 맨인더미들어택을 수행한다 해도 내 휴대폰을 가지고 있지 않는 한 그들은 다시 로그인하는데 사용할 비밀번호를 알아낼 수는 없을 것이다. 대부분의 사람들이 여러 사이트에 동일한 비밀번호를 사용하는 습관이 있다 해도 이와 같은 환경에서는 나쁜 녀석들이 비밀번호를 알아낼 방법이 없다.

추가적인 보안성을 위해서 항상 사용자가 입력하는 두 번째 비밀번호를 추가할 수 있다. 그러면 나쁜 녀석들은 휴대폰과 두 번째 비밀번호를 모두 구해야만 할 것이다.

난 휴대폰이 이 같은 인증을 위해 더 자주 사용되었으면 좋겠다. 휴대폰을 항상 가지고 다닌다면 더 이상 SecurID를 휴대하지 않아도 되는 상황을 상상해 본다. 이것은 SecurID를 대체하기 때문에 회사의 비용을 아껴주는 효과도 있다. 나는 웹사이트를 통해 가정부가 집에 들어갈 수 있는 시간을 지정할 수도 있는 날이 오는 것을 보고 싶다. 가정부는 휴대폰의 블루투스 기능과 더불어 신원확인 및 출입 가능여부를 확인해 주는 응용프로그램을 이용해 현관문을 여는데 휴대폰 버튼을 누른다든지 할 것이다. 아니면 도어락에 작은 키패드가 있어서 가정부가 문자를 입력하면 도어락의 키패드에 입력할 4자리 비밀번호를 휴대폰 문자메시지로 다시 보내주는 것이다.

정리해 보면, 쉽고 싸면서도 쓸 만하게 안전한 시스템을 만드는 것은 가능하다. 조만간 그런 것을 볼 수 있기를 기대해 보자.

CHAPTER 38

클라우드 컴퓨팅이 보안에 취약해?

요즘 들어 기술용어 중에 가장 유명한 유행어는 '클라우드 컴퓨팅'이다. 클라우드 컴퓨팅의 기본적인 사상은 클라이언트 측에서 수행되어야 하는 것들이 인터넷상의 보이지 않는 자원 클러스터로 이동한다는 것이다.

오늘날 클라우드 시스템은 주로 세 가지로 분류된다.

서비스로 제공되는 소프트웨어(SaaS, *Software-as-a-Service*)

SaaS에서 여러분은 어떤 소프트웨어 제품에 대해 사용권을 살 수 있지만 자료의 일부 혹은 전부와 코드는 원격지에 존재한다. 예를 들어, 구글 독스(Google Docs)는 문서를 구글의 서버에 저장하고, 컴퓨터에는 어떤 코드도 설치하지 않는, MS 오피스를 대체하는 제품이다. 밝혀진 바로는, 구글 독스의 코드 일부는 내 컴퓨터상에서 실행될 수도 있는데 그것은 웹브라우저에서 실행되는 자바스크립트에 의존하기 때문이다. 그 응용프로그램은 서버 측에서 운용되지 않는다.

서비스로 제공되는 플랫폼(*PaaS, Platform-as-a-Service*)

소비자 관점에서, 소프트웨어라면 아마도 SaaS를 떠올리겠지만, 소프트웨어 개발자는 자신만의 웹 기반구조에서 실행하는 프로그램을 만드는 대신에 누군가 다른 사람의 플랫폼에서 실행되도록 프로그램을 개발할 수 있다. 예를 들어, 구글은 구글 앱엔진(Google App Engine)이라 불리는 서비스를 제공하는데 이것은 개발조직이 특별히 구글의 인프라상에서 실행되는 프로그램을 작성할 수 있게 해 준다.

서비스로 제공되는 인프라(*IaaS, Infrastructure-as-a-Service*)

이것은 PaaS와 매우 비슷한데 개발조직이 직접 소프트웨어 환경을 정의할 수 있다는 것이 차이점이다. 이것은 기본적으로 IaaS 공급자가 프로그램 대신에 가상머신을 제공한다. 이 가상머신에는 개발자가 그 안에 포함시키고자 하는 것은 무엇이든 담을 수 있다. 공급자는 언제든지 자동으로 가상머신의 숫자를 늘리거나 줄일 수 있다. 이렇게 해서 프로그램의 작업부하가 늘었을 때와 자원이 필요치 않을 때 비용 절약을 위해 쉽게 규모 조절을 할 수 있다.

최종 사용자의 관점에서 본다면, 이러한 세 가지 모델들 간에 큰 차이를 못 느낄 것이다. 또한, 이러한 시스템의 보안성은 대개 사용자가 통제할 수 없는 것들에 좌우된다. 다음과 같은 것들이 있을 수 있다.

외부 공격자들에 대응하는 IT 환경의 보안성

예를 들어, 나쁜 녀석들이 백엔드 시스템에 침입해서 데이터를 얻을 수 있다면?

환경 내부에서의 보안성

누군가 다른 사용자의 자료를 보거나 아니면 같은 환경 내에 호스팅되는 다른 응용프로그램을 방해하기 위해 응용프로그램의 결함을 사용할 수 있다면?

사용되는 인증방식과 암호화 방식

비밀번호 처리에 평문(Plain-text) 프로토콜을 사용하면 모든 사람을 위험에 빠뜨린다.

이런 경우에는, 소프트웨어 개발자가 IT 환경을 완전하게 제어할 수 없다. 클라우드 컴퓨팅 공급자는 정책에 대해 숨김없이 알릴 필요가 있고 응용프로그램 개발자는 할 수 있는 모든 방책을 취해야만 한다. 예를 들어 서비스로 제공되는 인프라(IaaS, Infrastructure-as-a-Service)를 사용한다면 불필요한 기능성들이 실행되지 않는 가상 머신 이미지를 만드는 것과 서로 통신을 할 때는 암호화를 이용하는 것을 지키는 것이 모범적인 사례이다. 그래야 클라우드 환경 공급자의 다른 고객이 네트워크 수준에서 데이터를 가로챌 수 있는 경우를 피할 수 있다.

모든 종류의 클라우드 시스템의 뚜렷한 장점은 시스템이 잘 설계되었다면 나쁜 녀석들이 악용하고 싶어 하는 모든 코드가 (브라우저로 다운로드 되는 대신에) 서버상에 존재한다는 것이다. 나쁜 녀석들이 코드를 얻을 수 없다고 해도 공격을 시도할 수는 있는데, 그럴 경우 나쁜 녀석들의 시도는 사용자 인터페이스에 확실한 결함이 있어야만 가능하고 그 결함을 찾기 위해서 무차별적인 테스팅을 시도해 볼 수밖에 없다. 그런 기법은 응용프로그램을 방어적으로 만드는데 선량한 사람들 역시 쉽게 이용할 수 있으며 나쁜 녀석들이 결함을 발견하기 전에 먼저 발견할 수 있게 해 준다.

네트워크 환경에서 실행되는 서버 사이드 응용프로그램을 구매할 수 있는 전형적인 사례와 그 상황을 비교해 보라. 나쁜 녀석들을 포함해 누구도 응용프로그램 자체를 살 수는 없다. 게다가 업체가 보통 소스코드를 함께 팔지 않는다 해도 나쁜 녀석들은 최소한 (소스코드만큼 쉽지는 않더라도 읽을 수 있는) 이진코드에는 접근할 수 있었다. 하지만 SaaS 모델에서는 서버 사이드 구성요소의 이진코드에 접근하는 것은 극도로 제한될 것이다.

그렇지만 개발자가 서버 측에 있어야만 할 중요한 것들을 클라이언트 쪽에 배치될 가능성은 여전하다. 개발자는 (개발자가 난독화 같은 기술을 적용했다 하더라도) 나쁜 녀석들이 클라이언트에 있는 모든 것들에 완벽하게 접근할 수도 있다고 가정해야만 한다. 예를 들어 클라이언트 쪽에 데이터베이스 쿼리를 만들고 검증할 책임이 있으며 서버는 쿼리를 무조건 실행한다면, 나쁜 녀석들은 언제든지 클라이언트 쪽 코드를, 사용자의 백엔드 데이터베이스 허가권한으로 가능한 것은 무엇이든 할 수 있도록 수정할 수 있게 된다. 이 말은 나쁜 녀석이 데이터를 마음대로 읽고 변경하고 삭제할 수 있다는 것을 의미한다.

공격자가 충분한 정보를 가지지 못하기 때문에, 응용프로그램 보안 적용은 극단적으로 엄격하게 가져가지 않아도 괜찮다고 생각한다. 정확한 적용 범위는 실제로 소프트웨어 개발자의 특정 요구사항에 좌우되겠지만 많은 조직들에게 현실적으로 비용 대비 효과가 큰 방법은 '적당히 싼값에 보안 테스팅을 할 수 있는 인력들을 고용하는 것'이며 누구나 분명하게 수행 하는 인증/암호화 같은 것에는 자원을 보통수준으로 투자하는 것이 적당하다. 일반적으로 아무도 강요하지 않는다면 훈련이나 함께 하는 코드 검토 같은 것들은 건너뛸 수 있다.

내가 작정하고 응용프로그램 보안에 대한 지출을 보통수준으로 하라고 말하면, 사람들은 놀라곤 하는데 사람들이 놀라는 이유는 내가 그동안 첫 번째 책인 'Building Secure Software'를 포함해 응용프로그램 보안을 주제로 많은 책을 공동 집필했었다는 데 있다. 클라우드 환경에 대한 응용프로그램 보안을 얘기할 때도 사람들은 같은 반응을 보이곤 한다.

게다가 클라우드 컴퓨팅 같은 접근법이 여러분에게 최고로 안전한 솔루션을 제공해 주는 것은 아니다. 그러나 사업은 이익을 최대화하는 것이 목표이지 보안을 최대화하는 것이 목표는 아니다. 지금은 대다수의 기업들이 클라우드 환경에서 사업을 하기 위해 위험성을 감수할만한 적당한 시점이다.

물론 이 충고가 적용될 수 없는 몇 가지 사례가 있다. 예를 들어, 여러분의 회사가 클라우드 환경에서 솔루션을 배포하면서 그 솔루션의 코드를 상점에서도 판매하고 있다면 나쁜 녀석들은 결국 코드에 접근할 수 있게 된다.

클라우드 컴퓨팅 접근법의 일반적인 관심을 넘어서다 보면, 세 가지 클라우드 컴퓨팅 모델 각각이 갖는 독자적인 보안 관심사가 있다.

- SaaS에서, 사용자는 보안에 대해 클라우드 환경 공급자에게 크게 의존하지 않으면 안 된다. 공급자는 허가권한이 없으면 다른 누군가의 자료를 볼 수 없게 여러 기업들과 사용자들을 지켜주어야 한다. 공급자는 여러 가지 침입 시도로부터 환경의 기초를 이루는 기반구조를 보호할 필요가 있다. 뿐만 아니라, 모든 인증과 암호화에 대해 대부분의 책임을 진다. 고객입장에서는 모든 것이 제대로 작동될 것이라 확신할 수 있을 만큼 세부사항을 알기는 어렵다. 마찬

가지로 응용프로그램이 가용성이 충분할 것이라고 장담하기도 어렵다.

- PaaS에서, 공급자는 제공된 플랫폼 위에 응용프로그램을 구축하는 사람들에게 몇 가지 통제 수단을 제공한다. 예를 들어, 개발자들은 독자적인 인증 시스템과 데이터 암호화를 수행할 수 있지만 응용프로그램 레벨 아래에서 작동하는 (호스트나 네트워크 침입 예방 같은) 보안은 여전히 공급자의 손에 달려있다. 보통, 공급자는 이러한 정책에 관련한 정보를 잘 제공하지 않거나 전혀 제공하지 않는다.

- IaaS에서 개발자는 보안 환경에 대해 더욱 많은 통제권한을 가질 수 있는데 응용프로그램이 가상 머신에서 실행되기 때문이다. (가상 머신 관리자 프로그램 내부에 보안 구멍이 없는 한) 이 가상 머신은 같은 물리적인 머신상에서 실행되는 다른 가상 머신들과 분리되어 있다. 이런 방식의 컨트롤은 보안과 준수규정에 대한 관심을 적절히 처리해 줄 수 있다는 데 장점이 있다. 그렇지만, 부정적인 면은 응용프로그램을 구축하는 것이 비용이 더 들어가고 시간이 걸릴 수 있다는 점이다.

한 가지 더 중요한 관심사는 데이터의 백업이다. 어떤 공급자들은 여러분을 위해 독자적으로 백업을 수행한다. 그렇지만, 여기에도 잘못될 수 있는 여지는 많다. 어쩌면 그들은 가격을 올릴 수도 있을 것이고 네트워크에서 데이터를 가져가기 어렵게 만들 수도 있을 것이다. 때로는 기업들도 갑작스레 파산하는 경우를 겪을 수 있다. 많은 일들이 일어날 수 있다는 것이다.

모든 경우에, 여러분이 클라우드 기반 솔루션을 사용한다면 클라우드 공급자가 해 주는 백업뿐만 아니라 여러분의 데이터를 스스로 백업하는 것이 최고로 좋다. 이것은 일반적으로 IaaS에서 훨씬 더 쉽다.

클라우드 컴퓨팅은 분명하게 많은 이점을 가지고 있다. 예를 들어 (잘 되면 직접 인프라를 갖추는 것보다 비용 대비 효과가 훨씬 큰) 기업 간의 비용 분담이나 응용프로그램이 인기를 끌게 되어 빠르게 규모를 조정해야 할 필요가 있는 상황을 처리하는 경우가 있겠다. 그렇지만 많은 사람들에게 클라우드 컴퓨팅은, 응용프로그램과 데이터가 다른 응용프로그램과 데이터와 함께 공간을 공유하고 있기 때문에 더 위험하다고 느껴질 수 있다.

그렇지만 대부분의 경우, 나쁜 녀석들은 소스코드에 접근할 수 없으며, 공급자들은 고객 간에 완전하고 깨질 수 없는 장벽을 제공하기 위해 열심히 노력한다. 물론, 보안성은 응용프로그램과 응용프로그램 간에 플랫폼과 플랫폼 간에 공급자와 공급자간에 크게 다를 수 있다. 그렇지만 대체로 클라우드 컴퓨팅은 더 나은 보안성에 대한 많은 약속들을 지키고 있다.

그것은 좋은 소식인 반면 이제 많은 사람들이 동일한 소수의 사이트상에 데이터와 코드를 가지고 있게 되므로 그런 사이트들은 나쁜 녀석들에게 더 중요한 목표가 될 것이라는 점은 나쁜 소식이라 할 수 있겠다.

이러한 사이트를 운영하는 사람들은 (다른 개발조직들이 걱정해야만 하는 것과 같은) 모든 종류의 문제들에 관해 걱정해야만 한다. 잘못될 경우 결과는 더 나빠질 수 있다. 왜냐면 거기엔 자신들의 데이터가 위험에 빠질 수도 있는 사람들과 기업들이 훨씬 많이 연관되었기 때문이다.

SaaS 응용프로그램을 만드는 사람들은 어떤 고객의 데이터가 다른 고객에게 노출되는 경우와 여러 고객의 데이터가 동시에 노출될 수 있는 응용프로그램 결함을 걱정해야만 한다. IaaS 공급자는 그들의 고객을 다른 고객으로부터 보호하는 것을 확실히 해야만 한다. 만약 고객들 중 누군가에게 보안상의 결함이 생기더라도 다른 고객들이 이전보다 더 위험한 상황에 빠져서는 절대 안 된다.

클라우드 환경 공급자는 보안이 제대로 이루어지는지에 대해 주의를 기울여야만 한다. 그들은 무언가 잘못되었을 때 책임을 짊어져야만 하는 사람들이다.

그들이 잘 해내길 기대해 보자.

CHAPTER 39

안티바이러스 기업들이 해야만 하는 일(AV 2.0)

지금까지 전통적인 안티바이러스 시스템이 불완전하게 작동할 수밖에 없는 이유를 여러 가지 얘기해 보았다. 이제, 보안업체들이 앞으로 해야 할 일들에 대한 나의 비전을 공유해 보겠다. 이것을 AV 2.0이라고 부르기로 하자. (아무개 2.0이라는 표현이 신물 날지라도 참아주길 바란다.) 나는 3년이 약간 안 되는 대부분의 시간 동안 맥아피에서 이러한 비전을 목표로 일해 왔다. 안티바이러스업체들이 방향을 제대로 찾지 못하고 있을 때, 큰 업체 하나가 올바른 길을 찾아 움직이기 시작한 것이다.

안티바이러스업체들은 전통적으로, 유해한 프로그램들을 목록화한 커다란 블랙리스트를 유지하고 있었다. 하지만 그보다는 안티바이러스 업체들이 전체 프로그램들에 대한 마스터 목록을 두고서 각각의 프로그램들이 좋은 건지, 나쁜 건지, (업체들이 판단할만한 정보가 충분치 않아서) 미정인지를 추적 관리하는 게 더 바람직하다고 생각한다.

그렇게 하면 컴퓨터에 용량이 큰 시그너처 파일(signature files)이 있을 필요가 없고 전통적인 시그너처 체크도 필요 없다. 대신 컴퓨터가 어떤 프로그램을 실행하기 바로 직전에 안티바이러스 소프트웨어는 업체에게 '이 프로그램이 실행에 안전한가?'하고 확인 조회할 수 있다.

이제는 안티바이러스업체의 탐지 능력이 아주 좋아져야만 한다. 그러기 위해, 최종사용자 설치용 안티바이러스 소프트웨어는 사람들이 컴퓨터에 설치한 프로그램들에 관해 다음과 같은 정보를 수집해 업체에게 알려주어야만 한다.

- 파일들이 어디에 설치되었는가?
- 파일에는 어떤 소프트웨어 업체가 서명을 했는가?
- 프로그램들이 어떤 레지스트리 키를 사용하며, 이용되는 추가적인 리소스는 무엇이 있는가?
- 프로그램들을 설치하는 프로그램은 무엇인가?
- 프로그램들을 삭제하기 위해 해야 하는 일은 무엇인가?
- 프로그램들이 키입력을 가로채는 키로깅(keylogging) 같은 의심스러운 행동을 하지는 않는가?

모든 프로그램들에 대해 이런 종류의 정보들을 보낼 필요는 없다. 일반적으로 업체에 정보가 확보되지 않은 프로그램들에 대해서만 보내면 된다.

그러면 안티바이러스업체는 어떤 프로그램에 관해 수집된 정보를 전체 사용자 집단을 대상으로 중앙 분석하는데 사용할 수 있다. 이렇게 함으로써 어떤 프로그램이 믿을 만 한 것인지 아닌지를 결정한다. 사용자 집단으로부터 프로그램들에 관한 많은 데이터가 수집된다면 어떤 프로그램이 좋은지 나쁜지 알아내는 것은 적은 비용으로도 쉽게 시도해 볼 수 있다.

유비쿼티 : 이용자가 많을 것

어떤 프로그램을 설치한 사람들이 많고 그 프로그램이 불완전하게 동작하지 않는다면 그것은 괜찮은 프로그램이라고 볼 수 있다. (물론 이러한 가정을 가끔은 다시 확인해 보는 것도 필요하다.) 사용자 집단에서 아무도 그 프로그램을 사용하고 있지 않다면 일단 의심해 볼 만하다.

전자 서명

좋은 평판이 있는 믿을 만한 업체들에 의해 전자 서명된 프로그램들은 보통 괜찮기 마련이다. 스파이웨어를 퍼뜨리는 업체의 이름으로 전자 서명된 프로그램들은 일반적으로 실행돼선 안 된다.

혈통

설치 프로그램을 크게 신뢰할 수 있다면 (아마도 전자 서명 때문에), 그것이 직접 설치하는 모든 것들은 대체로 신뢰할 수 있다. (설치 프로그램 내에 패키지되어 있는 파일들은 함께 사용될 것이므로 반드시 서명되어야 할 필요는 없다.) 이와 마찬가지로 나쁜 프로그램이 설치한 것과 나쁜 프로그램을 설치한 것은 의심해야만 한다. 뿐만 아니라, 위험한 사이트에서 프로그램을 구했다면 괜찮다는 확인이 될 때까지 실행하지 말아야 한다.

행동양식

예를 들면 키로깅(keylogging)이나 네트워크 트래픽 검사나 그 밖의 잠재적으로 문제가 될 만한 여러 가지 행동들이 있다. 특정 움직임이 나쁜 것인지 좋은 것인지는 한 장비를 기준으로해서는 판단하기 어려울 수 있지만, 전체 사용자 집단을 통해 보면 더 분명하게 보일 수 있다. 예를 들어, 봇넷(botnet)이 활동하는 것을 나타내는 패턴을 검출할 수 있다. 어떤 프로그램이 키로깅 기능을 갖고 있더라도 그 프로그램을 사용하는 사용자들이 많을 수도 있다. (그렇다. 스카이프_Skype[65])같은 프로그램을 말하는 것이다.)

이런 정보들이 어떻게 도움이 되는지 알아보기 위해, 오늘날 나쁜 녀석들이 안티바이러스업체들의 생존을 어떻게 위협하는지 다시 생각해 보자. 그러면 이 새로운 모델이 얼마나 더 좋은지 알 수 있을 것이다.

맞춤 제작한 암호화(혹은 압축) 솔루션을 사용하면 맬웨어의 원본 하나로 여러 개의 변형 맬웨어를 자동으로 만들 수 있다는 것을 나쁜 녀석들은 알고 있다. (보통 연관 관계를 알 수 없도록 파일명이나 파일 구성 방식들을 무작위로 변형한다.) 하나의 맬웨어를 퍼뜨리는 대신에 자동으로 여러 가지로 변형될 수 있게 하여 퍼뜨림으로써 업체들이 분석해야 할 대상을 폭발적으로 늘려주고 있다. 나쁜 녀석들의 자동화가 실제로 효과적이라면 선량한 사람들은 분석대상의 숫자에 압도당할 수밖에 없다. 아울러 모든 가능한 경우에 적용할 시그너처를 하나 만들기 위해서 엄청나게 많은 시간이 필요하게 된다. 그것은 오늘날 아주 일반적인 현실이 되었다.

내가 사용하는 어떤 안티바이러스의 제작 업체가 전체 사용자 집단에서 정보를 모으고 있는데 내 컴퓨터에서 막 실행된 someprog.exe라는 프로그램을 안티바이러스 소프트웨어가 보고한다고 해 보자. 안티바이러스 소프트웨어는 암호화 알고리즘을 사용해 someprog.exe라는 파일명에 상관없는 유일한 식별자를 계산한다. 이 식별자가 업체에게 전송되었지만 업체가 이 프로그램을 처음 접하거나 충분한 정보를 가지고 있지 않다면, 판단을 내리기 전에 someprog.exe에 대한 더 많은 정보를 요

---

65) 역자주_스카이프는 인터넷전화 프로그램을 말한다. 자세한 내용은 http://en.wikipedia.org/wiki/Skype을 참조

구할 것이다. 안티바이러스 소프트웨어는 (전자서명이 안 되었거나 암호화 되었다는 정보 같은) 다른 쓸모 있는 정보를 보고할 수도 있다. (프로그램이 압축되었거나 암호화되었다는 것은 파악하기 쉽지만, 원래 프로그램으로 복구하는 것은 정말 어려울 수 있다.)

지금까지 경험으로 보면, 이런 경우 업체들은 '이것을 실행하지 마시오'라고 간단히 말할지 모른다. 왜? 프로그램이 압축되거나 암호화 되었으며 아무도 전에 그것을 본 적이 없다면 그것은 대부분 의심할만하거나 위험한 경우가 많았기 때문이다.

마이크로소프트 같은 업체들이건 사용자가 적은 드롭박스(Dropbox)[66] 같은 업체건 자신들의 프로그램이 부당하게 취급당할 것을 걱정할 필요는 없다. 그런 업체들의 소프트웨어는 설치프로그램에 전자 서명이 되어 있으므로 모든 안티바이러스업체들은 그런 소프트웨어들을 화이트리스트[67]에 올려놓았을 것이기 때문이다. 전자 서명 없이 독자적인 웹사이트에서 프로그램을 배포하는 소프트웨어 업체들에 대해서라면, 안티바이러스업체는 그 소프트웨어가 신뢰도가 높은 웹사이트에서 배포되었는지를 보고 실행 여부를 결정할 것이다.

이 같은 규칙을 사용하면 합법적인 소프트웨어를 중단시키게 되는 경우는 매우 적어지겠지만 악성 소프트웨어는 아주 쉽게 중단시킬 수 있다. 이런 상황이라면, 나쁜 녀석들은 시스템을 벗어나려고 어떤 종류의 시도를 하게 될까?

---

66) 역자주_Dropbox Inc. - 드롭박스라는 웹기반의 파일 호스팅 서비스를 운영하는 회사이다. http://en.wikipedia.org/wiki/Dropbox_(service) 참조.

67) 역자주_화이트리스팅_whitelisting - 블랙리스트에 기반하는 기존의 시그너처 접근법으로는 자동 변형되거나 암호화하여 은폐를 시도하는 최근의 맬웨어 경향에 대응하기가 극도로 어려워지고 있어, 반대로 깨끗하고 악성 프로그램이 없는 시스템 이미지를 기준으로 화이트리스트를 작성해 리스트를 벗어나는 프로그램들에 대해 경고하거나 실행 자체를 방지하는 방식으로 보안문제를 해결하려는 시도가 등장하고 있다.

나쁜 녀석들은 자신들의 응용프로그램에 전자 서명을 하기 시작할 수 있다. (합법적으로 취득한 코드 서명용 인증서를 사용해서)

이런 시도는 나쁜 녀석들에게 더 많은 책임을 부과하게 하는데, 인증서를 구하려면 입증할 수 있는 정보를 제공해야만 하고 인증서를 구매하기 위한 비용도 들어간다. 나쁜 녀석들이 수천 가지 프로그램을 쉽게 만들어낼 수 있을지 몰라도 일일이 코드 서명 인증서를 구해서 사용하기는 힘들 것이다. 합법적이라고 판단하기 애매한 어떤 스파이웨어 업체는 자신들이 만드는 응용프로그램에 이미 코드서명을 하고 있다. 하지만, 재정적인 고려를 했을 때, 대부분의 나쁜 녀석들에게는 이러한 시도가 불리할 거라 생각된다.

나쁜 녀석들이 자신들의 프로그램을 압축하는 것을 그만둘지도 모른다.

전통적으로 압축을 하는 이유는 압축한 여러 형태의 프로그램들을 만들어 내어 맬웨어를 찾고 있는 선량한 사람들에게 더 많은 일을 부담하게 만드는데 있었다. 이런 시도는 잘 들어맞아서 선량한 사람들이 그들의 작업을 어떤 식으로 우선순위 매길지 알 수 없게 만든다. 더 많이 퍼진 맬웨어는 어떤 것이며 어떤 맬웨어가 그렇지 않을까? 자, 이제는 선량한 사람들이 대부분의 압축된 프로그램들을 쉽게 무시해도 되게 생겼다. 그동안 나쁜 녀석들은 자동으로 사소한 변형을 가해 반복적으로 프로그램을 압축해왔으며 그것으로 같은 일을 할 수 있는 엄청나게 많은 프로그램들을 뿌려왔다. 이제 나쁜 녀석들은 자신들의 프로그램에 압축이나 변형을 가하지 않고 좀 더 정상적으로 보이게 만들 필요가 있을 것이다. (나쁜 녀석들이 압축하거나 암호화하지 않는다면 같은 종류의 필터링을 사용해도 잘 작동할 것이다.) 나쁜 녀석들이 압축하지 않은 프로그램들을 만들게 되면 결과적으로 현재의 맬웨어보다 분석하기가 훨씬 쉬워질 것이다. 그렇다면 사람들은 맬웨어로부터 장비를 지키는 것이 훨씬 수월해진다.

나쁜 녀석들이 안티바이러스 기능을 동작할 수 없게 만든다면 맬웨어의 위험한 행동이 보고될 수 없다.

그렇지만 다행인 것은 맬웨어가 실행되기 전에 안티바이러스업체들은 맬웨어에 관한 (맬웨어가 어디서 왔고 맬웨어가 설치되면 어떻게 되는지) 정보를 이미 가지고 있다는 것이다. 이러한 감사 추적은 위험한 소프트웨어를 자동적으로 빠르게 식별하는데 도움을 줄 것이다.

나쁜 녀석들은 이런 시스템과의 게임을 시도할지 모른다.

예를 들어, 나쁜 녀석들은 자신들의 소프트웨어가 괜찮은 걸로 표시되게 노력할 수도 있다. 이렇게 하기 위해 이미 감염된 수많은 컴퓨터들이 그 프로그램이 괜찮은 것처럼 정보를 보고하게 한다. 예를 들어 이러한 접근법이라면 프로그램이 잠시 동안은 '중립_Natural' 등급으로 뿌려지다가 프로그램이 괜찮은 지명도를 얻고 인기가 급상승할 때 '갑자기 작동'하도록 만들 수 있다.

위에서 마지막 두 가지 기술은 다루기가 더 어렵고 나쁜 녀석들과 일정 정도 지속적인 군비경쟁을 해야 할 것이다. 그렇지만 우리는 이미 선량한 사람들이 밀리고 있는 커다란 경쟁 상태에 있다. 다음과 같은 접근법은 선량한 사람들을 우위에 서게 만들 수 있다. 예를 들면,

- 보안 프로그램을 운영체제 외부로 옮긴다면, 안티바이러스 기능을 억제시키는 것이 이제는 쉽지 않게 된다.

- 안티바이러스 기능이 비활성화 되더라도, 감염 전에 수집한 데이터에 기초해서 감염되지 않은 장비들을 보호하도록 자동적으로 반응할 수 있다. 이것은 리부팅을 하거나 특별한 치료용 CD/DVD를 집어넣는 식으로, 감염된 장비를 자동으로 치료하는 좋은 솔루션을 가질 수 있다는 것을 의미한다. 이것은 자동화하기 쉬운데 파일 시스템에 뭐가 잘못됐는지 알아내는 것과 이전상태로 되돌리는 것은 비교적 쉽기 때문이다. (일반적으로, 부팅할 때는 위험한 프로그램들이 실행되기 어렵다.)

- 누군가 시스템과 게임을 시도하는 것을 자동으로 탐지하기 위해 해볼 만한 것이 여러 가지 있다. 데스크탑 상의 바이너리 파일 대신에 클라우드 환경 안에 모든 로직을 둘 수 있다면, 나쁜 녀석들은 모든 규칙을 알아내기가 매우 어려워진다. 전통적인 안티바이러스 프로그램에서는 나쁜 녀석들이 자신들의 프로그램이 안티바이러스를 통과할 수 있도록 반복적으로 테스트해 볼 수 있었다. 그렇지만 이제는, 안티바이러스 시스템이 여러 사용자들의 다수의 장비에서 벌어지는 일들에 기초해 자동으로 변화될 것이다.

나쁜 녀석들이 시스템과 게임을 잘 해낸다 해도, 업계가 대응하기에는 지금보다 상황이 더 좋아질 것이다. 선량한 사람들이 문제에 뒤처지지 않게 대응하여 고객들을 보호하는 것이 훨씬 쉬워질 것이다.

내가 제시하는 이런 접근법에 관해 몇 가지 질문이 있을 수 있다.

오탐은 여전히 문제 아닌가?

그렇다. 여전히 정상적인 무언가를 방해할 가능성은 있다. 그렇지만 주요 업체의 인기 있는 프로그램들이라면 오탐 문제는 신경을 쓰지 않아도 될 것이다. 오탐은 아주 인기 없는 프로그램들인 경우에만 발생할 것이다. 게다가 그런 경우에라도 안티바이러스는 '나쁜 소프트웨어'라고 말하는 대신, '이것은 의심되는 소프트웨어이며 실행해도 안전한지 확인되는 데로 알려 드리겠습니다'라고 말하게 된다. (그림 39-1이 예제이다.) 이런 접근법은 사람들이 실제로 사용하는 대부분의 소프트웨어가 제때에 업그레이드되는 한 잘 동작할 것이다. (게다가 큰 사용자 집단을 갖는 기업이라면 제때에 업그레이드시키지 않을 이유가 없다.)

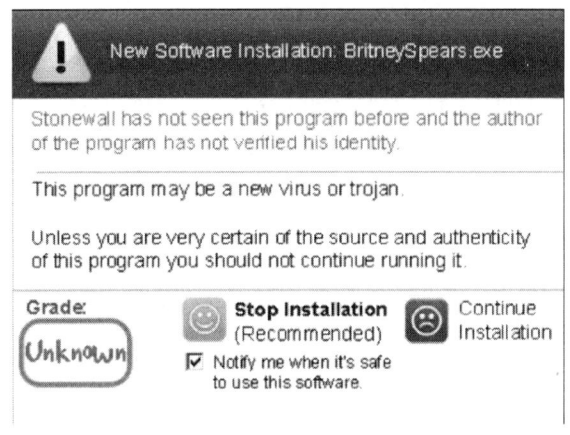

그림 39-1 ▶ 잠재적으로 의심되는 소프트웨어에 관한 메시지 예제

컴퓨터가 오프라인 상태라 안티바이러스업체의 서버에 쿼리할 수 없을 때는 어떻게 되나?

컴퓨터의 안티바이러스 소프트웨어는 어떤 프로그램이 좋은 것이었고 어떤 것이 나쁜 것이었는지 틀림없이 기억할 수 있다. 알 수 없는 전혀 새로운 프로그램이 실행되고 있거나 오프라인 상태인 동안에 디스크에 무언가를 설치할 경우에만 발생할 수 있는 상황이다. 이런 경우, 안티바이러스업체는 대부분의 인기 있는 프로그램들의 시그너처들을 임시 저장해 놓을 수 있다. (시그너처 파일이 보통 하루 단위로 갱신되던 것처럼, 이러한 캐시는 매일 갱신될 수 있다.) 캐시에 저장되지 않은 것들에 대해서는 '이 프로그램들을 실행하는 게 안전한지 보증하기 위해서는 온라인 상태여야만 합니다'라고 표시하면 된다. 사용자에게 모험에 대한 선택권을 주도록 하자.

나쁜 녀석들이 악성코드를 이용해 멀쩡한 프로그램을 위험하게 만들거나 탐지를 피하는데 이용할 수 있나?

할 수 있다. 그렇지만 이런 문제들을 해결하기 위해 여러 가지 시도를 해 볼 수 있다. 예를 들어 인기가 많은 문제없던 프로그램이 악용될 경우에 드러나는 예외적인 행동을 관찰할 수 있다. 그리고 일단 무언가 악용되고 있는 것을 알아냈다면 그것은 확실히 막을 수 있다.

이런 시스템은 커다란 프라이버시 문제를 일으키지 않을까?

음.. 프로그램에 관련된 많은 데이터가 수집되는 것은 사실이지만 사용자의 실제 개인 정보가 수집되지는 않을 것이다. 사실 사용자의 어떤 개인 증명 정보들도 수집되어야 할 이유가 없다. 그리고 이것이 큰 이슈가 된다면 업체가 익명화 계층을 추가해 사용할 수 있다. (이것은 기술적 관점에서 충분히 가능한 것이다.) 게다가, 사람들은 데이터 수집을 거부할 수 있어야만 한다. 솔직히 대부분의 사람들은 자신들이 실행하고 있는 프로그램의 제조업체나 자신이 방문한 웹사이트의 업체가 아는 것이 다음과 같은 경우에 한정된다면 신경 쓰지 않는다. (그리고 업체들은 결국엔 이러한 정보를 폐기할 것이다.) a) 주민번호 같이 민감한 것은 수집되지 않는다. b) 업체는 더 좋은 제품을 위해 수집된 데이터를 사용한다. c) 업체는 수집된 데이터를 어떤 다른 목적에 사용하지 않을 것이라고 천명한다. 결국, 대다수의 사람들이 실제로 신경 쓰게 될 만한 것은 첫 번째 요점인 a)뿐이라 생각한다.

그렇다면 기업에 대한 프라이버시는 어떤가?

몇몇 기업체들은 기업 프라이버시에 주의를 기울이겠지만 대다수는 그렇지 않을 것이다. 기업 프라이버시에 목을 매는 것은 전통적인 모델을 끝까지 따르겠다는 것이며 그로 인해 보안성을 훨씬 떨어뜨릴 수밖에 없다. 게다가 기껏 예상 가능한 문제는 안티바이러스업체가, 분석하라고 허가해준 기업 정보를 파는 경우이다. 기업들은 안티바이러스업체로부터 제공받는 서비스를 이용할 수 있지만 자신들이 공유해준 것들은 통제할 수 있을 것이다. 기업들은 그 특권에 대해 어쩌면 비용을 지불해야 할 수도 있다.

이런 제안을 구현했을 때 네트워크 트래픽을 증가시키지는 않나?

전혀 그렇지 않다. 어떤 프로그램이 전에 본 적이 없는 경우에만, 클라이언트와 서버가 통신한다. 전송될 데이터는 양쪽 다 작은 양일뿐이다. 오늘날 대부분의 클라이언트는 매일 거대한 양의 다운로드를 해야한다. 그것은 이 새로운 시스템에서 평상시에 전송할 데이터보다 수천 배 크다.

업계가 일단 이 같은 시스템으로 가는 것이 일반화된다면 여러 가지 흥미로운 경향이 생길 수 있다.

예를 들어, 모든 프로그램에 대한 분류를 저장해 놓은 커다란 데이터베이스에는 좋음, 나쁨, 미확인 외의 범주들도 포함될 것이다. 좋음에 대해서도 '악성코드화 할 수 있음'이나 '알려진 악성코드가 있음' 같은 하위 범주가 있을 수 있다. 이렇게 하는 것은 패치 관리를 더 쉽게 만들어 준다. 어떤 소프트웨어에 대해 실제로 활용되는 악성코드가 있기 때문에 소프트웨어를 업그레이드할 필요가 있다고 알려주는 안티바이러스를 상상해 보자. 아니면 안티바이러스 소프트웨어가, 악용될 수도 있는 소프트웨어를 가지고 (인터넷에서 구한 첨부파일을 열어보는 것 같은) 위험한 행동을 하는 것을 허가해 주면서 추가적인 주의사항을 알려주는 것을 상상해 보자.

우리는 다양한 방식으로 프로그램들을 분류할 수 있다. 물론, 스파이웨어나 애드웨어가 있지만 '쓰레기웨어_crapware'라는 분류는 어떤가? 가령, 여러분이 어떤 프로그램을 설치하려하는데, 안티바이러스 소프트웨어가 다른 사람들은 그 프로그램을 결국 삭제했고 그 프로그램은 컴퓨터 속도가 느려지게 만든다고 알려준다면 어떨까? (그림 39-2) 아니면 프로그램을 실행하기 전에 혹은 다운로드하기 전에라도 아마존 사이트에서 보는 것 같은 추천항목을 만들 수 있다면 어떨까?

그림 39-2 ▶ '쓰레기웨어_crapware'에 대한 경고의 예

다른 유용한 사업 기회가 이런 플랫폼 위에 만들어질 수 있다. 그렇지만 그것은 미래의 일이다. 언제 그런 미래가 도래할까?

이러한 아이디어의 대부분은 프로토타입 형태로는 만들어졌지만 수백만의 사용자를 아우르는 제품으로 나타나려면 몇 년은 족히 더 걸릴 것이다. 업계는 이러한 비전을 향해 걸음마를 떼고 있는 중이고 아무도 어떤 업체가 설익은 무언가를 가지고 문제를 일으키는 재앙을 만드는 것을 원하지 않기 때문에 당분간 걸음마는 계속 될 것이다. 업체들은 확실한 것을 만들어야만 한다. 예를 들어, 큰 업체라면 그들의 솔루션이 수백만 사용자를 커버하도록 만들 필요가 있을 것이다.

우리는 이미 많은 걸음을 떼었다. 맥아피는 2008년 중반 이래로 실시간 시그너처를 제공하고 있다. 몇몇 업체들은 프로그램 유비쿼티에 대한 충분한 정보를 기록하고 있는 중이다. 이러한 시도를 통해 적어도 자원의 이용에 대한 우선순위를 정하는 것에 도움을 받고 있다. 주요 업체들과 몇 개의 마이너 업체들은 백엔드에서 프로그램들에 대한 자동화된 추론을 시도하고 있다.

이와 같은 비전이 완전히 이루어지려면 아직도 5년 이상이 걸릴지 모른다. 나쁜 녀석들이 장비를 성공적으로 감염시키고 안티바이러스 소프트웨어를 무력화시키는 것을 완전하게 방어할 수 있도록 만드는데만도 부족한 시간이다. (그 시간 안에 마이그레이션 절차가 까다로운 곳에서는 가상화_virtualization 기술로의 접근을 해야 할 수도 있다.)

그렇지만 우리가 꿈꾸는 이런 세상이 오더라도 이런 시스템들이 모든 문제를 완벽히 제거하는 것이 아니고, 단지 관리 가능하게 만들어주는 것뿐이라는 것을 이해하는 것이 중요하다. 그때도 여전히 감염은 있을 것이다. 감염과 데이터 손실을 일으킬 수 있는 (사회공학과 소프트웨어 악성코드 같은) 것들이 여전히 있을 것이다. 걱정되는 네트워크 수준의 공격도 여전히 있을 것이다.

그렇지만 세상은 AV 2.0을 실행하는 사람들에게는 특별히 더 안전한
장소가 될 것이다.

CHAPTER 40

가상사설망(VPN, virtual private network)은 일반적으로 보안성을 약화시킨다

가상사설망 기술의 기본 아이디어는 정당한 인증서를 갖고 있는 사람들에게는 보통 사람들이라면 전혀 볼 수 없는 인터넷 너머의 자원에 접근할 수 있게 해 주는 것에 있다. 일반적인 절차는 컴퓨터가 VPN 서버에 접속하고 인증절차를 거치는 일이다. 그리고 나면 인증 받은 컴퓨터는 인터넷과 사설망을 동시에 사용할 수 있다.

예를 들어, 대다수의 기업들은 직원들이 사무실밖에 있을 때도 직원들이 VPN을 이용하면 이메일을 확인할 수 있게 해 놓는다. 만약 VPN을 사용하는 직원들의 컴퓨터를 감염시켰다면, 그 컴퓨터상에 침입한 나쁜 녀석들은 전에는 볼 수 없었던 다른 컴퓨터들을 볼 수 있게 된다. 더 좋지 않은 것은, 나쁜 녀석들이 목표로 삼는 회사의 특정 환경에 맞춰 맬웨어를 작동시킬 수도 있다는 데 있다.

사람들의 개인적인 실수가 개인장비의 감염으로 이어질 수 있는데도 뭐하러 기업 네트워크를 불필요한 위험에 빠지게 하는가, 단지 이메일을 이용할 수 있게 하기 위해서? 차라리 이메일 서비스는 SaaS 공급자에게 아웃소싱하라. 아니면, 직접 메일 인프라를 운영하되 소프트웨어의 보안 결함이 있는 경우를 엄격하게 관리 통제하든가.

VPN은 사람들이 사용하기 원하는 대부분의 서비스들이 강력한 인증 기능을 제공하지 않거나, 회사 내의 모든 서비스들이 하나의 네트워크에서 운영되며, 다른 네트워크에서 접근해야할 경우에만 충분한 의미가 있다. 그렇지만 대부분 그렇게 운영되고 있지 않다. 기업에서 사용하는 대부분의 서비스들은 강력한 인증처리가 가능하며, 서비스를 직접 운영하거나 5년 전보다 훨씬 개선된 외부 서비스로 아웃소싱할 수 있다.

게다가 VPN을 사용하는 것은 불편하기 짝이 없다!

CHAPTER 41

사용성과 보안성

이번 장의 주제에 대해서는 이미 이 책 전반에 걸쳐 수차례 언급했었다. 흔히, 사용성(혹은 편의성)과 보안성 사이에는 긴장이 있을 수 있다. 강력한 보안성은 시스템의 사용성을 떨어뜨리는 결과를 초래하고 훌륭한 사용성은 흔히 보안성을 나쁘게 만든다.

난 이러한 구별을 잘못된 이분법이라고 생각한다. 사용하기 쉬우면서 보안성이 충분한 시스템을 만드는 것은 확실히 가능하다. 예를 들어, 35장에서 우리는 영지식 비밀번호 프로토콜(zero-knowledge password protocol)이라 불리는 기술의 적용을 통해 비밀번호 시스템의 보안성을 향상시키는 것에 관해 다루어 보았다. 올바르게 적용되었다면 이런 종류의 시스템 구현은 사용성 또한 향상시킬 것이며 전통적인 비밀번호 체계를 현재보다 더욱 안전하게 만들어 준다.

보안성과 사용성이 협력할 수 있는 다른 사례들도 있다. 만약에 사용자들에게 강력하면서도 엄격한 암호화에 기반을 둔 새로운 방식의 보안연결과 전부터 익히 사용하던 방식 (그러나 보안문제가 있을 수도 있는 방식) 사이에 선택할 기회를 준다면 대부분의 사람들은 이미 들어봤던 시스템을 선택할 것이다. 안타깝게도 사람들에게 꺼버릴 수 있는 옵션이 주어진다면 일부 사람들은 그 기능을 꺼버릴 것이다. 옵션이 없는 것이 훨씬 좋으며 옵션이 없는 것이 오히려 사용자 인터페이스를 단순화하게 만들어주는 것이다. 그냥 보안 접속 기능만을 제공하라.

보안성과 사용성 간에 절충을 하게 될 때가, 그동안 무시되었던 더 좋은 솔루션을 만들 기회인 것이다. 어쩌면 설계자들은 충분히 관찰할 시간을 갖지 않거나 대안을 고민할 시간을 갖지 않았던 것 같다. 어느 쪽이었든 모두에게 손해를 끼친다.

CHAPTER 42

프라이버시

지금까지, 사람들은 인터넷상에서 프라이버시가 없다는 것을 당연히 받아들여야만 했다. 여러분이 프라이버시를 원한다면 프라이버시로 약속된 것은 무엇이고 어떤 조건이 걸려 있는지 정확히 알아보기 위해 소프트웨어 사용계약서나 사이트 가입 동의서를 출력해 주의 깊게 읽어야만 한다. 대부분의 사람들은 프라이버시에 관해 생각하지 않고 생각한다 해도 별로 상관하지 않는다.

반면에 비록 자신들이 극소수에 속한다는 것을 이해하지 못하지만 대부분의 컴퓨터광들은 프라이버시에 대단히 관심을 보인다.

난 내가 아주 일반적인 사람이라고 생각한다. 난 프라이버시를 지키는 게 좋긴 하지만 나의 예전 금융정보 같은 것을 잃어버린다 해도, 윤리, 도덕적인 수준에서만 프라이버시 침해에 반대할 것이다. 프라이버시는 내게 반드시 필요한 것이 아니며 난 종종 더 나은 기능성을 위해 약간의 프라이버시를 희생할 용의가 있다. 분명히 감춰야 할 것이 있지 않는 한, 더 많은 프라이버시를 얻기 위해 내 방식을 버리지는 않을 것 같다. 나는 감출만한 것이 거의 없다.

대부분의 다른 사람들도 같은 생각이 아닐까 한다. 프라이버시는 이론적으로는 훌륭하지만 감출 것이 없다면 뭐가 문제인가? 어쩌면, 감출 수 없다는 것이 민망한 일일 수 있겠지만 세상과 소통하는 방법이 원래 그런 식이다.

CHAPTER 43

익명성

프라이버시처럼, 익명성은 이론적으로는 그럴듯하게 들리지만 실제로는 아무도 관심을 갖지 않는다. Zero Knowledge사[68]라고 불리는 회사는 사람들이 웹을 익명으로 사용하게 하는 멋진 유료서비스를 제공하면서 최소 노출 인증서라는 기술을 사들였다. 그 기술은 꽤 잘 작동했지만 아무도 관심을 갖지 않았다.

게다가, 익명성에는 책임 결여 같은 중대한 문제가 발생하기도 한다. 예를 들어, 이번 장을 쓰기 전날 밤, 나의 동료는 누군가가 인터넷 전화를 이용해 마치 자신인 것처럼 911에 전화를 걸었던 일로 경찰에서 몇 시간동안 조사를 받았다고 했다.

익명성은 아주 이상적이지만 모든 곳에서 사라지고 있는 중이다. 신분

---

[68] 역자주_Zero Knowledge System – 프라이버시 위협을 최소화하는 최소 노출 인증서(minimal discolsure certificate)를 사용해 인증서 소유자가 인증서에 있는 정보 중 특정 정보를 선택적으로 노출하게 만들어 인증서 소유자인 사용자의 프라이버시를 지킬 수 있게 하는 기술이 있다. 이 최소 노출 인증서는 스테판 브랜드(Stefan Brands)라는 수학자가 개발한 것으로 캐나다 기업인 Zero Knowledge System에게 독점적인 판권이 넘겨졌다고 한다. (출처 '해킹 사례로 풀어쓴 웹 보안' p.257, 한빛미디어)

증 없이 비행을 할 수 없는 것은 이미 오래전부터이고 지금은 정부 발행 신원증명 없이는 전미(全美) 철도여객 수송 공사(Amtrak)의 열차도 이용할 수 없는 상황이다. 어떤 의미에서 그것은 몹시 걱정스러운 일이지만 반면에 책임 역시 중요하다고 생각한다.

오, 게다가 난 감출 것이 아무것도 없다...

CHAPTER 44

향상된 패치관리

우리가 잘 알다시피 소프트웨어는 보안 결함들을 갖곤 한다. 아울러 우리는 결함이 수정된 소프트웨어를 제공받게 될 때까지 시간이 걸릴 수밖에 없는 여러 가지 이유를 보아왔다. 그러나 대부분 취약점이 공개되었을 때에 맞춰 수정본이 나오기 때문에 나쁜 녀석들에게는 하루 정도의 전투 시간이 주어질 뿐이다. 그렇지만 보통은, 나쁜 녀석들이 아직 패치하지 않은 사람들을 찾아낼 수 있는 최소한 한 달 정도의 여유가 있다.

그런데 왜 우리는 적시에 모든 사람들이 패치하도록 하지 못하는 것일까? 결론적으로, 오늘날 대부분의 프로그램들이 새로운 소프트웨어를 사용자가 직접 확인하지 않아도 되는 자동업데이트를 포함하지 않는 것일까?

거기에는 몇 가지 문제들이 있다. 기업 환경에서는, 생산성에 영향을 주지 않으려고 패치를 배포하기 전에 패치가 안정화된 것을 확인하려고 한다. 적극적으로 악용되지 않는 보안 결함이나 (아마도 사용자 대부분이 방화

벽 뒤에 있거나, 사용자들이 인터넷에서 함부로 문서를 열 수 없는 규칙을 갖는 환경 때문에)
위험성이 낮은 결함이라면 아직 안정화가 검증되지 않은 패치를 설치하는 것만큼 위험하지 않을 수 있다. 오히려 안정화가 덜 된 패치로 인해 프로그램이 고장 나 기업 전체에 걸쳐 생산성이 나빠질 수도 있다.

패치를 적용하는 문제는 기업의 문제만은 아니다. 일반적인 사람들도 패치를 하지 않는다. 난 나의 부모님과 친구들이 몇 개월이나 심지어 몇 년 동안 업데이트가 필요한 컴퓨터를 방치하는 것을 보기도 했다.

빌어먹게도, 나 역시 가끔 패치를 놓치기도 한다. 하지만 몇 년 동안 패치를 안 하는 것은 아니다. 기껏해야 1주일이나 2주일 정도이다.

그 이유를 알고 싶나? 아무리 자동화되었다 해도, 패치를 적용하는 것은 생산성에 큰 영향을 주곤 한다. 웹브라우저를 패치했다면, 브라우저를 재시작해야만 한다. 그런데 어떤 경우에는, 브라우저로 40페이지 정도를 열어 놓고 있으며 5~10페이지를 아직 마저 읽어야 할 수도 있다. 그것은 1주일이나 2주일에 한번 정도 처리하는 일이며 진행 상황을 브라우저를 닫기 전에 검토하고 처리해야만 한다. MS 오피스를 사용할 때도 비슷한 경우가 있다. 거의 같은 이유로 OS를 업데이트 하지 않고 오래도록 그냥 사용하는 경우도 있다.

일정 관리나 뉴스 리더 같은 프로그램들의 패치를 설치하는 경우는 문제가 별로 없다. 두 프로그램들은 언제나 기본적으로 프로그램 종료할 때 보았던 것과 같은 상태로 재시작할 수 있다. 브라우저나 오피스 프로그램등과의 큰 차이는 업데이트를 설치해도 생산성에 거의 영향이 없다는 점이다.

패치에 대한 나의 견해는 소프트웨어 제공업체가 생산성에 미치는 영향을 최소화해야만 한다는 것이다. 예를 들어 업데이트를 다운로드 하는 동안에도 응용프로그램을 사용할 수 있게 하여 불필요하게 기다리지 않도록 해달라는 것이다. 백그라운드에서 업데이트를 다운로드하고 설치 준비가 되면 알려주면 좋겠다.

그리고 컴퓨터를 리부트하게 하지 말라. 그것은 정말 최후의 수단이다. 사실, 대부분의 운영체제는 프로그램들이 정상적인 리부트 요구를 하고 있는지 철저히 확인한다. 안타깝게도, 보안 소프트웨어는 가끔 리부트 요청을 하는 프로그램들 중에 하나이다.

물론, 응용프로그램이 실행되면서 패치를 할 수 있다면 훌륭할 것이나 그것은 실제로는 합리적이지 않다. 결국 소프트웨어 업체들은 프로그램이 끝나기 전의 상태를 잘 저장해 놓았다가, 업데이트를 설치하고 재기동하면 아무 일 없었던 것처럼 이전 상태를 복구할 수 있게 해 주어야 한다. 사용자가 잃어버린 것은 '업데이트 설치'를 클릭했을 때부터 돌아와 다시 실행해야 하는 그 시간들뿐이어야 한다.

만약, 생산성 충격이 최소화 될 수만 있다면, 대부분의 소프트웨어가 내가 한가할 때 자동적으로 업데이트를 설치한다면 좋겠다. 내 경우에는 프로그램 업데이트에 대해 기업들과 같은 태도를 가질 필요가 없다. 난 수정본이 금방 나오거나 쉽게 원상복구 할 수 있다면 때때로 약간의 불안정성도 상관하지 않는다.

어쨌든, 새로운 컴퓨터를 장만할 때까지 안티바이러스를 업데이트하지 않거나 기간 만료된 안티바이러스를 갱신하지 않는 사람들을 보면, 결국 사람들은 늘 패치하는 것이 늦을 수밖에 없는 것이 아닐까 생각이 든다. 업계가 할 수 있는 가장 좋은 선택은 업데이트가 생산성에 큰 충격을 절대로 주지 않는다는 것을 확실히 함으로서 사람들에게 패치를 미룰 수 있는 핑계를 줄여주는 것이다.

CHAPTER 45

개방적인 보안업계

언뜻 보기에, 보안업계는 꽤 개방적인 것처럼 보일지 모른다. 예를 들어, 여러 회사들이 안티바이러스를 클라우드 환경에서 실행하면서 다른 안티바이러스업체들이 어떤 프로그램에 대해 문제가 있다고 하면 같은 주장을 하기도 한다. 개인적으로는 많은 안티바이러스들이 맬웨어로 탐지한 것을 맬웨어로 인정하자는 안티바이러스 '투표' 같은 방식을 제안하는 회사가 없다는 것이 놀랍다. 그러나 업계가 이런 상황을 용인한다 해도 업계는 일반적으로 개방성을 권장하지는 않는다.

주요 업체들 간에 맬웨어를 잡아내고 맬웨어에 대한 시그너처를 작성하고 하는데 엄청나게 중복된 노력이 들어가고 있다. 모든 회사들이 동일한 맬웨어에 대한 시그너처 작성을 하느라 수십 명의 사람들을 고용하고 있다. 그리고 대부분의 시그너처들은 고작 간단한 패턴 매칭에 불과하다. 로켓 과학 같은 데서나 필요한 지적 자산이 아니다. 그렇게 지내는 동안, 맬웨어의 양은 폭발적으로 늘어났고 단일 업체라면 상황에 뒤쳐지지 않고 따라가는 것조차 힘들게 되었다.

나는 그동안 일을 하는 더 나은 방법이 필요하다고 주장해 왔었지만, 세상은 이미 표준화된 시그너처 정의 언어나 시그너처 공유 같은 방식으로, 중복된 노력을 피할 수 있도록, 개선되어 가고 있다는 것 역시 사실이다. 이는 세상이 보이는 것만큼 뒤처져있는 것은 아니라는 것이다. 모든 주요 안티바이러스업체들은 이미 매일 서로 다른 업체 간에 맬웨어 샘플을 공유한다. 우리 모두는 다른 친구들이 찾은 맬웨어를 얻는다. 뭐하러 힘들고 단조로운 일을 되풀이하는가?

보안업계는 차라리 주요업체들이 보안성을 제공하고 사용자 경험을 향상시키는데 얼마나 능력을 발휘하는지 경쟁시켜보는 것이 어떨까 싶다. 최근의 기술을 가지고, 할 수 있는 만큼 안전하게 만들어 보라고 하는 것이다.

그렇다, 보안회사의 존재 목적이 돈을 벌기 위한 것이라 해도 그들 역시 대중들을 보호해줄 수 있는 최선의 보호책을 제공하기 위해 그 자리에 있는 것이다. 보안업체들은, 자신들의 API를 공개하고 서로 간에 통합할 수 있게 해야 한다. 차별화는 자신들의 제품을 사람들이 서로 사용하고 싶어하게 만드는 방법으로 이루어져야 한다.

CHAPTER 46

학계

내가 처음 보안업계로 진출했을 무렵, 난 학술대회논문 작성, 연구비 요청, 기타 잡다한 일들을 하던 대학원생이었다. 이후에 나는 컨설팅을 할 때나 제품을 개발할 때조차, 학문적 흥미와 실용성 두 가지를 모두 얻을 수 있도록 노력했었다.

업계와 학계 양쪽에 있어 봤기 때문에, 대체로 실세계에 큰 충격을 주는 학계에서 발표된 내용에는 실용적인 면이 별로 없다고 말할 수 있다. 그러나 특별히 암호학의 세계에서는 학계에서 발표되는 것들 대부분에 약간의 예외가 있다. (비록 여전히 많은 사람들이 실세계에서는 흥미없는 일들을 하고 있긴 하지만, 암호학의 하위분야는 일반적으로 실용적인 응용기술에 더 가깝다.)

이러한 데는 많은 이유가 있겠지만, 중요한 이유는 업계와 학계가 많은 것을 공유하지 못한다는데 있다. 예를 들어, 나의 사회에서의 첫 시도는 학교에서 배워왔던 것을 발전시킨 것으로 버그를 찾는 멋진 보안 툴을 만든 것이었다. 몇 년 뒤, 우리가 이미 만들었지만 아무와도 공유하지 않았던 (공유하지 않는 게 유리할 거라 생각했기 때문에) 것들을 재발명한 새로운 논문들이 나왔다.

난 안티바이러스와 침입 탐지 분야에서도 같은 일이 일어나고 있는 것을 확인했다. 학계의 여러 곳에서 업계가 수 년 동안 해오고 있었던 것을 재발명하고 있다. 혹은 누군가 그 기술을 큰 규모로 실세계에 적용하고 모든 문제들을 식별할 수 있는지 시도해 본다면 금방 폐기될만한 시스템을 제안하고 있다. ('나쁜 것'들을 탐지하는 것에 대한 많은 학계의 논문들은 학계에서는 괜찮아 보일지라도 실세계에서는 심각하게 정확성 문제를 가질 수 있다.)

학계는 업계가 수행했던 것들을 알지 못하여 고통 받지는 않는다. 오히려 학계는 그 문제를 잘 이해하지 못해서 고통 받고 있다. 학계는 (해결해야할 실제 문제를 알기 위해) 고객이나 다른 회사들과 함께 충분한 시간을 보내지 않는다. 이러한 데는 학계가 문제에 대한 더 나은 해법보다는 발표 가능한 결과에 더 초점을 맞추는데 일부 원인이 있다.

학계의 피어 리뷰는 좋은 관례지만 보안 분야에서는 내용이 공개될 경우 아주 교묘한 장애물들이 등장한다는 사실 때문에 그런 관례가 반드시 좋은 것만은 아니다. 차라리, 업계가 '여기 제안된 시스템이 있습니다. 그것은 많은 기존 아이디어의 조합이지만 새롭고 참신한 시스템입니다'라고 말하는 것들이 현실에서는 도움이 된다. 지금 당장은, 학계가 혁신적인 내용을 갖췄다는 명성을 얻지 못한다 하더라도, (비록 홍보를 위해 그렇게 할 수는 있겠지만) 학계가 업계의 그런 시스템들을 공개적으로 분석함으로써 발표 논문의 신뢰를 얻을 수 있다면 좋을 것이다. 학계가 실용적인 방식으로 기여하고 있다는 믿음을 업계에게 주어야만 세상에 쓸만한 시스템이 등장할 것으로 생각한다.

일반적으로 학계와 업계 간에는 협업과 소통이 충분치 않다. RSA 같은 업계의 큰 컨퍼런스에 참석하는 학계 인사들은 거의 없다. (예외라면 암호학자들이다.) 제품을 만들고 있거나 보안 솔루션을 구매하는 업계의 몇몇 사람들은 'IEEE 보안과 개인 정보보호', 'USENIX 보안' 같은 학계의 컨퍼런스에 가기도 한다. 'USENIX 보안'은 실용성 지향을 전제하고 있지만 학회지를 훑어보면 실제로 나를 흥분시킬만한 것은 거의 찾아볼 수 없다. '세상을 구할만하겠는데...', '우와, 누군가는 돈을 절약할 수 있겠는데...'라고 생각해본 게 언제이었는지 도통 기억나지 않는다. 반면에 기업 세계에서 일하는 사람들과 얘기하게 되면 정말 유용하거나 더욱 비용 대비 효과가 큰 솔루션에 관해 자주 듣게 된다.

이 문제를 어떻게 고쳐야 할지 모르겠다. 상호 악순환이 반복되고 있다. 실용적이지 못한 학계는 업계의 관심을 얻지 못하며, 이것은 학계가 업계에 가치를 제공할 기회를 점점 더 뺏어간다.

비록 학계와 업계 사이에 걱정스런 추세가 있다고 생각하지만, 예외도 많다. 나는 그 차이를 해소해 주는 사람들에게 큰 존경을 갖고 있다. 그 사람들은 내가 자랑스럽게 친구라고 부르는 진 스패포드(Gene Spafford), 에이비 루빈(Avi Rubin), 에드 펠턴(Ed Felten), 타다요시 코노(Tadayoshi Kohno), 데이빗 와그너(David Wagner) 같은 사람들이다.

그렇지만 난 우리가 더욱 더 잘해낼 수 있길 바란다. 보안에 대해 열심히 연구하는 많은 똑똑한 사람들이 영향력이 크지 못하는 것을 생각하면 마음이 아프다.

CHAPTER 47

자물쇠 기술[69]

오늘날 많은 사무실들은 근접식 카드로 여는 전자자물쇠를 사용한다. 난 집에도 이러한 자물쇠를 설치해 보고 싶은데, 전자자물쇠에 대한 기술적인 것을 이해하면서 설치하는 방법까지 아는 자격 있는 자물쇠공을 찾기가 너무 힘들다. 그런 자물쇠공들은 업무용 전자자물쇠를 설치하는 일에만 관심이 있는가 싶다.

언젠가는 이런 기술을 일반 대중들도 이용할 수 있을 것이다. 내 생각에는 여러 군데 설치된 자물쇠들 전부를 하나의 카드로 여는 게 가능했으면 좋겠다. 더 나아가 카드 대신 휴대폰을 사용할 수 있다면 더 좋겠다. 게다가 어떤 자물쇠를 언제 누가 사용할 수 있게 할지를 지정할 수 있는 컴퓨터 기반의 홈-오토메이션 시스템 같은 걸 사용하게 해 준다면 좋겠는데, 예를 들어 우리 아이들이 술 진열장을 열 수 있으려면, 애들이 40살이 되거나 크리스마스이브에만 가능하게 말이다.

과학기술에 숙련된 자물쇠공의 부족은 오늘날 큰 문젯거리다. 그렇지

---

69) 역자주_자물쇠 기술의 역사는 http://en.wikipedia.org/wiki/Locksmithing를 참조.

만 그것은 시간이 자연스레 해결해줄 문제다. 업계에서 가장 큰 문제는 최고로 가장 멋진 전자자물쇠도 일반 자물쇠처럼 물리적인 열쇠를 필요로 한다는 데 있다.

그 이유는 소방법규 같은 것 때문이다. 건물 내에 전력이 끊어졌을 때 잠긴 문을 열어야 하는데 자물쇠가 전자식으로만 작동한다면 어떤 일이 일어날까? 자물쇠는 전기가 끊어지면 자동으로 열리거나 (이런 것은 커다란 보안 허점이다.) 전기가 없을 때도 작동시킬 수 있어야 한다.

물리적인 자물쇠는 극단적으로 비싼 것이 아닌 이상 따기가 쉬운 편이다. 성가신 전원 문제로 인해 전자자물쇠를 설치할 의사가 있는 곳에 물리적 자물쇠를 사용하는 것이 비용 대비 효과가 클 수도 있다.

어쩌면 이 난제에 해법이 있을 수 있다. 전자자물쇠는 모두 전기 공급이 대체될 수 있어야만 한다고 생각한다. 가령 전자자물쇠에 AAA 타입 건전지를 꽂아 넣고 카드를 갖다 대거나 아니면 문 손잡이를 핸드 크랭크로서 작동할 수도 있게 만들어 전기가 발생할 때까지 손으로 크랭크를 돌려준다. 물론 예방 가능한 재난을 피하기 위해서 수용 가능한 것과 그렇지 못한 것들을 법률로 규제할 필요가 있다. 그럼에도 불구하고 우리가 정말 전자자물쇠를 사용하려 한다면, 전통적인 열쇠 기반의 자물쇠를 없앨 수 있어야만 한다. (전자자물쇠가 물리적 자물쇠만큼 비용 대비 효과가 커져서, 주위 어디에나 사용되기까지는 오랜 시간이 걸릴 것이다.)

많은 전자자물쇠는 인증 데이터베이스에 접근하기 위해 네트워크를 사용한다는 것을 유념해야 한다. 전원이 끊어졌을 때를 대비해, 자물쇠는 캐시된 데이터베이스 사본이나 비정기적으로 갱신되는 인증 정보 같은 것을 가지고 있을 필요가 있다.

장황하게 얘기했지만 아직까지 그리 큰 문제가 있는 것은 아니다.

CHAPTER 48

핵심 기간시설

매년 한번씩은, 보안 전문 언론 매체에서 전력망 같은 공공설비에 대한 공격 가능성을 크게 기사로 다루는 소란이 있어왔다. 그러나 지금까지는, 그런 기간시설에 확실히 문제가 있다는 어떤 증거도 본적이 없다. 그렇지만 그것이 발생할 수 없는 일이라는 의미는 아니다.

먼저 유념해야할 것은, 핵심 기간시설의 IT 통제 시스템을 (보통 SCADA, Supervisory Control and Data Acquisition 시스템이라고 부르는) 설계하는 사람들은 이런 종류의 문제에 관해 일찍이 관심을 갖고 설계 시에 그러한 공격을 고려한다는 점이다. 예를 들어, 일반적으로 그런 시스템은 절대 인터넷에 직접 연결되지 않는다.

그렇지만, 몇 가지 연구 자료는 핵심 기간시설 시스템 내의 약점을 보여 주고 있다. 시스템 설계자의 의도에도 불구하고 인터넷으로부터 간접적으로 접근할 수도 있는, 시스템에 대한 몇 가지 위험 사례가 알려졌다. 예를 들어, 어떤 컴퓨터가 두 개의 네트워크를 사용하면서 하나는 SCADA 시스템으로 연결되고 하나는 인터넷으로 연결된다면 그 컴퓨터에 침입한 인터넷상의 누군가는 SCADA 시스템을 볼 수도 있다. 악당들이 감염시킨 컴퓨터 중에서도 SCADA 네트워크에 연결되어 있었지만 아무도 주목하지 않았던 사례가 있었을 것으로 의심해 볼 수 있다.

드라마 '24시'에서 그랬던 것처럼 실제로 많은 사람들이 핵발전소를 목표로 찾고 있을까? 아니면 인터넷망을 끊어버리려 하고 있을까? (내가 전에 정부기관 프로젝트를 진행해봤는데 생각보다 훨씬 어려운 일로 보였다.)

어쨌거나, 공황상태에 빠질 필요는 없을 것 같다. 내 생각에 대부분은 괜찮을 것 같다. 핵심 기간시설은 언제든 내부자 공격과 물리적 공격의 위험에 빠질 수 있다고 익히 알려져 있다. 최소한 우리 모두가 몇 달 동안 매일 이런 이슈에 관해 듣기 전까지는 그냥 지켜보는 것이 가장 적당한 대응 방법이라 생각한다.

에필로그

보안업계 사람들은 대부분 암울한 파멸을 설교하는 것을 즐긴다. 그렇게 함으로써 그들이 팔고 있는 것을 사람들이 믿게 하여 돈을 벌수 있는 것이다.

내 생각에 이 책에서도 비슷한 파멸의 설교를 했던 것 같다. 그렇지만 이 책에서는 고객을 속이는 설교 대신 보안업계가 속이고 있다는 것을 알려주려고 했었다. 고객은 더 이상 속지 않을 거라 생각한다. 이제 보안 이슈는 불편한 것이지 (기업 내에서는 비용 부담이 짐이 될 수 있다.) 파멸을 초래하는 문제는 아니다.

2008년 중반부터 이 책을 쓰기 시작했는데 그 때는 맥아피를 퇴사한 다음이었다. 이제 이 책이 끝나가는 지금, 나는 맥아피사로 재입사했다. 많은 사람들이 다음과 비슷한 질문을 한다. "큰 회사로 다시 되돌아가는 게 따분하지는 않냐?" 그들의 질문에서 분명히 암시하는 것은 그들이 맥아피사를 따분하게 생각한다는 것이다. (보통 대부분 큰 회사들은 따분하고 지루하다.)

실제로 나는 맥아피사를 좋아하고 자부심을 느낀다. 내가 처음 맥아피사에 시작했을 때부터 지금까지, 안티바이러스 솔루션의 품질은 중간쯤에서 최고로 가고 있는 중이다. 맥아피사의 보안 기술 대부분은 경쟁업체에 비해 세계 수준이다. 뿐만 아니라 (이 책에서 얘기했던 보안이 클라우드 환경으로 이동하는 것 같은) 웅장한 비전들을 만족할만하게 실현하고 있는 중이다.

맥아피사는 기업고객들의 요구를 만족시키는데 비상한 능력이 있다. 그것은 이 책에서는 가능한 한 언급을 피하려고 했지만 시장에서는 매우 중요한 영역이다.

나는 맥아피사의 치어리더가 아니다. 그곳은 큰 회사이며 때로는 내가 좋아하지 않는 일들을 하기도 한다. 그렇지만 맥아피사는 리더쉽이 강하고 기술이 강하고 비전이 강하다. 만약 그렇지 않았다면 난 맥아피사에 있지 않았을 것이다.

게다가 업계를 둘러보면 대부분의 큰 회사들은 긍정적인 면과 부정적인 면을 함께 가진다. 아울러 업계에는 엄청난 규모의 기능장애가 있는 것도 사실이다. 보안광들은 보안성에만 관심을 갖는다. 그들은 사용성에 관해 걱정하지 않고 비용에 대해서도 걱정하지 않는다. 사업에만 미쳐있는 사람들은 그들의 사업적 결정으로 인해 나쁜 녀석들을 무장시키게 해 주더라도 매출과 마케팅에 관해서만 걱정한다.

고객들은 스스로 보안제품이 필요하다고 생각할지도 모르지만 보통 그것을 원하지는 않는다. 고객들의 보안제품을 통한 경험은 그다지 좋지 못하다. 보안제품에 지출하는 것이 항상 더 유리한 것인지는 확실치 않다. 전체적으로 봤을 때, 업계의 현실을 이해하긴 하지만 업계의 현재 위치를 보면 실망하게 된다. 그렇지만 어렵지 않게 더 좋아질 수 있을 것이다. 어떤 면에서 보면 업계가 빠르게 움직이지 않을 뿐이지 제대로는 가고 있다고 말할 수 있다.

사실, 때맞춘 개선도 가능하겠지만 그것은 사람들이 지금 보다 더 많은 노력을 해야 가능하다. 조만간 그렇게 될지는 확실치 않지만, 꼭 그렇게 되었으면 좋겠다.

색 인